中国传统建筑木作知识入门

传统建筑基本知识及北京地区清官式建筑木结构、斗栱知识

汤崇平　编著
马炳坚　主审

全国百佳图书出版单位
化学工业出版社
·北京·

内容提要

本书首先介绍了中国传统木构建筑的基础知识，之后以北京地区清官式建筑为对象，重点介绍了木结构和斗栱的基础知识。除了必要的文字叙述外，书中还附有大量古建筑实物图、工程图和权衡尺寸表，并在图片上加上了详细的图解，以求尽量直观，通俗易懂。

本书图片丰富清晰，标注明确，对古建筑领域的施工操作人员、技术管理人员、设计研究人员等有较大的参考作用。

图书在版编目 (CIP) 数据

中国传统建筑木作知识入门．传统建筑基本知识及北京地区清官式建筑木结构、斗栱知识 / 汤崇平编著．北京：化学工业出版社，2016.10（2024.7重印）

ISBN 978-7-122-27866-1

Ⅰ．①中… Ⅱ．①汤… Ⅲ．①古建筑－木结构－中国－图集 Ⅳ．①TU366.2-64

中国版本图书馆CIP数据核字（2016）第193039号

责任编辑：徐　娟　　　　装帧设计：曾仲宇
责任校对：程晓彤　　　　封面设计：尹琳琳

出版发行：化学工业出版社（北京市东城区青年湖南街13号　邮政编码100011）
印　　装：涿州市般润文化传播有限公司
889mm×1194mm　1/16　印张15 1/2　字数330千字　2024年7月北京第1版第10次印刷

购书咨询：010-64518888　　　　售后服务：010-64518899
网　　址：http://www.cip.com.cn
凡购买本书，如有缺损质量问题，本社销售中心负责调换。

定　　价：78.00元

序一

由汤崇平同志撰写的《中国传统建筑木作知识入门》一书即将出版，这是又一本由工匠出身的专家撰写的传统建筑专业技术书籍。我为它的顺利出版点赞！

早在三十年前，出于培养传统建筑人才的需要，北京市房屋土地管理局把编写职工大学古建筑工程专业课教材的任务交给了北京市第二房屋修建工程公司古建技术研究室。当时承担编写任务的有程万里先生（负责编写“中国传统建筑概论”部分），我负责编写木作技术部分，刘大可负责编写瓦石作部分，边精一负责编写油饰彩画部分。这些专业课教材在学校讲授收到了很好的效果。1991 年，程万里将概论部分定名为《中国传统建筑》，由万里书店和中国建筑工业出版社编辑出版，同年，我写的木作部分定名为《中国古建筑木作营造技术》由科学出版社出版；1993 年，刘大可的瓦石作定名为《中国古建筑瓦石营法》由中国建筑工业出版社出版。彩画部分是由蒋广全先生经数年努力完成的，定名为《中国清代官式建筑彩画技术》，2005 年由中国建筑工业出版社出版。两年以后，边精一也将他编写的教材进行整理，取名《中国古建筑油漆彩画》，由中国建材工业出版社出版。

从 1990 年到 2000 年左右的十多年间，是一个中国传统建筑技术书籍大丰收的年代。尤其要特别指出的是，这些专著的作者，除程万里有大学建筑学学历之外，其他几个人都是没上过大学，在古建筑修建工程第一线工作多年的工匠。正是由于他们有做工匠的经历，掌握着扎扎实实的技术，写出的书具有极高的实用价值，在古建筑修建工程中发挥了举足轻重的作用。这几本书的出版，结束了传统建筑技术不能见于经传的历史，使这门千年绝学登上了大雅之堂。

汤崇平同志这本书正是这样一本内容丰富，图文并茂，知识、技术含量很高，对初学者入门非常有帮助的书。它不仅详尽地介绍了古建筑技术的木结构、斗栱、木装修方面的知识，还向初学者介绍了学习古建筑知识的窍门和体会，可谓是倾其所知，毫无保留。这种诲人不倦的精神是值得我们学习的。

汤崇平同志比我小几岁，但他的经历与我们这些人十分相似。他中学毕业从农村插队之后，分配到北京市第二房屋修建工程公司当了木匠，在班组一干就是十年。之后又相继做过技术员、工长，编过古建筑工程定额，在单位和学校讲过课，参与过古建筑施工规范的编写等，实践经验既丰富，又有一定理论水平，是同代人中的佼佼者。他能有今天的成就，与他平时刻苦钻研、善于总结、不甘现状、积极进取的精神是分不开的。这正是我们要大力倡导的大国工匠精神。

在总结、整理传统建筑工艺技术方面，北京地区官式建筑做得比较早，也比较好。这首先得益于清明时期留下来的工部《工程做法》和大量建筑实物，得益于几十年来对这些古建筑文物不断修缮的实践活动。相对于北京地区官式建筑，各地古建筑的传统技术梳理总结工作则相对较差。原因，一则是留下来的历史文献资料较少（江浙地区尚有《营造法源》作参考，其他地区则鲜见这样的资料），二则是建筑相对分散，懂得手艺、技术的匠师们也多散落在农村，很少有人去发掘他们掌握的工艺技术，加上近十年来现代化建设步伐加快，本来就已经所剩不多的传统建筑被冲击得七零八落。这正是各地方传统建筑技艺很难得以总结的原因。

早在七十多年前，我国古建筑研究的先驱者梁思成先生曾慨叹道，由于历来的学者文人和建筑师“毫不曾执斧刃以施威，尤未尝动刀凿以用事”，因而对具体的技术问题不甚了解；而掌握着工艺技术的工匠又因缺乏文化知识，不能对这门知识进行图解笔录，造成千百年来古建筑传统技艺只能在师徒之间口传心授，始终不能见于经传。这种情况在三十年前已经改变。如今，又有汤崇平同志将他学得的传统建筑知识加以总结，写成《中国传统建筑木作知识入门》，这对渴望学习传统建筑知识的广大设计、施工人员无疑是雪中送炭，因此值得庆贺！

党的十八大以来，以习近平同志为总书记的党中央向全党全国人民发出了实现中华民族伟大复兴中国梦的号召。民族复兴，首先是文化的复兴。我们中华民族有五千年文明史，有传承至今永续不断的优秀文化。而传统建筑则是优秀中华文化的结晶和载体，需要大力传承和发扬。我们一定要树立高度的文化自信和文化自觉，从而实现文化自强，这是我们每个炎黄子孙肩负的历史责任。

本书作者汤崇平同志做到了文化自觉和文化自强。他这种认真、严谨、自强不息的精神是广大从业人员学习的榜样。

期盼汤崇平同志的著作早日付梓！

马炳坚

二零一六年四月八日于京华营宸斋

序二

当我得知汤崇平先生的《中国传统建筑木作知识入门》即将出版时，十分高兴却并不感到意外。高兴的是，他愿意把他所知道的官式木作技术和几十年的心得与大家分享；不意外的是，十几年来，他一直在担任古建技工、工长、项目经理培训班以及几个大学的古建专业的授课工作，从受欢迎的程度看，就知道授课的内容和质量都是不错的，已经具备了出书的基本条件。不过书中大量图片需要重新拍摄，为使读者能早日读到本书，出版社决定分上、下册出版。

本书的大部分内容都来自于作者本人的40余年的经验体会，是对他本人所掌握的技术总结，为第一手资料，因此内容和数据可信度高。本书又是对众多前辈匠师木作技艺的传承，在专业上具有一定深度，无论是对初学者或是已有一定专业知识的人来说，都值得一读。本书记录了许多流传于工匠中的技术口诀，例如指导木檩制作安装的“晒公不晒母”，又如关于大木编号的“由中人工大，天夫井羊非”等。正是这方面内容，使现在的人能知晓过去工匠间流传的行话术语，感受得到旧时的营造业文化。本书更侧重于实际操作，更注重于对手艺的记述，因此对“怎么干活”更有指导意义。对于古建筑的研究，如果没有“做法”为基础，其研究往往是苍白无力的。而本书的核心内容就是“做法”，因此，本书既适合于操作人员学习，也适合于理论研究人员学习。书中还配有大量的实景图片，内容十分丰富。涉及建筑类型风格的图片颇有“图说木构建筑史”的意味，而涉及技术的图片则将木作行业的手工工具和制作安装过程等表现得一清二楚，将古建木结构的构造奥秘揭示得一目了然。

汤崇平先生成长于北京市第二房屋修建工程公司，这个公司曾是国内最有实力的古建公司之一，聚集了一大批技艺高超的老手艺人。努力好学的他在这样的环境里成长可谓如鱼得水，他既经历过最严苛的基本功训练，也得到过不少名师的点拨传授，可以说是尽得了官式建筑营造技艺的真传。他很早就是同龄人中的佼佼者，二三十岁时就在手工操作、文字总结和设计画图三个方面开始崭露头角。经过 40 年的不懈努力，他对官式木作营造技艺的掌握已几近炉火纯青，大木、翼角、斗栱、装修的权衡尺度皆烂熟于心，各种构件的细部尺寸亦能随口说出。他 40 年来从未离开过施工现场，实践经验非常丰富。他还参加过多本工艺标准和古建定额的编制，同时又有着十几年的教学经验。有了这样的经历做基础，本书在知识性、严谨性和条理性三个方面就有了保证。

时间绝不亏待人，汤崇平先生努力了 40 年，也成长了 40 年。本书的出版，再次说明了“行行出状元”和“有志者事竟成”的道理。他的成才之路为现在的年青工人树立了榜样，相信这既会给他们以激励，也会给他们以信心。

汤崇平先生时常会怀着感动和感恩的心情说起那些曾经传授给他知识的人。在我看来，学生就是老师最好的成果，学生的成果就是老师最大的骄傲。把前辈匠师知道的东西记录下来是他们的心愿，把他们所传承的手艺继续传承下去是他们的期盼。这本书的出版就是对他们最好的报答和敬重。

汤崇平先生这些年来事情做得风生水起，但做人却很含蓄，他总是说自己掌握的知识只是入门级的水平，坚持要将书定名为知识入门。其实无论怎样说，这个门的后面也都一定是“哲匠之家”。就让我们随汤崇平先生一起叩开哲匠的大门，登堂入室吧。

刘大可

二零一六年四月

前言

本书稿是在忐忑的心情下仓促编制而成。如果不是机缘巧合，各种因素的积累，成稿的时间不会是现在，也许到那时会成熟一些。

上世纪八十年代以来，我国的文物建筑修缮、仿古建筑新建项目发展很快，让我们从事这个行当的人备感知识匮乏，人才奇缺，幸有业内先行者——马炳坚老师、刘大可老师出版了《中国古建筑木作营造技术》和《中国古建筑瓦石营法》两本书，他们精心梳理与悉心总结，实现了对梁思成等营造学社先哲们事业的继承发展，给古建的瓦、木行当提供了一本看得见、摸得着、用得上的“教科书”，造福了我们这一代古建人。

传统建筑是一门在时空上距现实较远的学问，在本人十多年的行业内部培训及各类院校授课中发现，各种水平的同行和人员对许多专业的术语、名称不知所云。所以，本书力求以浅显的语言、丰富的图表来普及木作行当的“入门”知识，为读者学习古建筑木作营造技术起一定的辅助作用。

本人从事古建工作40余年，体会到古建筑对于初学者来讲，难度不在于有什么特别高深的学问，主要难在其繁多的术语，千变万化的构造种类，看似并无规律的装饰作法和千差万别的建筑实体，这些都让人眼花缭乱，无从下手。所以学习木作应先从名词、术语下手，认识了这些构件名称，就掌握了20%；多看实物，多体会构造原理，多记载各种“见景生情、造型各异”的例子，又掌握了30%；各种细部作法、榫卯、规矩占30%，剩下的20%就是书籍中能找到的各种尺寸、作法。这是本人在学艺过程中总结出的经验。所以在本书的编写过程中，除了必要的文字描述外，还附上了大量的实物照片，并在照片中加上了详细的图解，以求尽量直观，通俗易懂。

本书是对本人十年来在各类培训、授课中的讲稿的简单的整合，并未对“大木”“斗栱”等细分章节做出非常统一连贯性的编排，以致各章节之间的衔接略显生涩；同时由于各章节的原始讲稿是在不同时间编写的，当时的编写背景和本人的知识积累都制约了讲稿的整体水平，加上多年来工作繁忙，无暇对讲稿仔细推敲，这次编写中发现也有些该写的内容尚未提及……这里真心希望各位业界大师、同行们对本书进行评点、指教。

本人 1974 年从插队的延庆农村来到北京房修二公司古建处工作，转年当了木匠。在房修二公司这所“古建军校”中直接受教于张海青、王德宸、程万里、孙永林、张平安等古建名家，更为有幸的是，在房修二公司期间，从工作中、生活中，从经典书著中拜识了马炳坚、刘大可老师，还有房管局职工大学博学多识、多才多艺的校长王希富老师，他们无私地把积累多年的知识精华传授给我，还教给我做人、做事……特别是马炳坚老师，他和他的《中国古建筑木作营造技术》让我有了今天，我永远感谢他们！在这里，我还要感谢故宫的赵崇茂老师（已故）、戴季秋老师（已故）和李永革老师，我听过他们的课，至今还得益于他们的传授。

感谢我的师弟相炳哲、甄智勇、王建平，我的朋友万彩林、祝小明、陈来宝、赵凤新、陈海流、郝明和、郭美婷、蔡焕初、田胜在本书编写中给予的各种帮助、指正！

感谢我的同事周彬、李影、刘虹、王忠友、沈鹏扶、崔志强……是他（她）们提供的照片让本书更加丰满！

感谢我的同事董丽娜、刘永胜、周彬还有我的团队，是他（她）们的鼎力相助让我有了更多的时间……

感谢故宫工程管理处在本书编写过程中提供的各类帮助！

感谢婷婷、文宇在本书图片、文法上的帮助、修改及指教！

汤崇平

二零一六年四月

目录

第一章

中国传统木构建筑的基础知识

中国传统木构建筑构造、外形特点鲜明，在世界建筑体系中占有重要的地位。

相关知识

朝代划分：唐—公元618 ~ 907年；宋—（北）公元960 ~ 1127年，（南）公元1127 ~ 1279年；元—公元1271 ~ 1368年；明—公元1368 ~ 1644年；清—公元1636 ~ 1912年；民国—公元1912 ~ 1949年。

第一节　中国传统木构建筑的起源

我国在地球上所处位置——亚洲东南部的气候及资源，决定了我国的建筑是以土、木结构为主。中华民族的发祥地在黄河中游，也就是中原一带。这个地区当时的气候比较温暖和湿润，土质肥沃，生长着茂密的森林，用木材盖房取材方便，经济、实惠；同时，我国又是一个多地震的国家，而木结构的房屋其抗震性能又很强；再者，木结构的房屋组合起来也比较随意和方便……种种这些优点，决定了木结构的房屋成为我国传统建筑结构的首选。

中国传统木构建筑有两个源头，一是黄河流域，二是长江流域。

黄河流域是由穴居逐渐发展到夯土及土木混合的宫室建筑，详见图 1–1 和图 1–2。

长江流域是由巢居逐渐发展到干阑建筑，详见图 1–3 ~ 图 1–5。

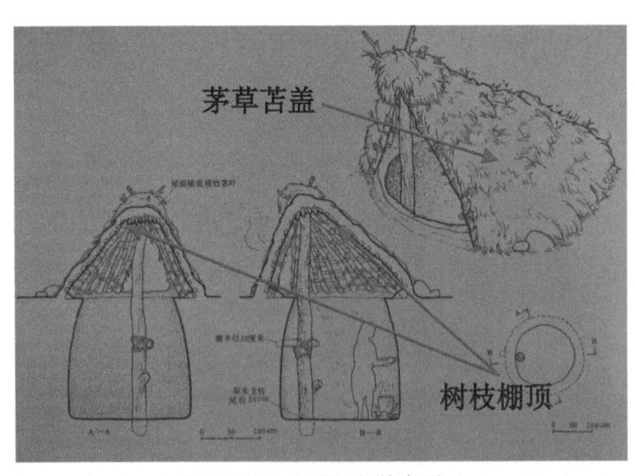

（a）无入口及坡道台阶

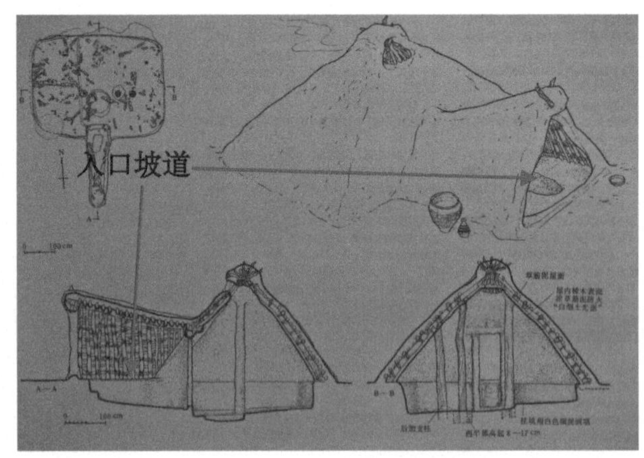

（b）有入口及坡道台阶

图 1–1　穴居原状图

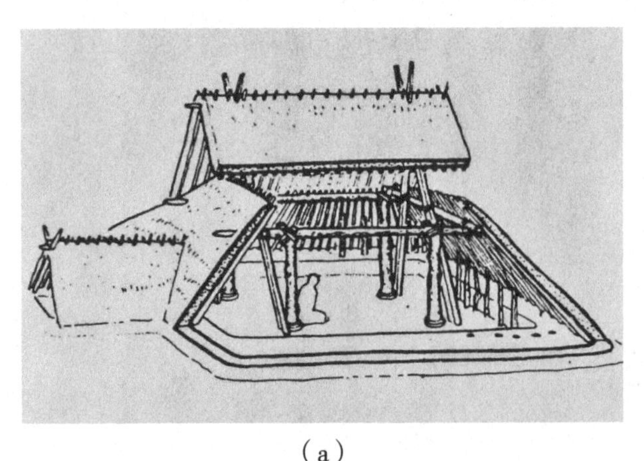

（a）

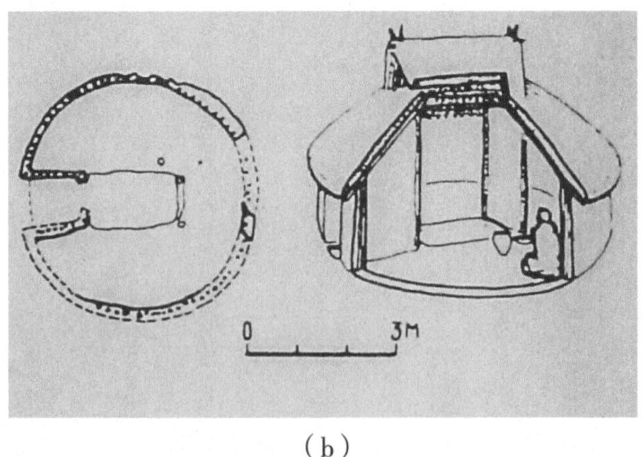

（b）

图 1–2　由穴居走上地面

（a）　　　　　　　　（b）

图 1-3　浙江余姚河姆渡出土 7000 年的房屋木构残件

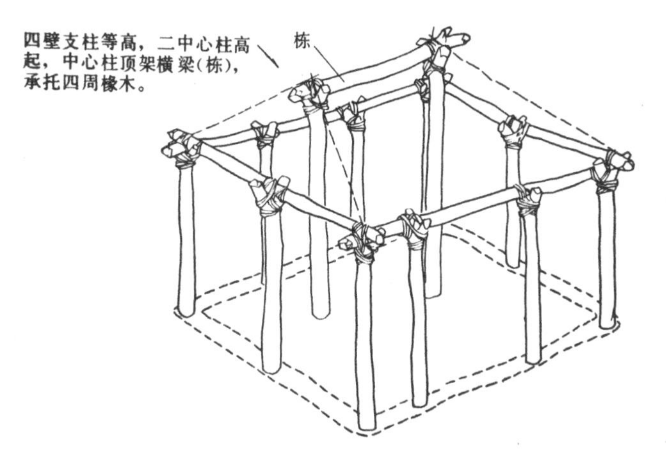

图 1-4　土木混合宫室建筑建筑雏形

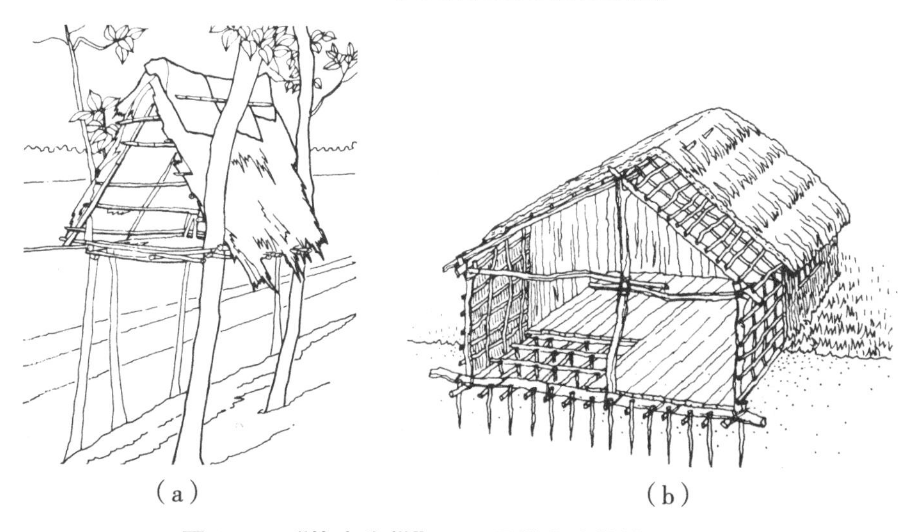

（a）　　　　　　　　（b）

图 1-5　“构木为巢”——干栏式建筑雏形、进化

中国传统木构建筑的历史久远，据目前所知，在浙江余姚河姆渡出土的房屋遗迹距今约有 7000 年，西安半坡村出土的房屋遗迹距今也有 5000 余年。

第二节　中国传统木构建筑的发展与演变

一、发展阶段

在中国历史上，传统木构建筑的发展经历了五个阶段：

① 萌生阶段——原始社会；

② 形成阶段——春秋战国；

③ 发展阶段——秦汉、两晋；

④ 成熟阶段——隋、唐、宋、金；

⑤ 丰富和充实阶段——元、明、清。

二、各时期木构建筑的风格和演化脉络

在以上这五个阶段中，每个阶段都分别有着各自不同的建筑风格，都有着非常鲜明的细部特点。在我国现存的唐、宋、元、明、清建筑中，就能明显地看到不同时期建筑的不同风格，同时，通过这些特点的比较，就能大致上梳理出中国传统木构建筑从唐代到清代演化的脉络。

1. 各时期风格

唐建筑的特点是古拙雄浑，简洁明快。

宋、辽、金、元建筑的特点是华丽精巧，富于变化。

明、清建筑的特点是更加程式化，制度化，装饰更加华丽。

各朝代建筑分别见图 1-6 ~ 图 1-14。

（a）

（b）

图 1-6　唐代建筑——山西五台县南禅寺

注：建于公元 782 年；风格 / 特点：古拙雄浑、简洁明快。

(a)

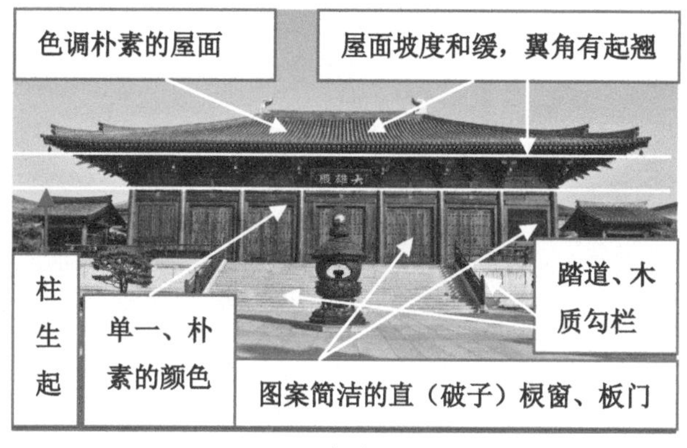

(b)

图 1-7　仿唐建筑——上海宝山寺大雄宝殿

注：建于公元 2011 年；风格 / 特点：古拙雄浑、简洁明快。

(a)

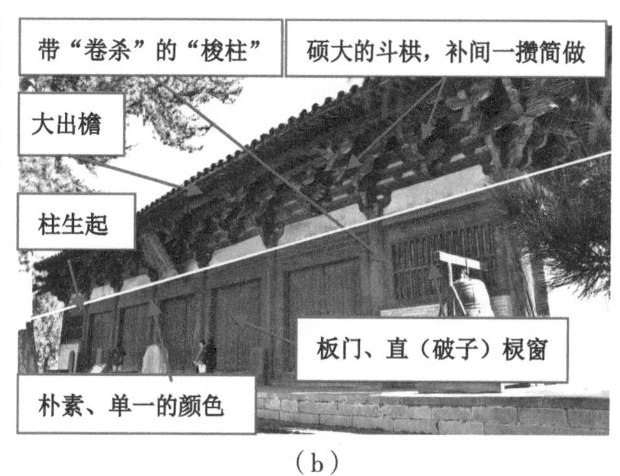

(b)

图 1-8　唐代建筑——山西五台山佛光寺东大殿

注：建于公元 857 年；风格 / 特点：古拙雄浑、简洁明快。

(a)

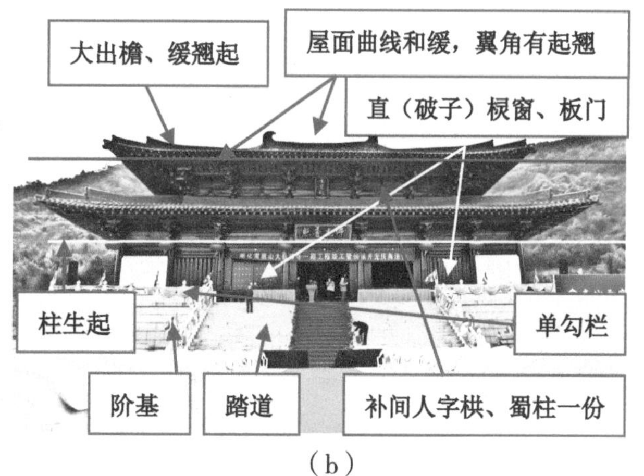

(b)

图 1-9　仿唐建筑——浙江奉化雪窦山大慈宝殿

注：建于公元 2009 年；风格 / 特点：古拙雄浑、简洁明快。

（a）　　（b）

图 1-10　辽、宋、金、元建筑——山西太原晋祠圣母殿

注：建于公元 1023 年；风格 / 特点：华丽精巧、富于变化。

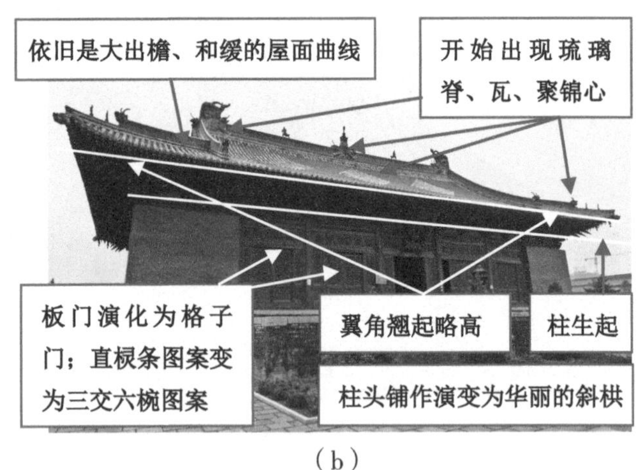

（a）　　（b）

图 1-11　辽、宋、金、元建筑—山西朔州崇福寺弥陀殿

注：建于公元 1143 年；风格 / 特点：华丽精巧、富于变化。

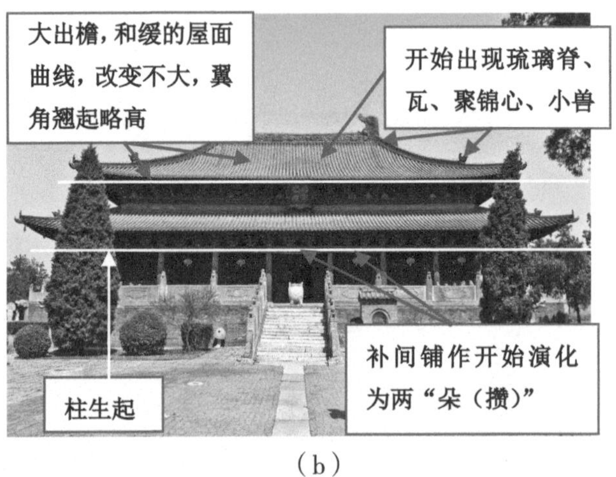

（a）　　（b）

图 1-12　辽、宋、金、元建筑——河北曲阳北岳庙

注：建于公元 1270 年；风格 / 特点：华丽精巧、富于变化。

（a）　　　　（b）

图 1–13　明、清建筑——北京故宫中右门

注：起建于 1405 年；风格 / 特点：繁缛规整、金碧辉煌。

（a）　　　　（b）

图 1–14　明、清建筑——北京太庙享殿

注：建于 1421 年；风格 / 特点：繁缛规整、金碧辉煌。

2. 演化脉络

概括地说，我国传统木构建筑的演化是由简至繁，从注重结构到注重装饰；从朴实大方到崇尚奢华。

第三节　中国传统木构建筑的特点和构成

一、特点

中国传统木构建筑构造和外形特点鲜明，在世界建筑体系中占有重要的地位，它是石、砖、木混合的结构形式，是以土、石为基座，以木结构为骨架，砖、瓦、油、彩、木装修为衣饰的建筑。

二、构成

中国传统木构建筑主要由三部分构成：台基、木构架（殿身）、屋顶，再细分又包括墙身、地面、木装修、油漆彩画、室内木装饰、家具及陈设。

以上这十个部分组成了完整的、原汁原味的中国传统木构建筑，只有置身在其中才能更深切地体会出中国传统文化的深刻内涵，详见图 1-15 ～图 1-25。

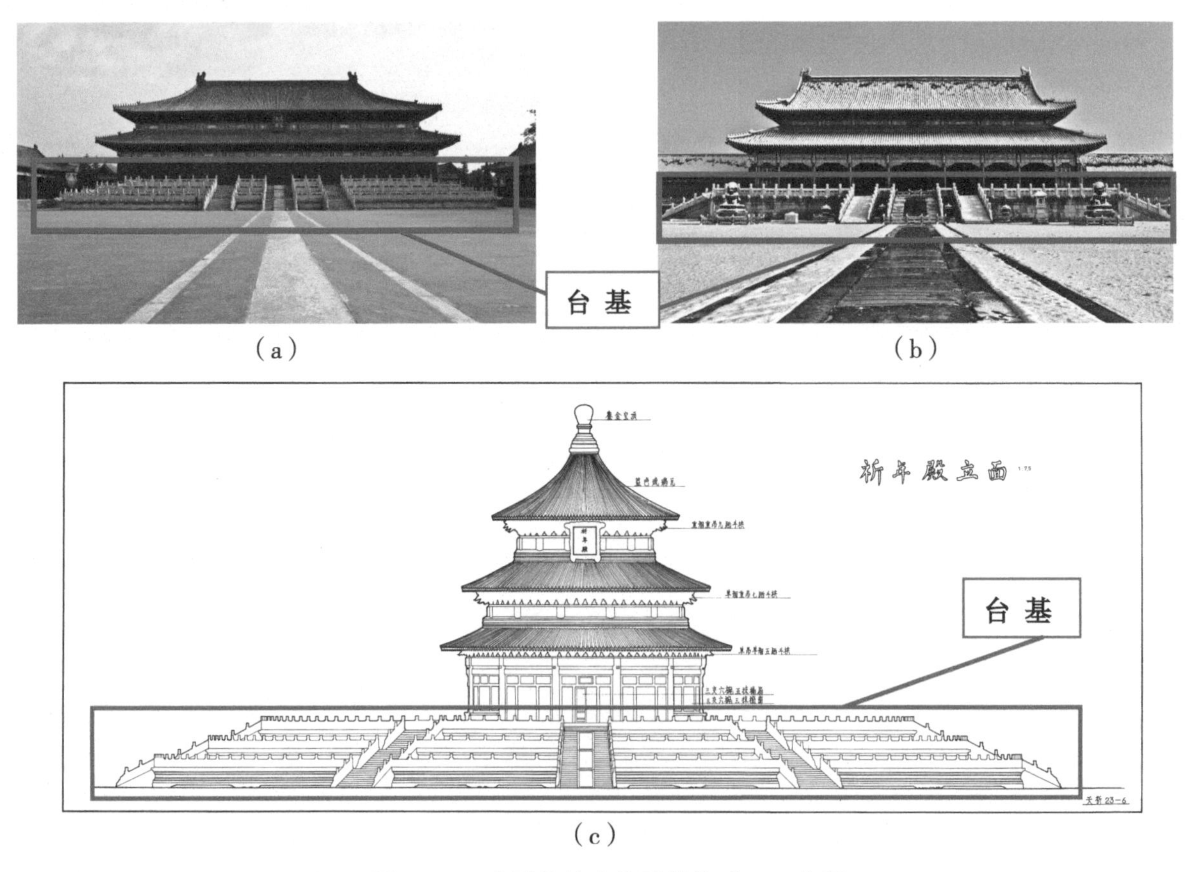

（a）　（b）　（c）

图 1-15　中国传统木构建筑构成——台基

图 1-16　中国传统木构建筑构成——三层带御路、栏板、须弥座式台基

图 1-17　中国传统木构建筑构成——一层带御路、栏板、须弥座式台基

图 1-18　中国传统木构建筑构成——带垂带、踏跺直方型式台基

图 1-19　中国传统木构建筑构成——御路垂带踏跺、带如意踏跺直方型式台基

（a）

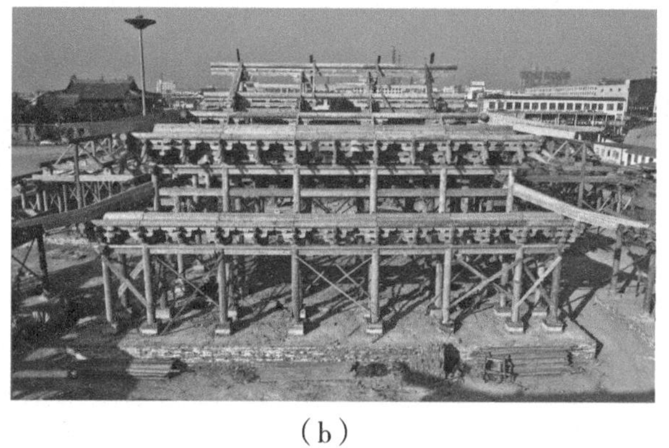

（b）

（c）

图 1-20　中国传统木构建筑构成 —— 殿身（木构架）

图 1–21　中国传统木构建筑构成——屋面

图 1–22　中国传统木构建筑构成——地面、墙身

图 1–23　中国传统木构建筑构成——斗栱、油饰彩画

图 1–24　中国传统木构建筑构成——装修

图 1–25　中国传统木构建筑构成——木装饰、家具、陈设

通过以上文字和图片的介绍，我们对中国传统木构建筑有了个大致的了解。为了让大家对中国传统木构建筑有一个自己的定位，下面展示了几张国内外经典建筑的照片，通过这些照片可以体会到东西方建筑及建造手段的明显反差。图 1–26 是中国传统建筑的经典之作，图 1–27 是中国现代经典建筑——国家大剧院，图 1–28 ~ 图 1–34 是以石材为结构主体的西方经典建筑，图 1–35 和图 1–36 是法国建筑的钢材穹顶，图 1–37 是法国某传统建筑屋顶木结构、屋面瓦作法，图 1–38 是中外建筑建造手段的明显反差。

（a）　　（b）

图 1-26　中国传统建筑的经典之作

（a）　　（b）

图 1-27　中国的现代经典建筑——国家大剧院

（a）卢浮宫外景

（b）卢浮宫旁的玻璃金字塔

（c）卢浮宫内景

（d）卢浮宫入口

（e）卢浮宫栱券穹顶

图 1-28　巴黎卢浮宫

图 1-29 圣心大教堂

图 1-30 法国国家歌剧院

（a）

（b）

（c）

（d）

图 1-31 凡尔赛宫

图 1-32 法国巴黎玛德莲教堂

（a）

（b）

图 1-33　法国巴黎圣母院外、内景

（a）

（b）

图 1-34　法国某传统建筑外景、内景

（a）

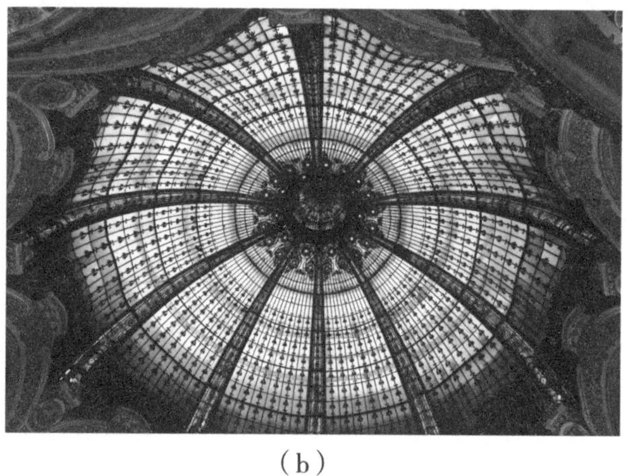

（b）

图 1-35　法国“老佛爷”店钢材穹顶

（a）

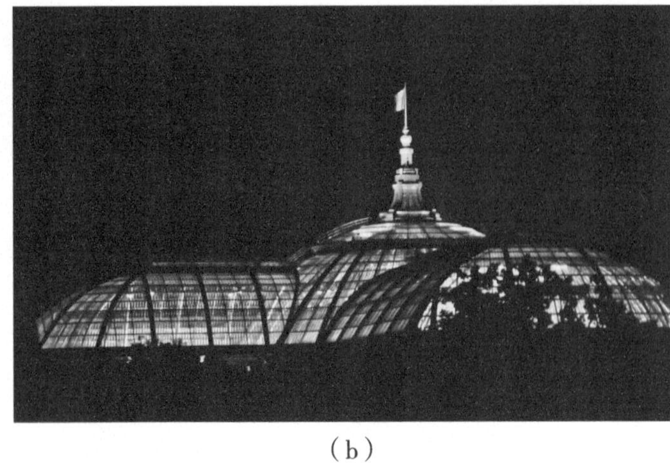

（b）

图 1-36　法国经典建筑钢材穹顶

（a）

（b）

图 1-37　法国某传统建筑屋顶木结构、屋面瓦作法

（a）

（b）

图 1-38　中外建筑建造手段的明显反差

第四节　中国传统木构建筑的结构形式

中国传统木构建筑经历了长达7000年的演变、进化过程，留存和延续下来的构造形式基本有三种：抬梁式、穿斗（干栏）式、井干式。

一、形成原因

我国地域辽阔，相同的季节，南北方的地理、环境及气候差别很大。

北方气候寒冷，房屋朝向多为朝南，有较厚的外墙及屋顶。这主要是为了取暖和保温。由于房屋自身的荷载及风、雪荷载的需要，出现了北方多为抬梁式结构及木构件尺寸硕大的现象。

南方气候温暖潮湿，房屋朝向多为朝南或东南，以接受夏季凉爽的海风。而气候温暖，不需要过厚的屋顶和墙身来保温，又不用考虑雪等荷载，就出现了南方多为穿斗式（干栏式）结构及木构件尺寸纤细的现象。为使空气流通，减少潮湿并防止虫兽侵袭，把房屋的下部分架空，就又出现了穿斗式（干栏式）这种房屋结构。

而在森林地区，为了防御野兽的侵袭，需要把房屋建造得很严密，同时建房木料得来容易，所以，因地制宜就出现了井干式这种房屋结构。

除去上面所说的南北方气候的差异原因外，还有南北方居住环境差异和南北方人文差异等原因，以上这些，就形成了北方多为抬梁式结构；南方多为穿斗式（干栏式）结构；森林地区多为井干式结构这样有着明显差异的南、北方建筑的构造形式。

二、构造特点

中国传统木构建筑的三种构造形式分别落足于我国不同的地区，又分别适应这些不同地区的不同气候，与当地的人文环境融为一体。

简单地说，南方建筑外形轻灵精巧，木构件尺寸普遍纤细，建筑物内部可利用的空间略小；北方建筑尤其是宫殿建筑外形硕大雄浑，木构件尺寸普遍偏大，建筑物内部可利用的空间较大。详见图1-39～图1-48。

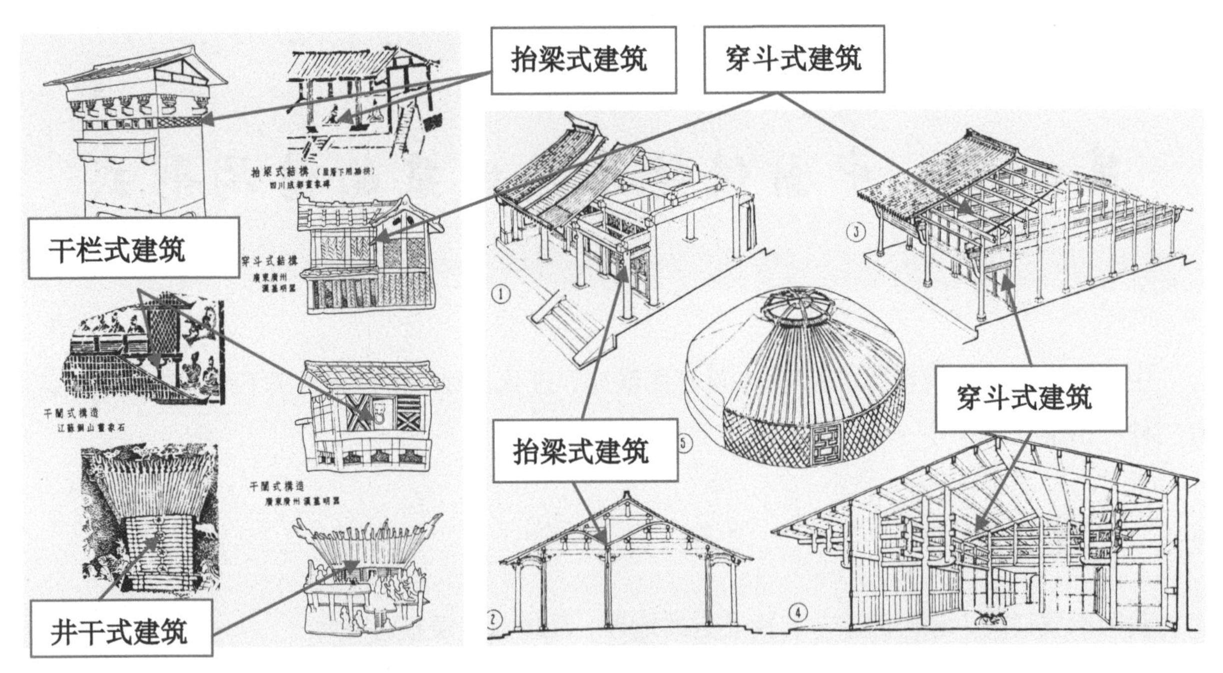

图 1-39　汉代石刻上的房屋构造形式

图 1-40　抬梁式建筑与穿斗式建筑

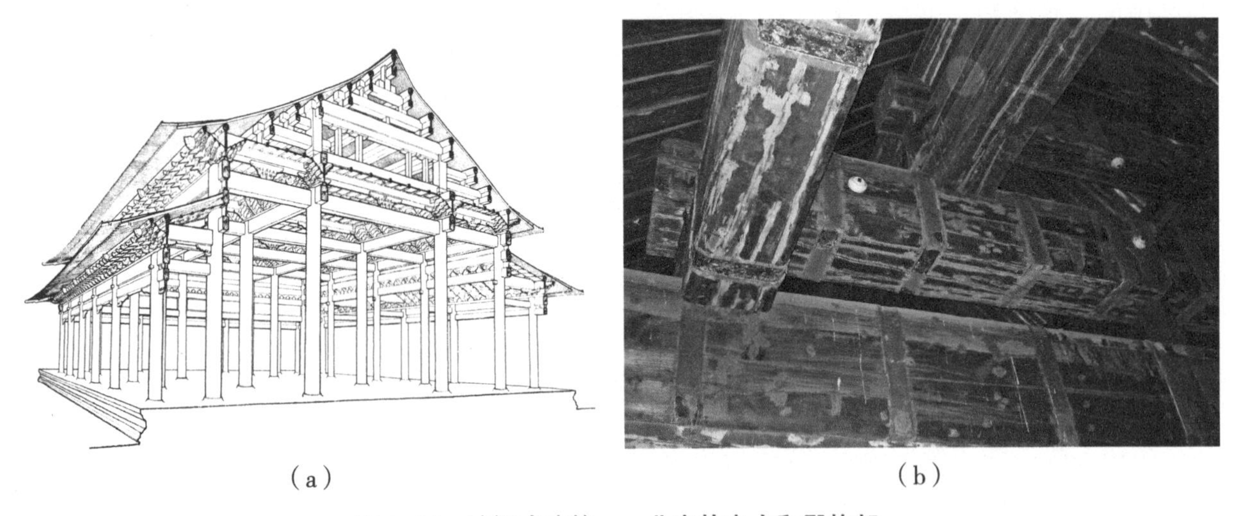

（a）　（b）

图 1-41　抬梁式建筑——北京故宫太和殿构架

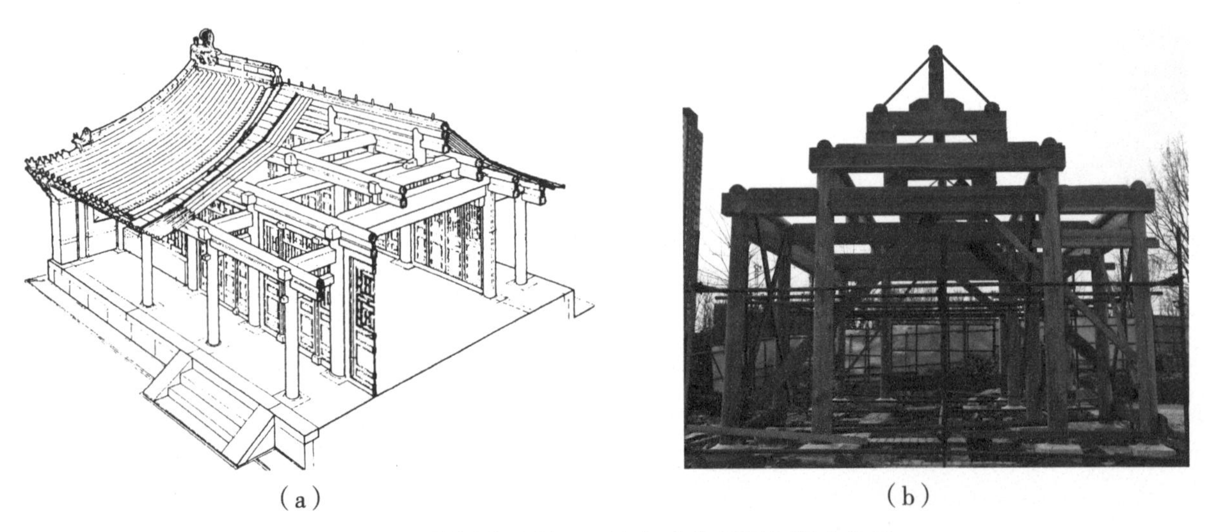

（a）　（b）

图 1-42　抬梁式建筑——清大式前后廊七檩房构架

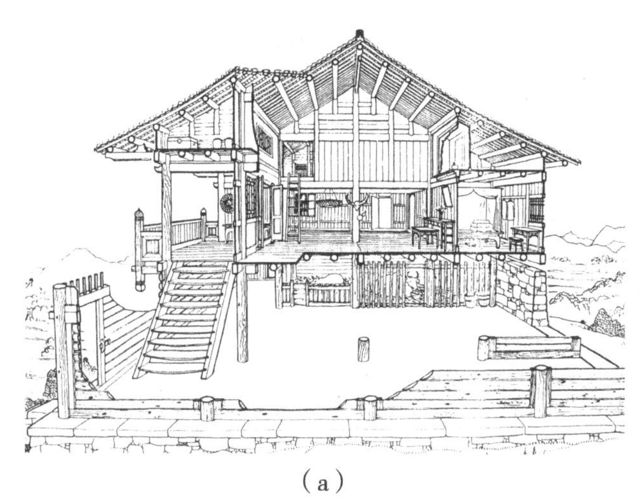

（a）

（b）

图 1-43　穿斗式建筑——梁架结构

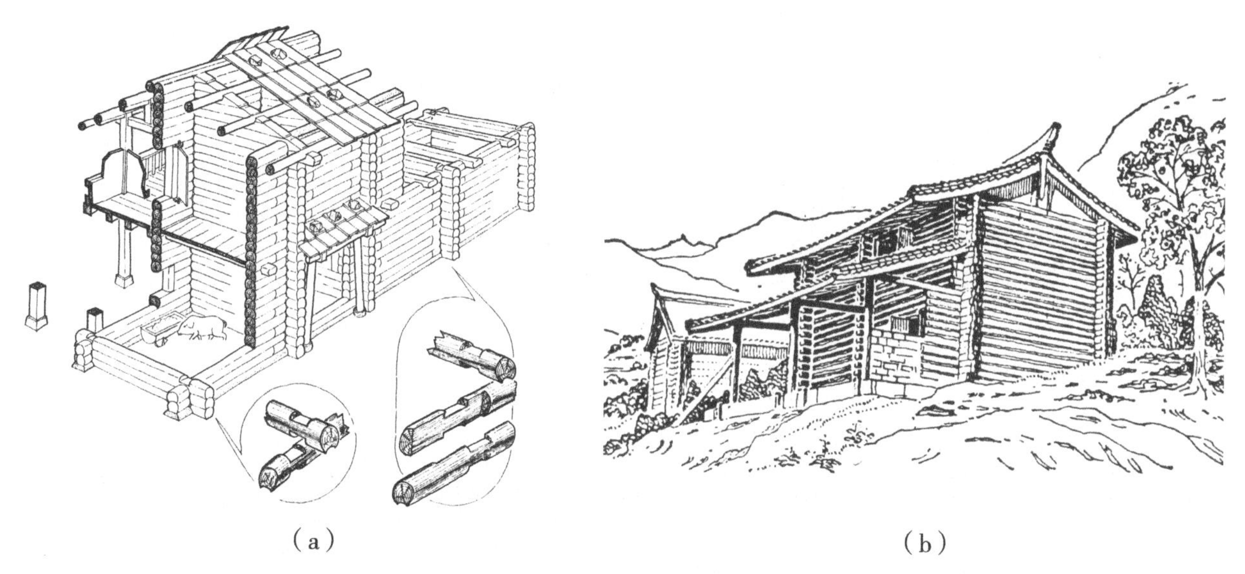

（a）　　（b）

图 1-44　井干式建筑——梁架结构（一）

图 1-45　井干式建筑——梁架结构（二）

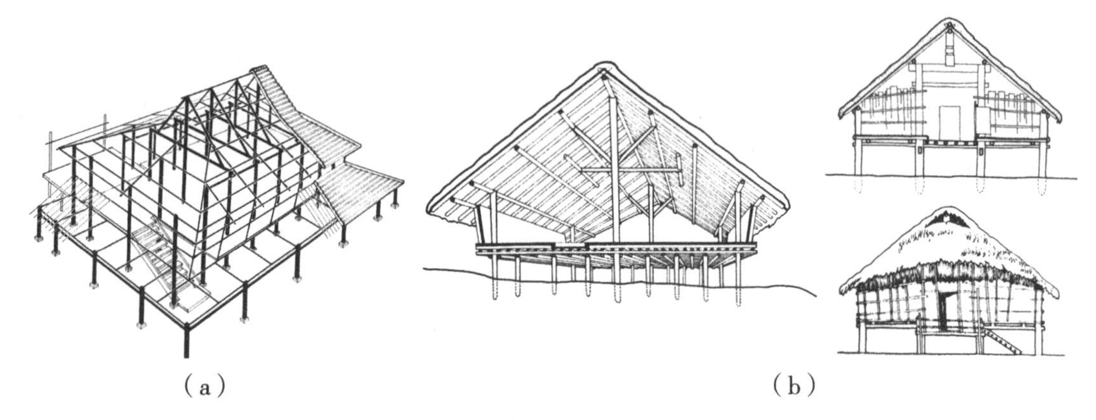

图 1-46 干栏式建筑——梁架结构

图 1-47 抬梁式建筑——梁架结构特征

图 1-48 穿斗式建筑——梁架结构特征

第五节 中国传统木构建筑的主要建筑形式

中国传统木构建筑的建筑形式主要是指屋顶部分的造型，细分起来种类很多，主要的是下面所列的前四种，其他的各种造型都是从这四种主要的造型中演化、组合而来的：① 庑殿；② 歇山；③ 悬山；④ 硬山；⑤ 攒尖；⑥ 卷棚；⑦ 盝顶；⑧ 盔顶；⑨ 单坡顶；⑩ 平顶；⑪ 勾连搭；⑫ 重檐（多重檐）；⑬ 复合（组合）型。详见图 1-49 和图 1-50。

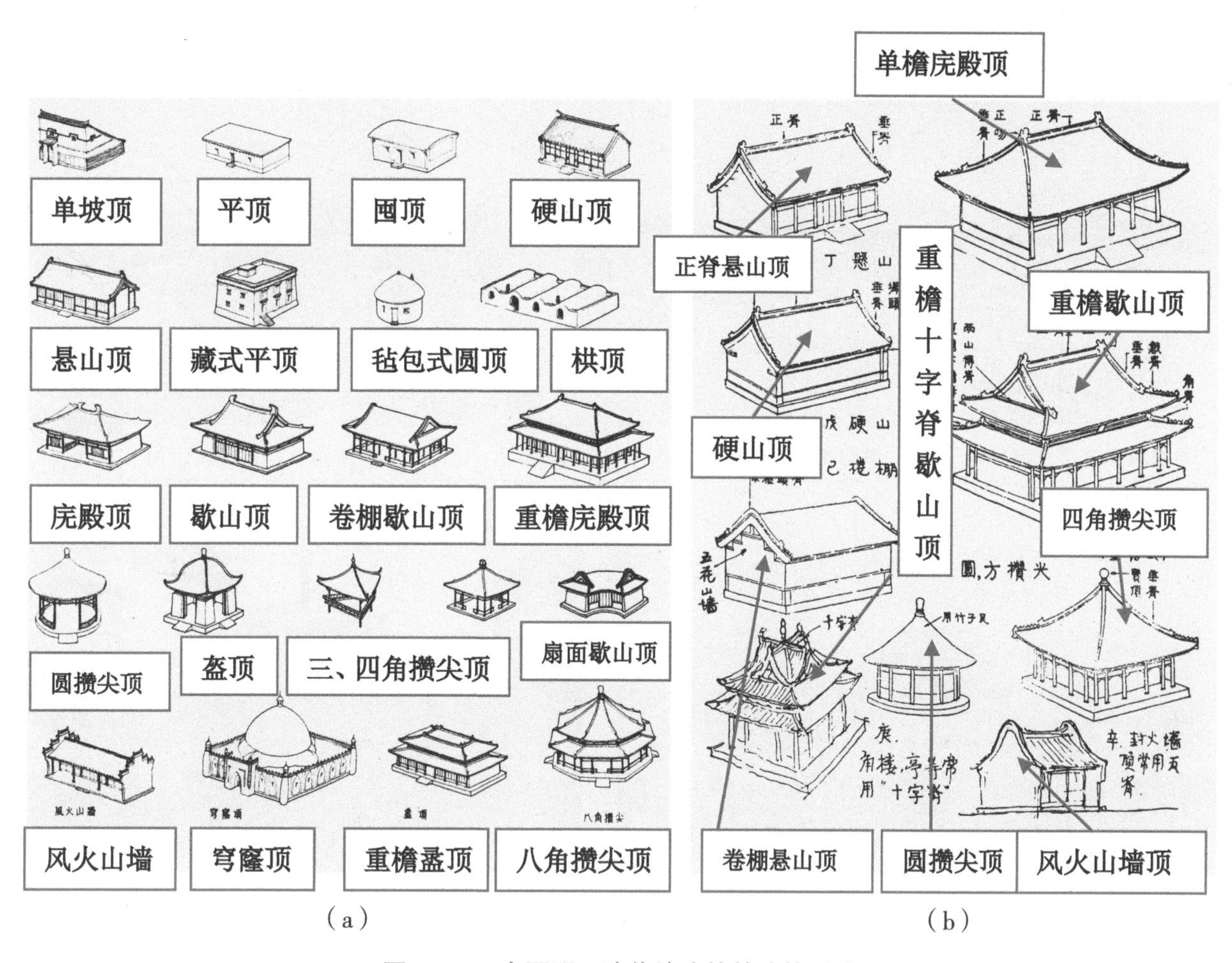

（a）　　　　　　　　　　　　　（b）

图 1-49　中国明、清传统建筑的建筑形式

（a）　　　　　　　　　　　　　（b）

（c）　　　　　　　　　　　　　（d）

图 1-50

图 1-50　各类建筑形式的屋顶造型

明清建筑曾有“四大法则”之说，就是指前四种类型的木结构权衡尺度，其等级庑殿为最高，依次歇山、悬山、硬山，硬山为最低。

一、硬山建筑

硬山建筑以小式居多，也有大式。大式硬山建筑中有带斗栱和不带斗栱两种，不带斗栱大式硬山建筑在体量、规模、用材等上明显高于小式建筑（详见下面所讲大小式建筑的区别）。

1. 硬山建筑的应用范围

硬山建筑在中国传统木构建筑中是应用最为普遍的建筑形式，在民居、园林、寺庙中大量使用。

2. 硬山建筑的外形特征

硬山建筑的屋面只有前后两坡，两侧山墙与屋面相交一平，两山桁檩梁架全部封砌在山墙内。

3. 硬山建筑的结构特征

硬山建筑木构架是抬梁式结构中最基本的构造形式，也是其他各类建筑的主体构架。

4. 硬山法则

桁檩两山端头与两山梁架外皮齐。

硬山建筑详见图 1-51 ~图 1-55。

（a）

（b）

（c）

（d）

图 1-51　硬山建筑（小式）

（a）

（b）

图 1-52　硬山建筑（小式、大式）

（a）

（b）

图 1-53　硬山建筑（大式）

图 1-54　硬山建筑——木构架

硬山法则：桁檩两山端头与两山梁架外皮齐

图 1-55　硬山建筑——硬山法则

二、悬山建筑

悬山建筑大小式及杂式都有，大式悬山建筑中有带斗栱和不带斗栱两种，不带斗栱大式悬山建筑在体量、规模、用材等上明显高于小式建筑（详见下面所讲大小式、杂式建筑的区别）。

1. 悬山建筑的应用范围

悬山建筑在中国传统木构建筑中是应用较为普遍的建筑形式，在民居、园林、寺庙中也常有使用。

2. 悬山建筑的外形特征

悬山建筑的屋面也只有前后两坡，与硬山不同处在于悬山建筑屋面两端悬出两侧山墙，桁檩梁架外露，象眼柁当封堵象眼板，或山墙随梁架举折砌五花山墙，或墙身封砌到顶，仅露明檩子及燕尾枋。

3. 悬山建筑的结构特征

悬山建筑木构架是以硬山木构架为主体，两端梢间的桁檩向外出挑一定尺寸，屋面悬探于两山墙外，桁檩端头封木博缝板。

这种作法最为可取的地方是既让木构件暴露在外，有利于木构件的通风防腐又改变了山墙单调死板的外形，丰富了山墙的立面效果。

在悬山作法中，一种是墙身封砌到顶，仅露明檩子及燕尾枋；再一种是山墙只砌到大柁下，所有大柁以上的木构件全部外露，梁架的象眼柁当封堵象眼板。这两种作法各有各的优缺点。

4. 悬山法则

两山博缝板板中自两山檐柱柱中向外悬挑四椽四当尺寸（或与建筑物上出尺寸同）。

悬山建筑详见图 1–56 ~ 图 1–59。

（a）　（b）

（c）　（d）

图 1–56

（e）　（f）

图 1-56　悬山建筑

（a）　（b）　（c）

（d）

图 1-57　悬山建筑——悬出

注：图中所标为悬山悬出的多种形式，与“悬山法则”所规定的“悬出尺寸”有所不同，供参考。

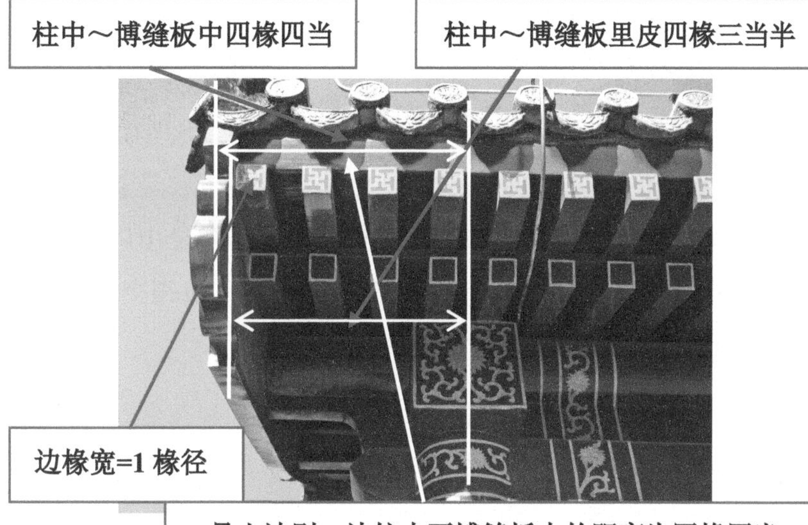

图 1-58　悬山建筑——悬山法则

（a）

（b）

图 1-59　悬山建筑——悬出部分木构示意

三、歇山建筑

歇山建筑大式及杂式作法都有，大式歇山建筑中有带斗栱和不带斗栱两种，不带斗栱大式歇山建筑在体量、规模、用材等上明显高于小式建筑（详见下面所讲大小式、杂式建筑的区别）。歇山建筑详见图 1-60 ~图 1-74。

1. 歇山建筑的应用范围

歇山建筑在中国传统木构大式建筑中是最基本最常见的一种建筑形式，在宫殿、庙宇、府邸、衙署、皇家园林中都得到大量的使用。

2. 歇山建筑的外形特征

歇山建筑的屋面形式有四坡，前后两坡屋面一坡到顶，两山屋面分为两段，下半段檐头屋面与前后坡檐头屋面四面相交，呈庑殿形式；上半段直上直下，呈悬山形式。歇山建筑是在悬山建筑和庑殿建筑木构架中发展进化出来的一种构造形式，是悬山屋面与庑殿屋面的有机结合——上半段是悬山前后两坡屋面，下半段是庑殿四角翘起的四坡相交屋面。

3. 歇山建筑的结构特征

歇山建筑木构架也是以硬山木构架为主体，两端梢间的梁架按建筑造型要求作出构件的增减变化，具体说是在建筑物梢间按一定的尺寸安装长趴梁、顺趴梁或抹角梁，用以承接歇山建筑特有的构件——踩步金、草架柱、山花板、博缝板等。同时，整体梁架以下金檩为界，将屋顶部分的构架为上下两段，其上段按悬山作法“梢间金檩向山面外挑，檩木外端安装山花板、博缝板”，下段按庑殿作法“四角角梁翘起，屋面四坡相交”，可以说歇山建筑的结构是在悬山和庑殿建筑木构架中进化出来的一种非常实用又美观的构造形式。

4. 收山（歇山）法则

由山面檐檩（桁）向内返一檩(桁)径为山花板外皮，即博缝板里皮。

图 1-60　仿唐单檐歇山建筑

图 1-61　仿唐重檐歇山建筑

图 1-62　宋、元单檐歇山建筑

图 1-63　宋、辽重檐歇山建筑

图 1-64　明、清单檐歇山建筑

图 1-65　明、清重檐歇山建筑

图 1-66　明、清单重檐歇山建筑

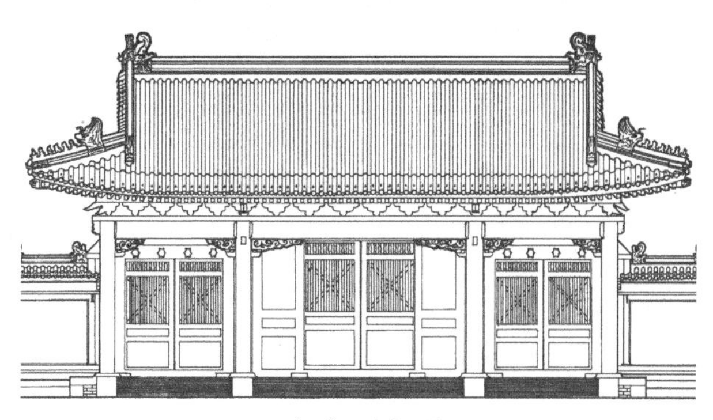

（a）正立面

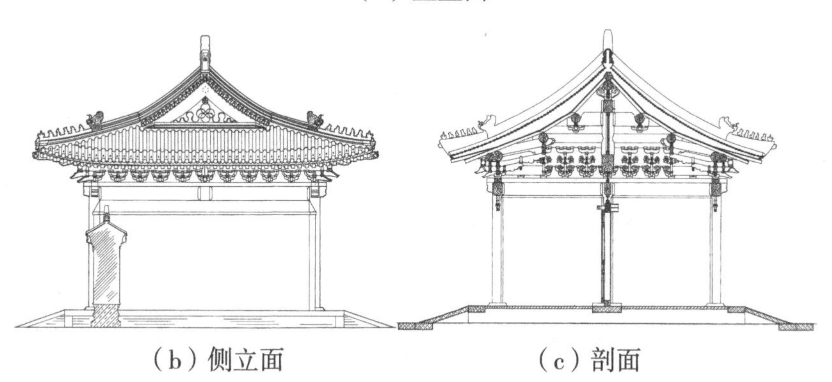

（b）侧立面　　（c）剖面

图 1-67　明、清单檐歇山建筑

图 1-68　宋、辽重檐歇山建筑木构架

图 1-69　清单檐歇山建筑木构架

图 1-70　歇山建筑两山对比——宋、元

图 1-71　歇山建筑两山对比——明、清

（a）　　（b）　　（c）

图 1-72　歇山建筑——与收山法则不同的收山尺度

收山法则：由山面檐檩（桁）中向内返一檩（桁）径为山花板外皮—即博缝板里皮

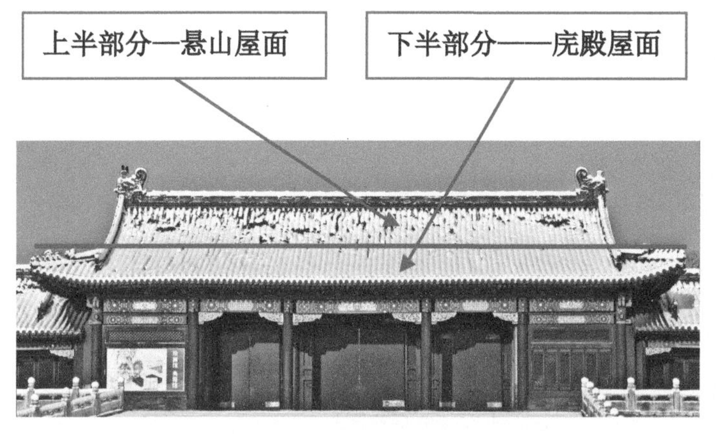

图 1-73　歇山建筑——屋面的构成

图 1-74　歇山建筑——收山法则

四、庑殿建筑

庑殿建筑大式及杂式作法都有，大式庑殿建筑中通常都带有斗栱；在杂式建筑中，通常都以攒尖（由庑殿建筑演化而来）形式出现，如四、六、八方亭等。详见下面所讲大小式、杂式建筑的区别。

1. 庑殿建筑的应用范围

庑殿建筑在中国传统木结构大式建筑中型制是最高的，通常在宫殿、坛庙中轴线上的主要建筑物才允许使用。

2. 庑殿建筑的外形特征

庑殿建筑的屋面形式有四坡，前后两坡屋面相交，形成一条正脊，两山的坡屋面与这条脊和前后两坡屋面四坡相交形成五条脊，所以，庑殿建筑也叫四大坡、四阿殿或五脊殿。

3. 庑殿建筑的结构特征

庑殿建筑主体（正身）部分构架与硬山、悬山建筑的主体构架基本相同；两端梢间的梁架也是按建筑造型要求做出构件的增减变化，具体说是在建筑物梢间按一定的尺寸安装一道长趴梁或两道顺趴梁，用以承接按推山法则尺寸向山面挑出的下金檩、短趴梁、上金檩、太平梁、雷公柱等构件。通过上述构件按推山法则规定的尺寸组合后，形成正脊加长，四条垂脊由直线变为和缓的曲线，使庑殿建筑的两山屋面形成陡峻雄奇的屋面曲线。

4. 推山法则

当每山步架相同时，第一步（檐步）方角不动，从（下）金步起至脊步每步递减上一步架尺寸的一成（1/10）。

当每山步架不相同时，第一步（檐步）方角不动，由（下）金步开始，递减自身步架尺寸的一成（1/10）；再依（下）金步推山后的中向上按（中或上）金步自身步架尺寸递减一成（1/10）；依此类推，直至脊步。

庑殿建筑详见图 1-75 ～图 1-92。

图 1-75　唐单檐庑殿建筑

图 1-76　仿唐单檐庑殿建筑

图 1-77　仿唐重檐庑殿建筑

图 1-78　仿宋、辽重檐庑殿建筑

图 1-79　明重檐庑殿建筑

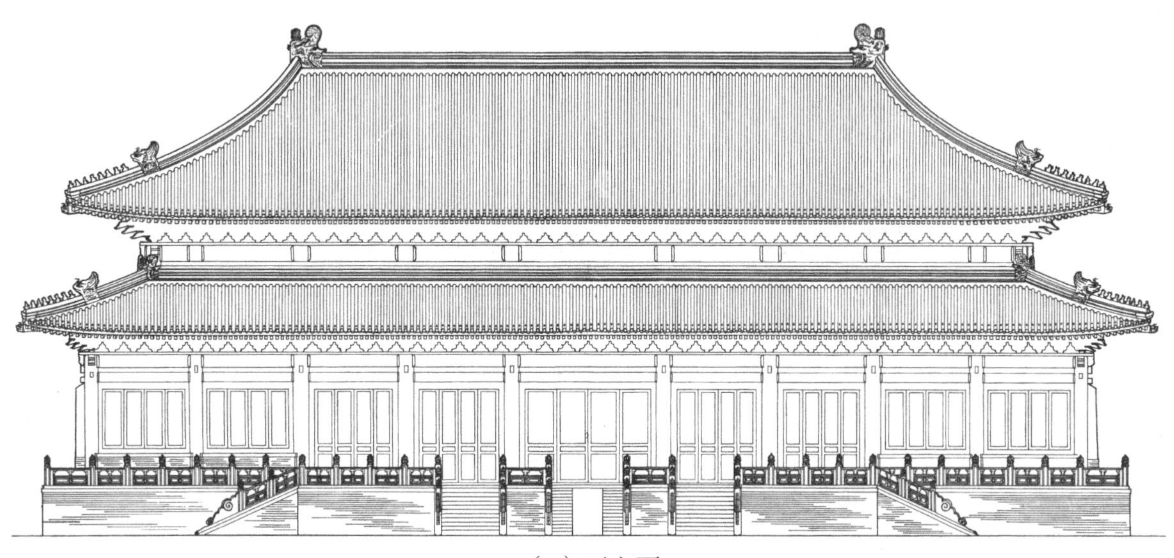

（a）正立面

（b）侧立面

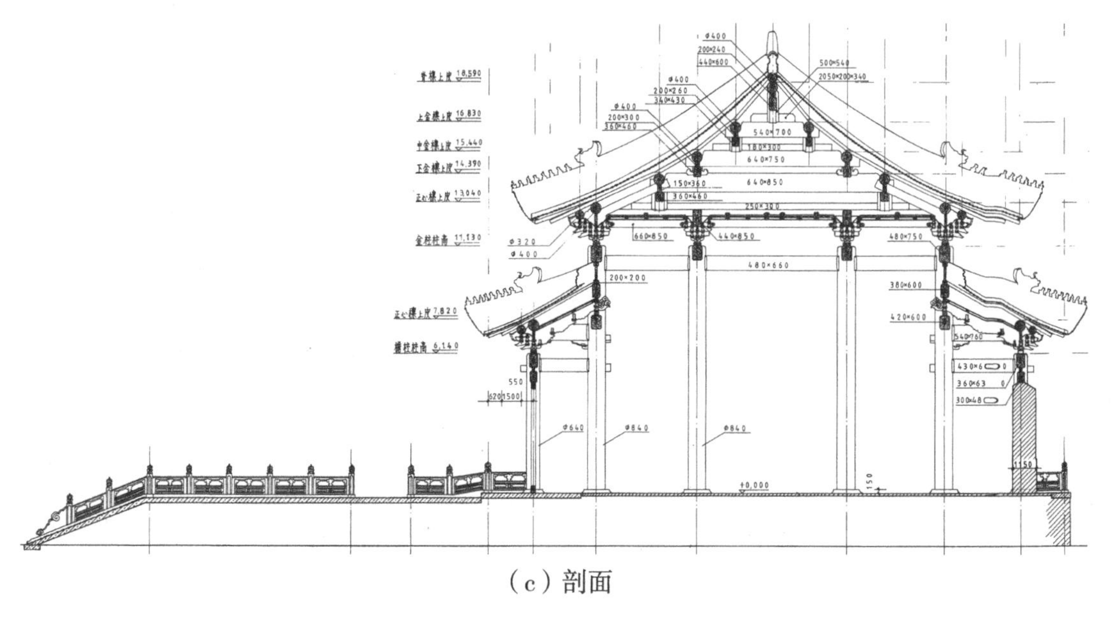

（c）剖面

图 1–80　明重檐庑殿建筑

图 1–81　明、清重檐庑殿建筑

（a）

（b）

图 1–82　清重檐庑殿（攒尖）建筑

图 1–83　明、清单檐庑殿（攒尖）建筑

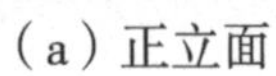

（a）正立面

（b）侧立面

图 1–84　明、清庑殿屋顶立面

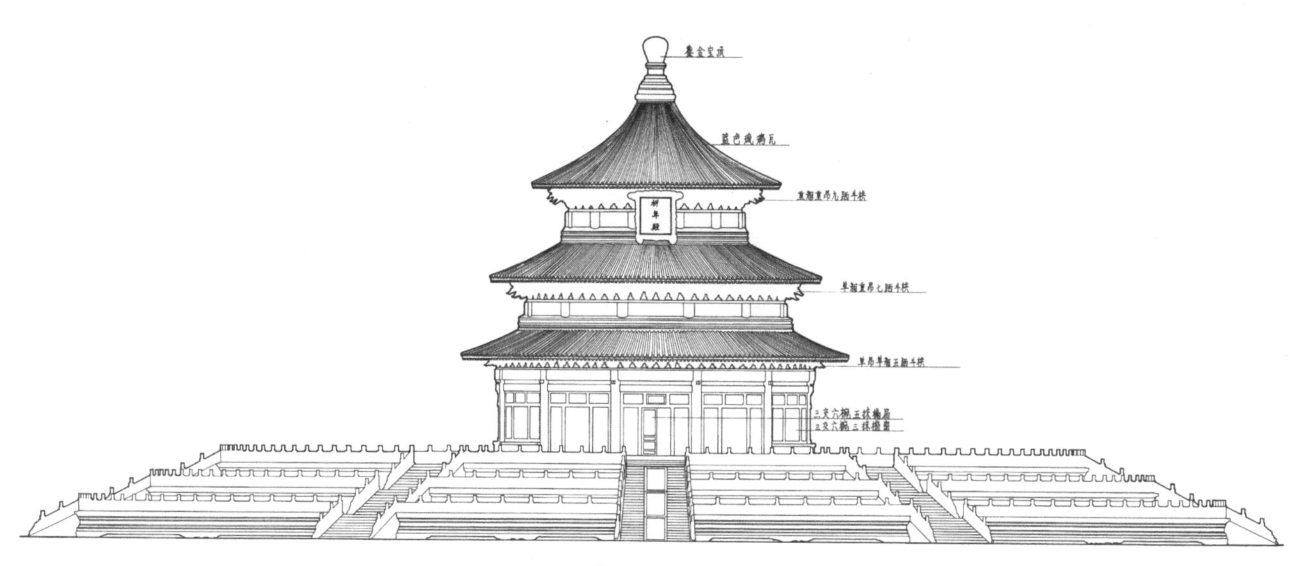

（a）正立面

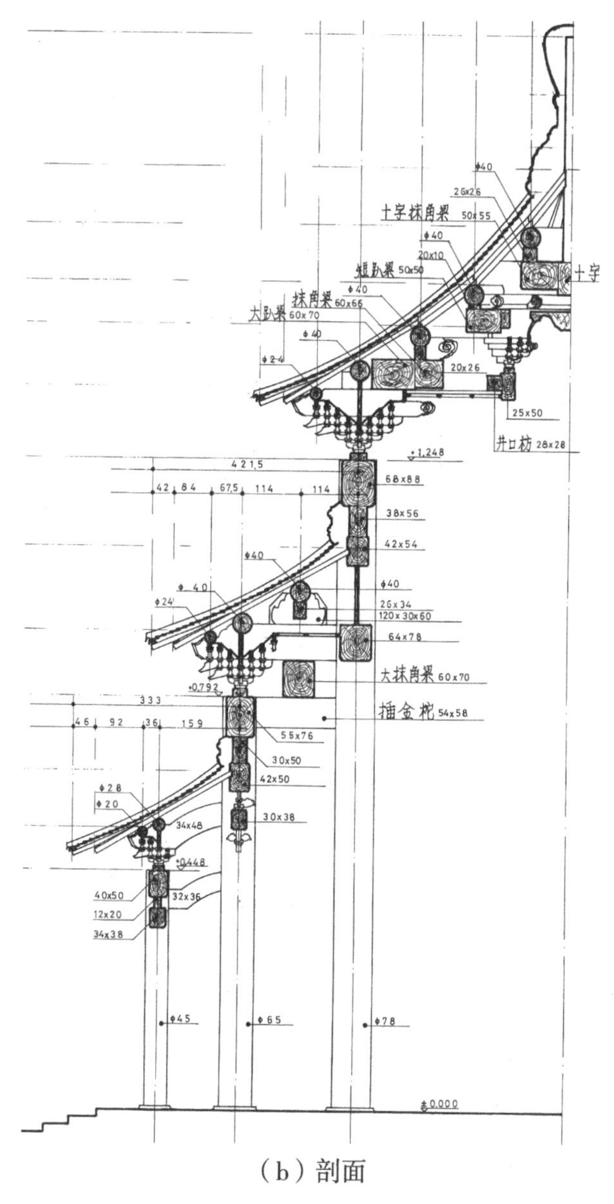

（b）剖面

图 1-85　明、清三重檐圆攒尖建筑

图 1-86　仿宋、辽重檐庑殿木构架

图 1-87　仿宋、辽重檐庑殿木构架局部

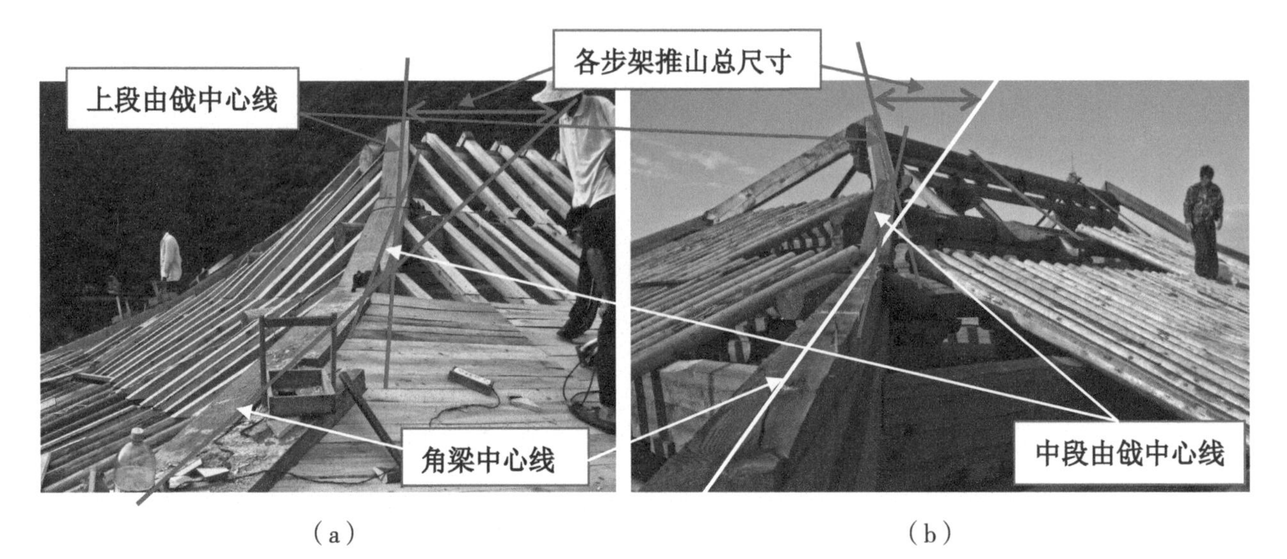

图 1-88　庑殿——木结构推山法示意

图 1-89　庑殿——木结构推山示意

图 1-90　庑殿——推山处理后的屋面垂脊“旁囊”

（a）未"推山"　　（b）"推山"后

图 1-91　唐、宋与明、清庑殿屋面——不"推山"与"推山"对比

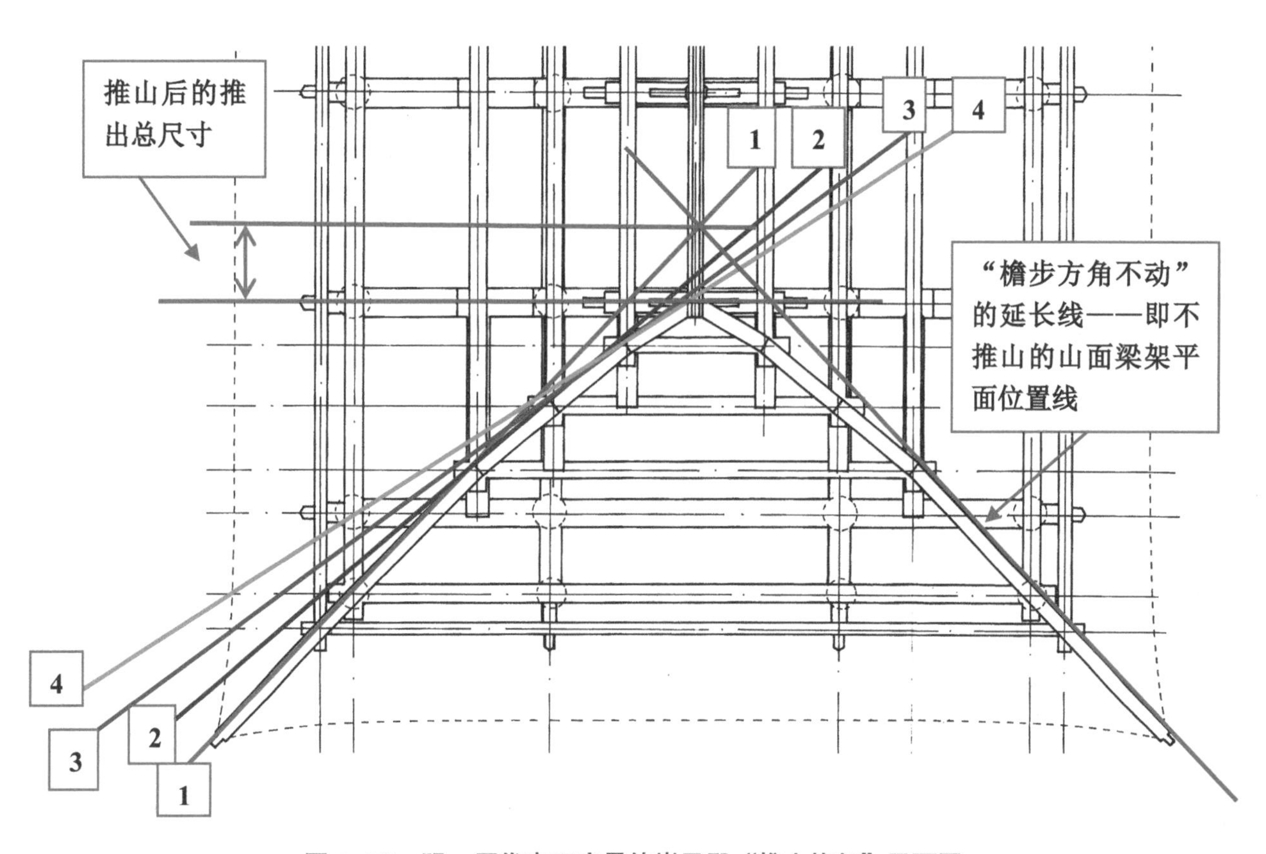

图 1-92　明—历代帝王庙景德崇圣殿"推山构架"平面图

图 1-92 为笔者 1989 年实测绘制的"推山构架"平面图，图中编号为 1、2、3、4 的线分别为"① 角梁"、"② 下金由戗"、"③ 上金由戗"、"④ 脊步由戗"四根（段）构件的平面位置线，从这四条线的重合交集可以清楚地看出山面每步梁架的"推山"作法。

推山详解见马炳坚《中国古建筑木作营造技术》一书中有关"推山"的图解，详见图 1-93 ~ 图 1-96。

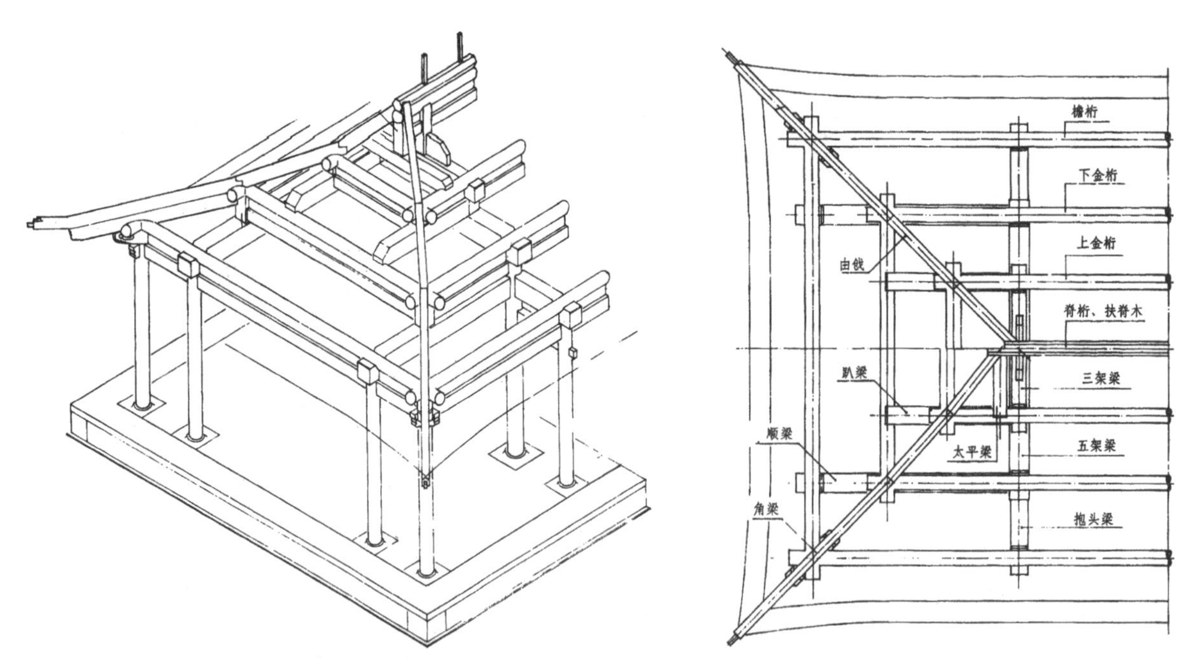

图 1-93 庑殿两山木构架示意

图 1-94 庑殿两山木构架推山与不推山比较示意

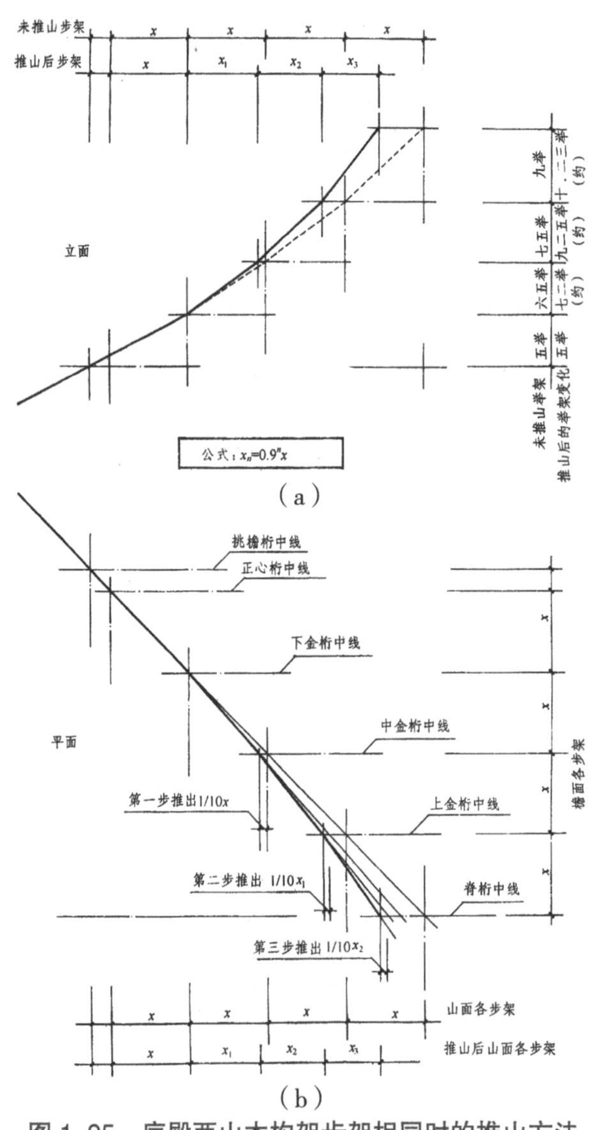

图 1-95 庑殿两山木构架步架相同时的推山方法

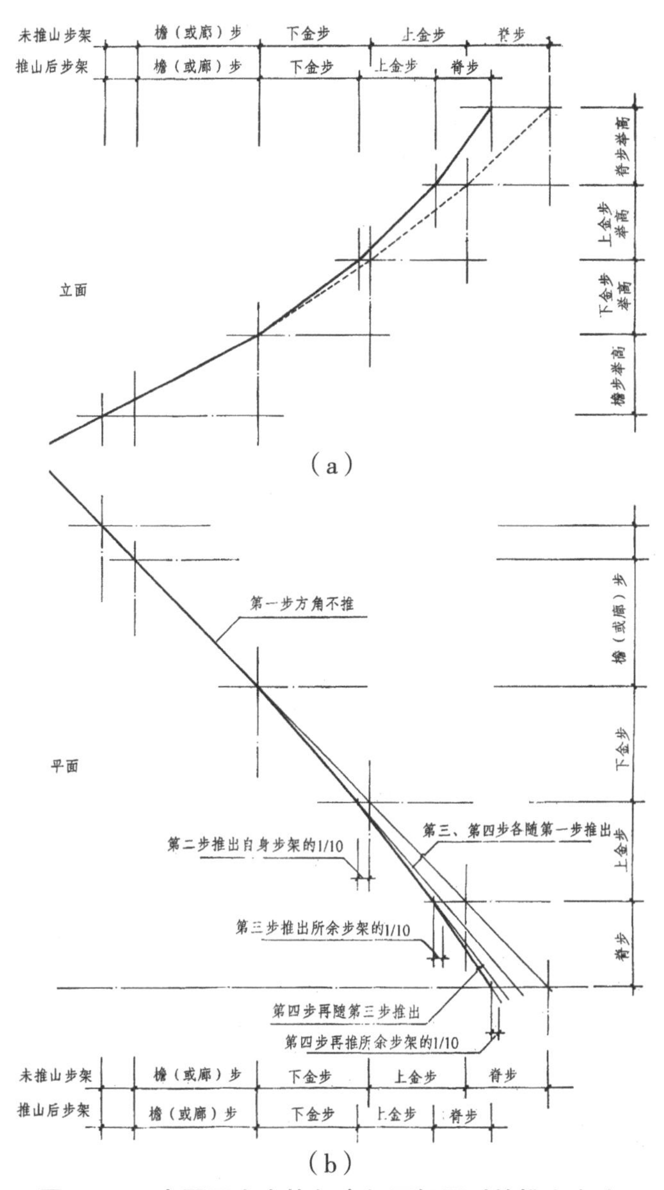

图 1-96　庑殿两山木构架步架不相同时的推山方法

第六节　中国传统木构建筑的模数与权衡制度

中国传统木构建筑无论是在唐、宋、辽、金还是元、明、清、民国，包括现在，都基本是按照古人在包括宋《营造法式》、清《工部做法》等在内的经典著作中总结制订出的一整套建筑物模数与权衡制度来进行营建的。从唐到清，社会在不断进化，人们的审美观也在不断地变化，从建筑物的外形就经历了从屋面的和缓到陡峻、出檐由大变小等的演变，再从木构件尺寸大小来讲“柱子”也经历了由“胖—梭柱”到相对“瘦—收分柱”的变化过程；而“梁”的断面高宽比则从2 ∶ 1到3 ∶ 2再到10 ∶ 8甚至是12 ∶ 10……这些明显地反映出各朝代之间演变的脉络。这里暂且不说这样的变化是否合理，起码这说明了每个时代的人都在按照自己的理解对前人传留下来的东西做出修改，尽管每次这种改动是微乎其微的。

一、模数

“模数”是古代房屋整体及各部位、各构件尺寸的一个基本计量单位。

在宋《营造法式》中规定了房屋的基本计量单位是“材分°”。

在清《工部做法》中，规定了房屋的基本计量单位是“斗口”和“柱径”。在清代带斗栱大式建筑中，房屋的基本计量单位称“斗口”，不论是什么形式的建筑，它的外形尺度、构件大小等都以“斗口”为计量单位；在清代小式建筑和不带斗栱的大式建筑中，房屋的基本计量单位称“柱径”，不论是什么形式的建筑，它的外形尺度、构件大小等都以“柱径”为计量单位。

二、模数的等级规定

在古代建筑中，官方将建筑群的规模、单体房屋的建筑形式、间量大小、台基栏杆、斗栱脊瓦、彩画装修甚至于木构件的截面尺寸等都做出了严格的等级划分，如清代，官方就将清式建筑中官式、大式建筑的所有尺度划分为十一个等（材）级：6寸[1]、5.5寸、5寸、4.5寸、4寸、3.5寸、3寸、2.5寸、2寸、1.5寸、1寸，每半寸为一个等级，每个等级就是1个斗口，当按清代的等级规定选定了欲建房屋的等级后，就成为这个欲建房屋的模数等级或称之为“基数”，房屋各部位及各种构件的所有尺寸都以这个基数作为计量单位，称“斗口×寸”。

在清官式建筑的权衡规定中规定了常见清官式（大式）各类建筑的用材标准，具体是：

高台建筑（城阙、角楼）用材，五～四等材（斗口0.4 ～ 0.45尺[2]，120 ～ 144mm）；

平地建筑（殿座、厅堂）用材，九～七等材（斗口0.2 ～ 0.3尺，64 ～ 96mm）（重建于康熙三十四年（1695年）的故宫太和殿斗口90mm不到3寸；东华门斗口115mm约3.5寸）。

（清《工程做法注释》中有如下记载：“太和门是太和殿的正门，太和殿的斗口材分° 0.3尺，正门减为0.28尺，两侧昭德、贞度门0.26尺，南庑为太和殿周围廊庑一部分，用0.25尺材依次降杀……”反映出建筑体制严明的等差关系。）

在清《工程做法》中规定，在清代小式建筑和不带斗栱的大式建筑中，各式房屋按等级不同定出明间面宽（由明间面宽计算出柱径，方法见后）：

九檩大木前后廊作法明间面宽为13尺；

七檩大木前后廊作法明间面宽为12尺；

---

❶ 1寸≈33.33mm，下同。

❷ 1尺=10寸≈0.3333m，下同。

六檩大木前出廊作法明间面宽为 11 尺；

五檩大木无廊作法明间面宽为 10 尺。

（一说：无斗栱大式明间面宽为 9 ～ 17 尺不等；小式建筑明间面宽不大于 10.5 尺。）

三、权衡

权衡即为“比例”。在清代，官方将房屋的各部位（面宽、进深、高度、出檐等）尺寸及各种构件的尺寸都在模数的基础上规定了一个比例倍数（详见图 1–97 ～图 1–99），尽管这个比例倍数现在看来有些许死板甚至有一些谬误，但它确实是经过了几百年的风雨天灾对结构的考验和人们审美观点不断演变对建筑外形产生的影响，到目前我们这个年代，在没有出现更好、更合理、更完整的新的权衡规定前，我们仍然还需遵循清代传下来的这套模数与权衡的制度。

有一点需要加以说明的是：清代的这个制度，不仅规定了清代的建筑尺度，更由于明代没有留下类似前朝“营造法式”和后朝“工程做法”法典类的史记资料，而明代建筑在尺度上更接近清代，所以，我们在接触明代建筑时也通常借鉴清代的这个尺度标准。

建筑分类	斗口材分	间架柱位平面布局（地盘）						
		面　阔（横广）				进　深（纵深）		
		明间	两次间	两梢间	左右廊子	两山明间	两山次间	前后廊子
九檩单檐庑殿周围廊单翘重昂斗口二寸五分大木做法	斗口二寸五分	斗科七攒 77 斗口	各斗科六攒 66 斗口	各斗科六或五攒 66 或 55 斗口	各斗科二攒 22 斗口	斗科四攒 44 斗口	各斗科四攒 44 斗口	各斗科二攒 22 斗口
		通面阔 385 或 363 斗口				通进深 176 斗口		
九檩单檐歇山转角前后廊单翘单昂斗口三寸大木做法	斗口三寸	斗科五攒 55 斗口	各斗科四攒 44 斗口	各斗科四或三攒 44 或 33 斗口		斗科九攒 99 斗口		各斗科二攒 22 斗口
		通面阔 231 斗口				通进深 143 斗口		

（a）

建筑分类	斗口材分	间架柱位平面布局（地盘）						
		面　阔（横广）				进　深（纵深）		
		明间	两次间	两梢间	左右廊子	两山明间	两山次间	前后廊子
七檩大木前后廊做法		12尺	酌定	酌定		12尺		各3尺
						通进深18尺		
六檩大木前出廊做法		11尺	酌定	酌定		12.8尺		3.2尺
						通进深16尺		
五檩大木做法		10尺	酌定	酌定		通进深12尺		

（b）

图 1–97　清《工程做法》中关于面阔、进深尺寸的权衡规定

表十　歇山、悬山各部

	大式		小式	
	高	厚，径，或见方	高	厚，径，或见方
榻角木	4.5斗口	3.6斗口		
穿　梁	2.3斗口	1.8斗口		
草架柱	2.3斗口	1.8斗口		
燕尾枋	3斗口	1斗口	$\frac{1}{2}D$	$\frac{4}{5}D$
山花板		1斗口		
博风板	8斗口	1.2斗口	$1\frac{4}{5}D$	$\frac{1}{4}D$
博脊板		$\frac{1}{10}$高		

注：D=檐柱径。

图 1–98　《清式营造则例》中关于木构件尺寸的权衡规定

表四　枋

枋	大式		小式	
	高	厚	高	厚
大额枋	6.6斗口	5.4斗口		
小额枋	4.8斗口	4斗口		
重檐上大额枋	6.6斗口	5.4斗口		
单额枋	6斗口	5.5斗口		
平板枋	2斗口	3.5斗口		
檐枋（老檐枋同）			同檐柱径	$\frac{4}{5}D$
金（脊）枋	3.6斗口	3斗口	D－2寸	$\frac{4}{5}$D－2寸
燕尾枋	3斗口	1斗口	$\frac{2}{3}D$	$\frac{1}{6}D$
支　条	2斗口	1.5斗口		
贴　梁	2斗口	1.5斗口		
天花枋	6斗口	4.8斗口		
承椽枋	7斗口	5.6斗口		
雀　替	长=$\frac{明间净面阔}{4}$	高=$1\frac{1}{4}$柱径	厚=$\frac{2}{3}$柱径	

注：D=檐柱径。

（a）

表三　柱

柱	大式		小式	
	高	径	高	径
檐　柱	60斗口	6斗口$\left(收分\frac{1}{1000}\right)$	$\frac{4}{5}$面阔或11径	$\frac{1}{11}$高
金　柱	60斗口+廊步五举	6.6斗口	$\frac{4}{5}$面阔+廊步五举	檐柱径加1寸
重檐金柱		7.2斗口		
童　柱		6.6斗口		
中　柱		7斗口		
山　柱				檐柱径加2寸

（b）

图 1–99　《清式营造则例》中关于木构件尺寸的权衡规定

四、模数与权衡制度的由来

我们现在沿用的清代模数与权衡制度源自于宋代，宋代的模数称“材分°”。宋《营造法式》中关于材分°的规定是这样的。“材——凡构屋之制，皆以材为祖，材有八等，度屋之大小，因而用之。”“各以其材之广（注——即高）分为十五分°，以十分°为其厚。凡屋宇之高深，名物之短长，曲直举折之势，规矩绳墨之宜，皆以所用材之分°，以为制度焉。”“栔广六分°，厚四分°，材上加“栔”者，谓之足材。”这段文字的意思是：宋代建房，以“材”为单位，房屋所有的高宽深广、曲直举折、构件尺寸等都是以“材”为单位进行计算的（等同于清的“柱径”或“斗口”）。

宋代的“材”分为八个等级（与清代的 11 个等级异曲同工），每“材”的尺寸是有规定的：厚为 10 分°，高（广）为 15 分°（不像清“斗口”只规定了厚度尺寸）。由于各等级“材”的尺寸跨度较大，又设立了“栔”（契）来补充细化，“栔”的尺寸也是有规定的：厚为 4 分°，高（广）为 6 分°。在清作法中，称某部位或某构件的尺寸为 × 或 ×. × 斗口、柱径，而在宋作法中称 × 材、× 分°或 × 材、× 栔。其实，这些叫法大同小异，就像我们现在使用的人民币，1.53 元也可称为一元五角三分一样。通过以上的分析，我们可以清楚地看出模数与权衡制度的传承脉络，也可以从另一个侧面看出宋代木构件断面的高厚比基本固定在 1.5 ：1 这个相对更为合理的受力尺寸上。

相关知识

宋《营造法式》中关于材分°等级的使用规定如下。

材分如下八等：

第一等——广九寸，厚六寸（以六分为一分°）。

“殿身九间至十一间则用之（若副阶并殿挟屋材分°减殿身一等；廊屋减挟屋一等。馀准此）。”

第二等——广八寸二分五厘，厚五寸五分（以五分五厘为一分°）。

“殿身五间至七间则用之。”

第三等——广七寸五分，厚五寸（以五分为一分°）。

“殿身三间至五间，或堂七间则用之。”

第四等——广七寸二分，厚四寸八分（以四分八厘为一分°）。

“殿三间，厅堂五间则用之。”

第五等——广六寸六分，厚四寸四分（以四分四厘为一分°）。

“殿小三间，或厅堂三大间则用之。”

第六等——广六寸，厚四寸（以四分为一分°）。

“亭、榭或小厅堂皆用之。”

第七等——广五寸二分五厘，厚三寸五分（以三分五厘为一分°）。

"小殿及亭、榭等用之。"

第八等——广四寸五分，厚三寸（以三分为一分°）。

"殿内藻井或小亭、榭施铺作多则用之。"

五、清代建筑权衡尺寸的通则

清代建筑权衡尺寸的通则所涉及的几个主要方面是：柱径与斗口；面宽与进深；柱高与柱径；收分与侧脚；台基（台明）与上出、下出、山出、回水；步架与举架；庑殿建筑的推山法；歇山建筑的收山法；悬山建筑的悬山法；硬山建筑的硬山法。

1. 柱径与斗口

"柱径"和"斗口"是中国传统建筑中的一个模数，"柱径"对应小式建筑和不带斗栱的大式建筑及部分杂式建筑；"斗口"则对应带斗栱的官（大）式建筑。无论在什么形式的建筑中，各部位的通则尺寸、各构件的断面尺寸都是以这个作为基数再根据权衡规定计算出来的，都是这个模数的若干倍数，而这个倍数也就是权衡规定的制订则源于千百年来历代的能工巧匠们对力学、美学的实践、总结和归纳。

（1）柱径

柱径指前檐（廊）柱根部的直径，如图 1-100 所示。在小式建筑和不带斗栱的大式建筑及部分杂式建筑中，通常以这个直径尺寸为 1，其他的尺寸都为它的倍数。换句话也可以说，只要有了"柱径"的尺寸，就可以根据古人"模数倍数"的这个权衡规定来计算出小式建筑和不带斗栱的大式建筑及部分杂式建筑各部位、各构件的详细尺寸。

（2）斗口

具体指斗栱构件"坐斗"面宽方向刻口；这个刻口的宽度尺寸也就是斗口的尺寸。同样也可以说，只要有了"斗口"的尺寸，也就可以根据古人"权衡"的规定来计算出带斗栱官（大）式建筑各部位、各构件的详细尺寸。详见图 1-101。

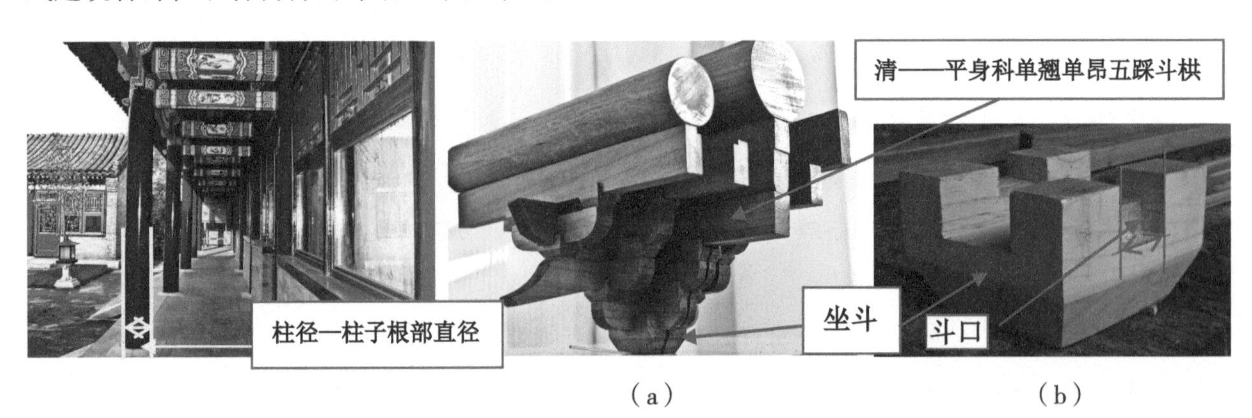

（a）　（b）

图 1-100　柱径示意

图 1-101　斗口示意

2. 面宽（面阔）与进深

（1）名词解释

① 面宽（阔）：建筑物长向（正、背立面）两柱之间的距离。面宽有明间面宽、次间面宽、梢间面宽、廊间面宽等。

② 通面宽（阔）：建筑物长向（正、背立面）最外侧两柱之间的距离。

③ 进深：建筑物短向（侧立面）两柱之间的距离。进深有明间进深、次间进深、廊间进深等。

④ 通进深：建筑物短向（侧立面）最外侧两柱之间的距离。

⑤ 间：相邻两排四颗柱子组成的空间。

⑥ 明间：建筑物居中的间，也叫当心间。

⑦ 次间：相邻明间的间。

⑧ 梢间：相邻次间的间。

⑨ 廊间：周围廊建筑中最外侧的廊子。

面宽与进深如图 1-102 和图 1-103 所示。

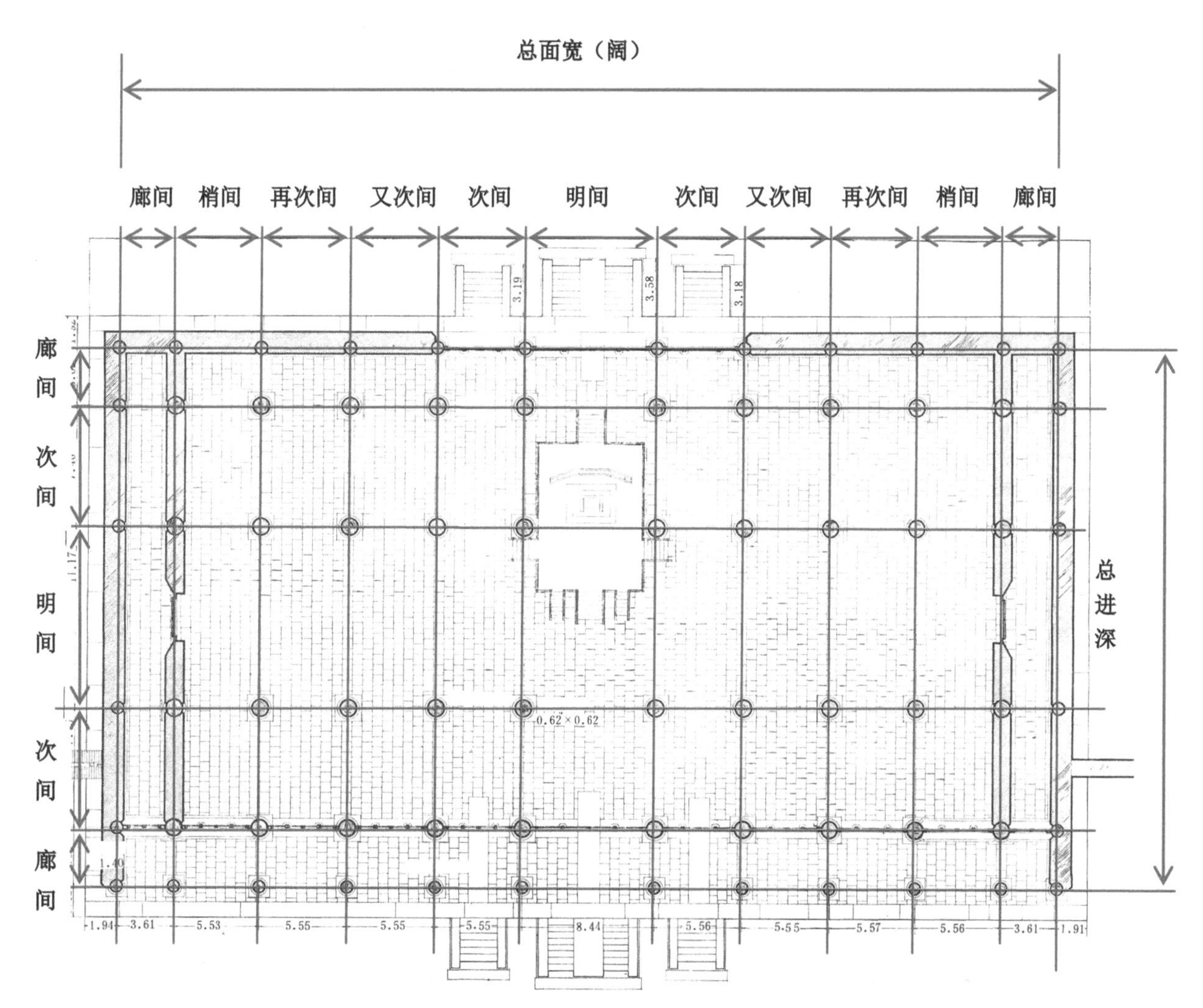

图 1-102　明清大式周围廊建筑各间的传统名称——北京故宫太和殿平面图

注：引自《中国古代建筑技术史》。

（a）

（b）

图 1-103　清《权衡通则》——面宽（阔）与进深

（2）权衡规定

① 面宽间数的确定。面宽间数一般取单（阳）数，3 间、5 间、7 间、9 间、11 间。

② 面宽尺寸的确定。面宽尺寸受以下五个因素制约：a. 形制的要求；b. 实际需要；c. 结构用材的大小；d. 封建等级制的限制；e. 迷信观念的束缚。（如：门尺，门尺上 1、4、5、8 为好位置……）

③ 大式建筑面宽的确定。大式建筑的面宽有两种确定方法，以五开间带斗栱大式庑殿、歇山带转角周围廊建筑为例，斗口尺寸为 2.5 寸，按此尺寸确定面宽如下。

a. 以斗栱攒数确定面宽。明间设置 6 攒斗栱；次间递减一攒设置 5 攒斗栱；梢间斗栱攒数同次间（或可再递减一攒）设置 5 攒；廊间通常设置 1 攒（但也有根据需要而加大的，如图 1-104 所示，廊间即为 2 攒 3 当）。按每攒斗栱空当尺寸 11 斗口计，明间斗栱 6 攒 7 当，77 斗口；两次、两梢间各 5 攒 6 当，计 264 斗口；两廊间各 1 攒 2 当，计 44 斗口，总计 385 斗口，合 962.5 寸（30800mm）。

b. 以面宽尺寸反推斗口尺寸。参考无斗栱大式建筑各间面宽尺寸的规定，再根据形制要求、使用需要定好了房屋的间数、房屋各间的面宽尺寸，再按此尺寸根据“明间设置 6 攒斗栱（取双数）；次间递减一攒设置 5 攒（取单数）斗栱；梢间斗栱攒数同次间（或可再递减一攒）设置 5 攒；廊间通常设置 1 攒（或可 2 攒）；斗栱每攒当 11 斗口”的规定反算出斗口尺寸，在尺寸反算中可根据使用需要对斗口、攒当、面宽尺寸做适当调整（权衡利弊关系）。

在定尺过程当中有以下几点可做调整。

a. 斗栱攒当尺寸不少于 9.6 斗口或大于 11 斗口。

b. 斗栱的横栱长度可做适当调整。

c. 斗口尺寸可按需要调整为公制整数。

d. 角科斗栱可采用连瓣作法来调整梢间或廊间的尺寸。

e. 面宽尺寸在允许的情况下可做调整。

在定尺过程当中有以下几点不可做调整。

a. 明间面宽尺寸一定要大于两侧各间的面宽尺寸（突出明间）。

b. 明间斗栱攒数一定要取双数（攒当为单数）。

④ 无斗栱大式及小式建筑面宽的确定

a. 明间面宽按清《工程做法》规定：九檩大木前后廊作法明间面宽为 13 尺；七檩大木前后廊作法明间面宽为 12 尺；六檩大木前出廊作法明间面宽为 11 尺；五檩大木无廊作法明间面宽为 10 尺（一说：无斗栱大式明间面宽为 9 ~ 17 尺不等；小式建筑明间面宽不大于 10.5 尺）。

b. 明间面宽和柱高的比例是 10 ∶ 8。

c. 次间面宽是明间面宽的 0.8 倍（一说：酌定）。

d. 次间与梢间面宽之比或同或为 10 ∶ 8（一说：酌定）。

e. 廊间面宽通常为 4 ~ 5 柱径。

⑤ 进深间数的确定。进深间数为单、双数均可（根据房屋的结构形式形式确定进深的间数）。

⑥ 进深尺寸的确定。进深尺寸受以下三个因素制约：a. 比例权衡的要求；b. 实际需要；c. 材料大小等因素。

⑦ 大式带斗栱建筑进深尺寸的确定，有两种方法。

a. 根据已定的房屋面宽尺寸确定进深尺寸：根据明间面宽尺寸与进深（不含前后廊）尺寸之比约为 1 ∶（1.6 ~ 1.8）（又一说：5 ∶ 8），得出房屋的进深；又可根据通面宽尺寸与通进深（含廊）尺寸之比约为 2 ∶ 1（又一说：8 ∶ 5），（根据通面宽间数酌定），得出房屋的通进深尺寸。

b. 根据已定好的斗口尺寸在进深各间反推斗栱攒数，有明间的还是取双攒单当，其余各间单双均可。

⑧ 大式不带斗栱建筑及小式建筑进深尺寸的确定。有两种方法。

a. 根据明间面宽尺寸与进深尺寸之比——不含前后廊的约为 1 ∶（1.2 ~ 1.4），含前后廊的约为 1 ∶（1.6 ~ 1.8），得出房屋的进深。

b. 可根据通面宽尺寸与通进深尺寸近似比（8 ~ 9）∶ 5（根据通面宽间数及进深是否带廊间酌定），得出房屋的通进深尺寸。

⑨ 小式建筑进深与结构梁架的关系。一般小式建筑的梁架（进深）均不超过五檩四步架，如需要增加进深，则通过增加前后廊的办法来解决：如五檩变六檩、七檩、八檩等，详见图 1-104 ~ 图 1-106。

图 1-104　带斗栱大式建筑面宽（阔）的确定

图 1-105　小式建筑面宽（阔）的确定

注：明间面宽与柱高的比例为 10 ∶ 8。

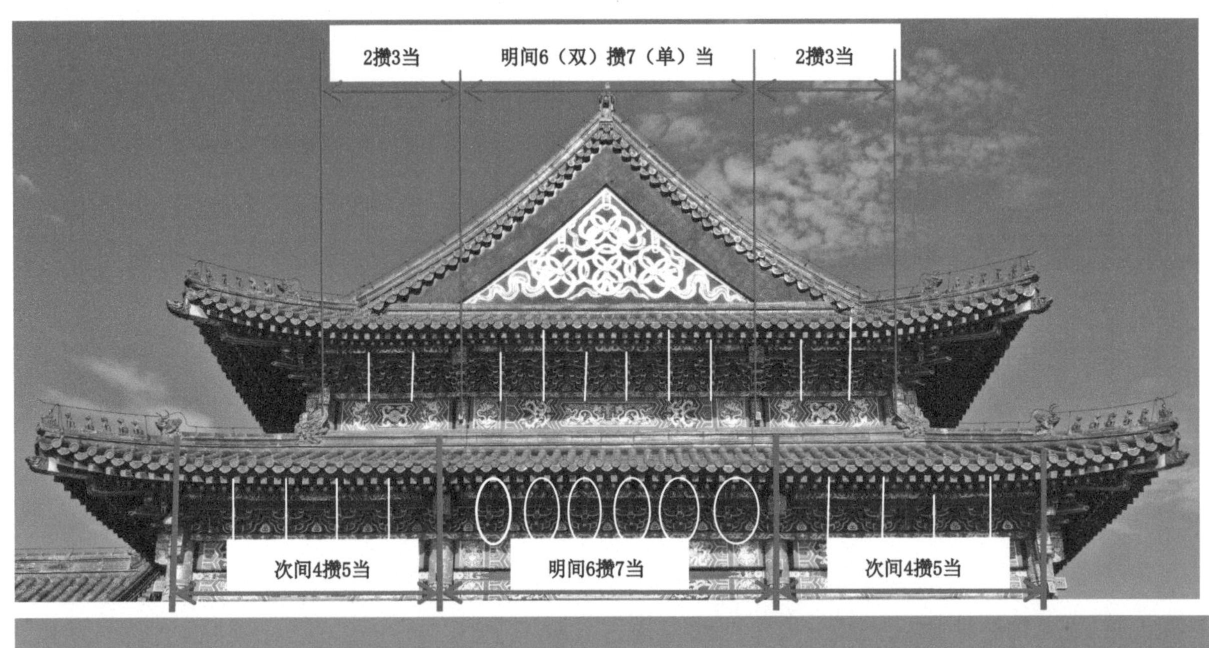

图 1-106　带斗栱大式建筑进深的确定

3. 柱高与柱径

柱是竖向垂直于地面，承接上部荷载，并将之传送于下端的圆形或方形的石质或木质构件（柱顶石或墩斗）上。

（1）柱高

柱高专指建筑物前檐（廊）柱的高度。这个解释比较笼统，前面讲了中国传统木构建筑分大、小式建筑，在大、小式建筑中柱高分指的部位是不同的。

小式建筑的柱高是自建筑物台基（明）起至柱头（梁下皮）的高度，详见图 1-107。

图 1–107　清—小式建筑柱高

这里有一点需要说明的是：在权衡尺度、著作文字和设计图纸中所指柱高是石台明之上至柱头的全部高度，这里面其实包含着两个部分的高度，一是纯木柱部分之高，二是石（间或有其他材质）柱顶的鼓径部分之高。而就木作施工而言，柱高则专指纯木柱之高，这个区别无论是从事设计还是从事施工，都一定要掌握。

（2）小式建筑柱高的权衡尺寸

前檐（廊）柱根据建筑物明间面宽尺寸而定，通常比例为 10 ：（7 ~ 8）（柱高八尺，面宽一丈；七或六檩建筑 10 ： 8；五或四檩建筑 10 ： 7）。

（3）大式建筑的柱高

分带斗栱建筑和不带斗栱建筑两种。

① 不带斗栱的大式建筑。柱高是自建筑物台基（明）起至柱头（梁下皮）的高度。详见图 1–108 和图 1–109。

② 带斗栱的大式建筑。带斗栱大式建筑的柱高也叫檐高，它与小式柱高分指的部位不一样。带斗栱大式建筑的柱（檐）高是自台基（明）起至挑檐桁下皮（含斗栱和平板枋高）的高度。

为什么这个柱（檐）高与前两个柱高所指部位不同呢？在这里我们了解一下与柱高有关的中国传统木构建筑的权衡比例知识。中国传统木构建筑从立面上看是由三部分构成，一是基座（台基），二是柱身，三是屋顶。这三部分的分界轮廓分别是地平与基座（台基）外沿线；基座（台基）外沿线与屋面檐口线；屋面檐口线与屋顶屋脊线。这三部分每一部分的高度都是有比例的，在传统的权衡尺度中规定：基座（台基）高与柱身高的比例是 1 ：（5 ~ 7）；而柱身高与屋顶高的比例约为 1 ： 0.9，这当中，虽然柱高的定位与屋面檐口线定位的高度不同，但在小式和不带斗栱的大式建筑中这两者高度差距不大且较为规律，所以这段高度就以柱高的高度来定。而在带斗栱的大式建筑中这段高度除去柱子本身高外还要加上斗栱的高度，所以它的高度计算要算到挑檐桁的下皮。

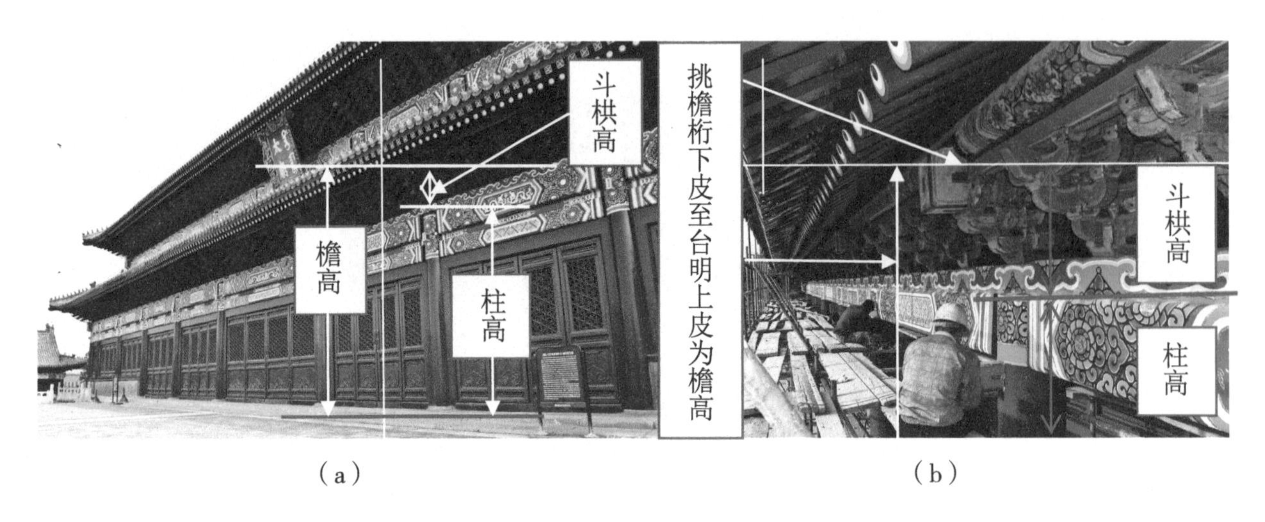

（a） （b）

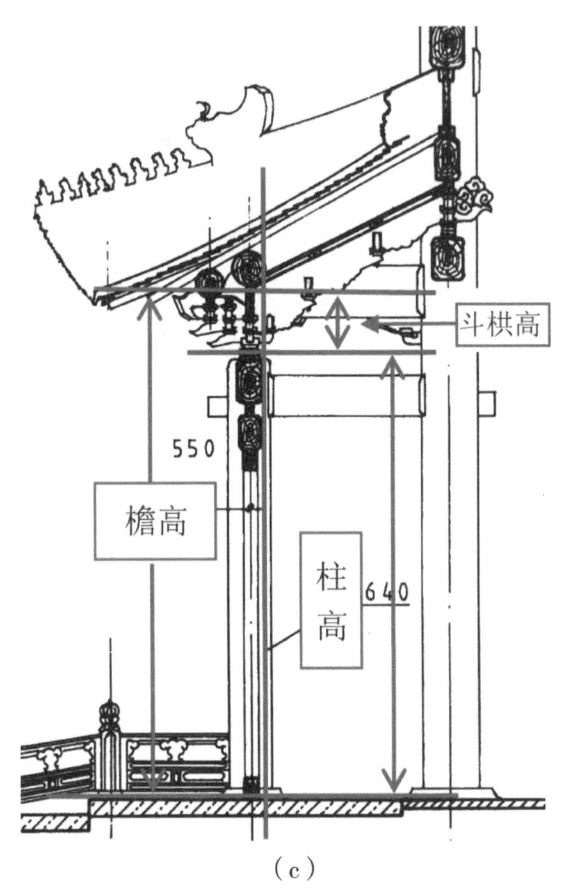

（c）

图 1-108　明、清之带斗栱大式建筑柱（檐）高

（4）大式建筑柱高的权衡尺寸

① 不带斗栱的大式建筑柱高与面宽的权衡尺寸：前檐（廊）柱以明间面宽尺寸 6/7（1 ：0.86）定高（小式建筑近似）。

② 带斗栱的大式建筑柱（檐）高的权衡尺寸：前檐（廊）柱以 70 斗口定高（如减掉斗栱和平板枋高，以三踩斗栱计则檐柱高为 60.8 斗口；五踩斗栱计则檐柱高为 58.8 斗口；七踩斗栱计则檐柱高为 56.8 斗口）；与明间面宽的比例约为 0.9 ：1。

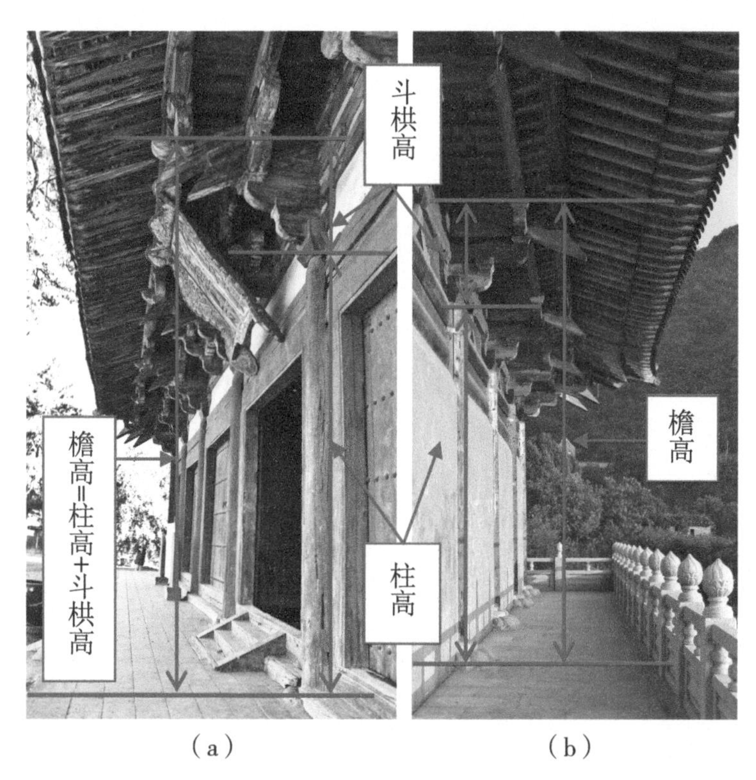

（a）　　（b）

图 1–109　唐之带斗栱大式建筑柱（檐）高

（5）柱径

柱径指建筑物前檐檐柱的柱根直径。柱径在小式建筑中，通常为柱高的 1/11。柱径又是中国传统建筑中的一种尺度权衡模数，根据这个权衡模数可以计算出小式建筑及部分杂式建筑各部位、各构件的详细尺寸。作用与大式建筑中的“斗口”相同。小式建筑的柱径如图 1–110 所示。

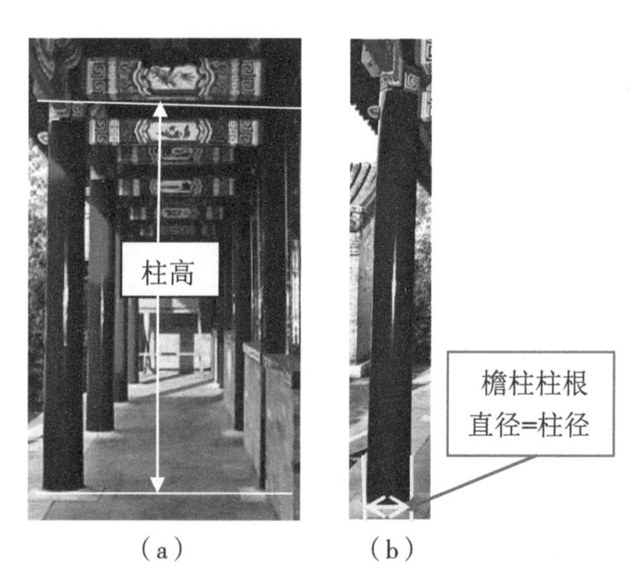

（a）　　（b）

图 1–110　清之小式建筑柱径

① 小式建筑柱径的确定：与柱高比例为 1 ∶ 11（如柱径 270mm，则柱高为 3000mm）。

② 大式建筑柱径的确定：按清式作法规定为 6 斗口。

4. 收分与侧脚

（1）收分

柱子根部与头部的直径不一，下大上小，这就是收分（俗称“溜或掛”）。通常收分的尺寸为柱高的 7/1000 或 1/100。

（2）侧脚

侧脚指柱脚外移，这样可以使木构架更为稳固。侧脚尺寸与收分尺寸同为 1/100 或 7/1000。通常图纸平面尺寸是指柱头部位木构架的平面尺寸，而柱脚的平面尺寸则大于这个尺寸，这个尺寸就是加了侧脚尺寸。在施工中，由石工在图纸尺寸基础上按木作规矩向外掰升码柱顶，掰升后的平面尺寸与图纸不一致。详见图 1-111 ~ 图 1-117。

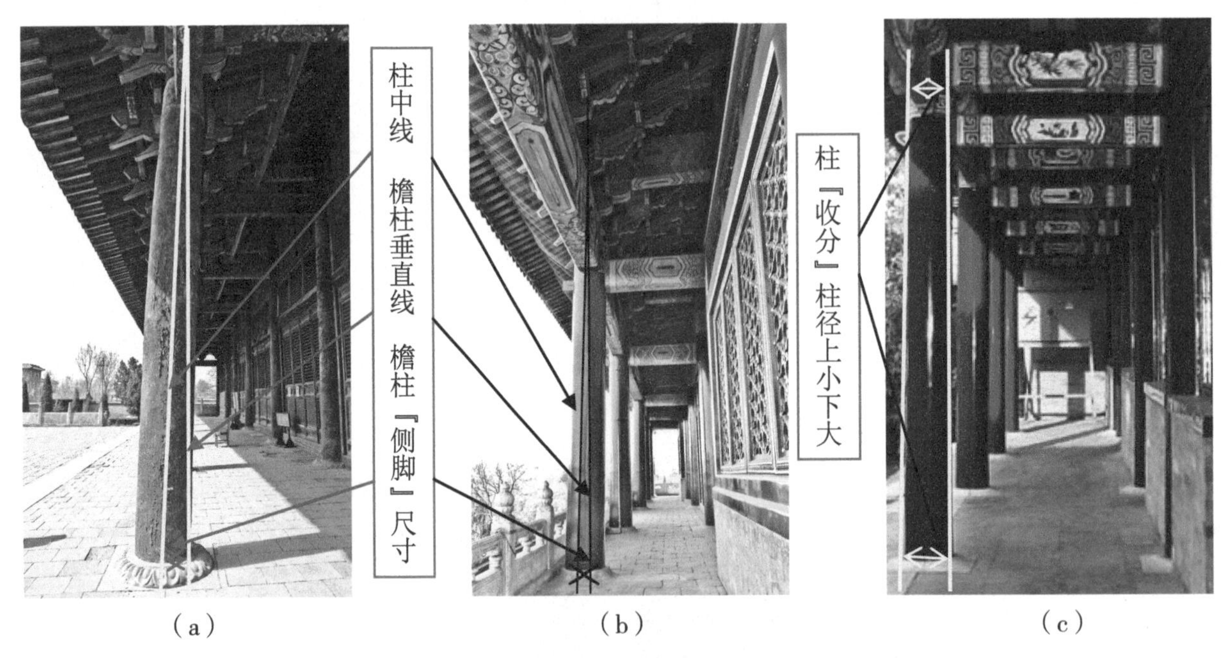

（a）（b）（c）

图 1-111　清之柱“侧脚”与“收分”

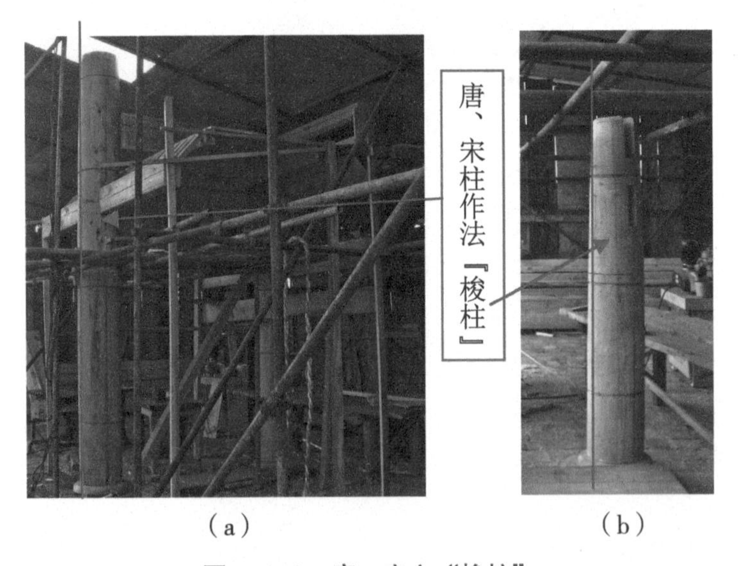

（a）（b）

图 1-112　唐、宋之“梭柱”

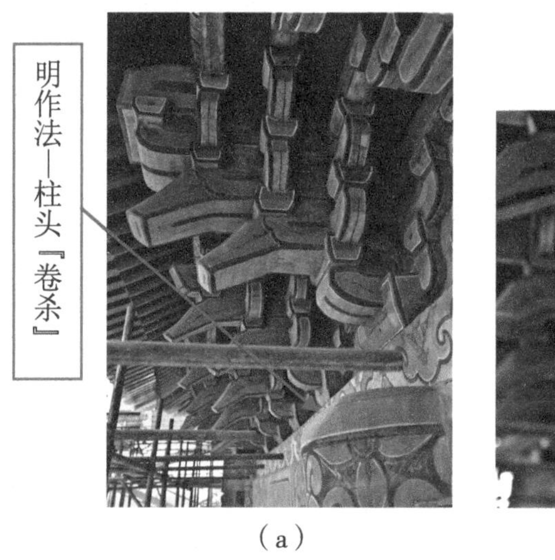

（a）

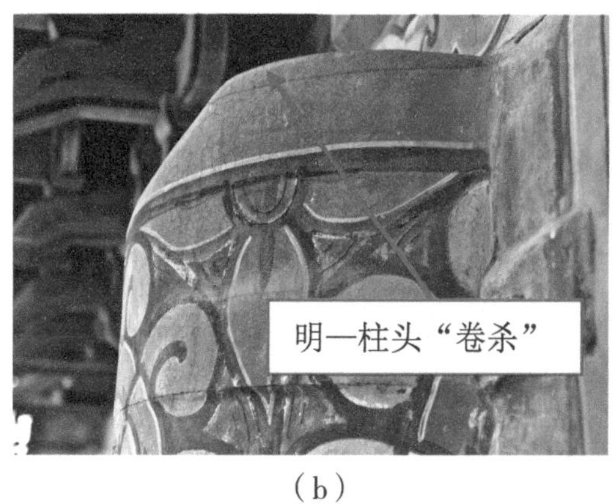

（b）

图 1–113　明之柱头“卷杀”

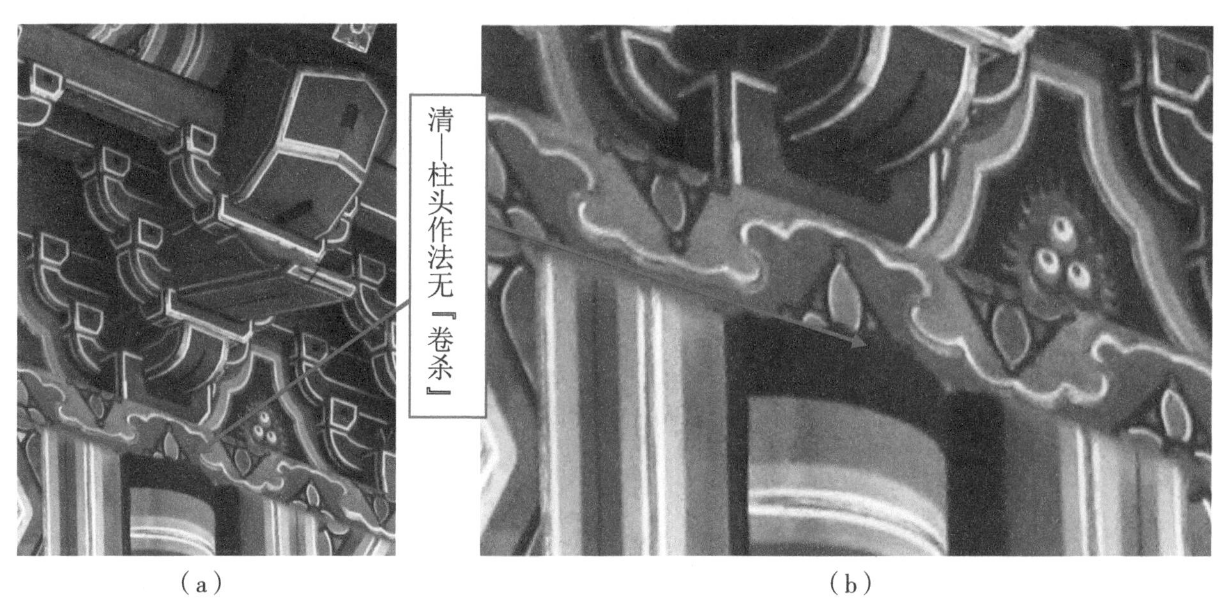

（a）　　（b）

图 1–114　清之柱头无“卷杀”

图 1–115　唐之柱“生起”

注：柱“生起”各间柱高不同，由明间起向两端梢间渐起涨高，梁架随之，各间脊桁不在同一直线上。

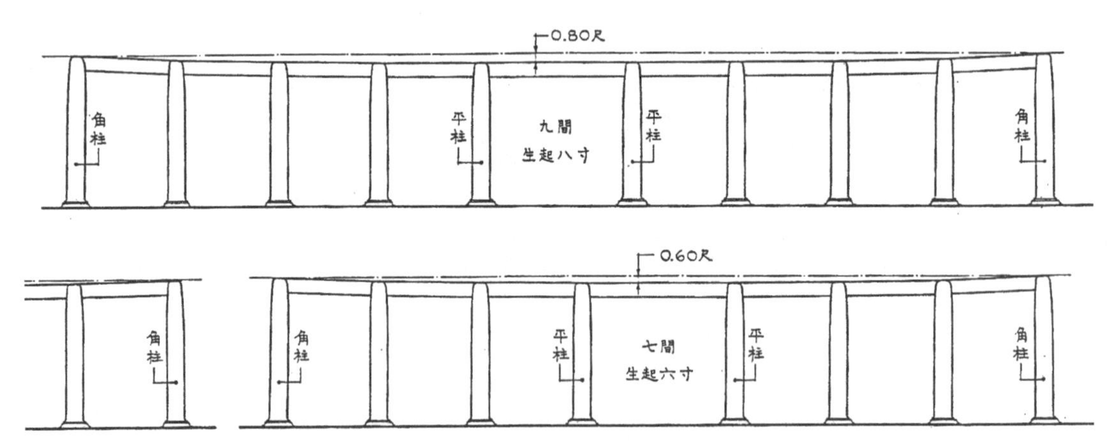

图 1-116　宋《营造法式》之“柱生起”的权衡规定

注：宋《营造法式》规定：殿阁—十三间生起一尺二寸；十一间生起一尺；
九间生起八寸；七间生起六寸；五间生起四寸；三间生起二寸

（a）

（b）

图 1-117　唐、宋、明之柱“生起”

5. 台基（台明）与下出、上出、山出、回水

（1）台基（台明）

中国传统木构建筑中承托木构架、墙身、屋面部分的基座称为台基（台明）。

① 大式台基（台明）的尺度。台基（台明）高为台基（台明）上皮至桃尖梁下皮高的1/4；宽按下出。

② 小式台基（台明）的尺度。台基（台明）高为柱高的 1/5 或 2 倍柱径（或为柱高 1/5 ~ 1/7）；宽按下出。

（2）下出

自檐柱中至台明外皮的这段距离称为下出。

① 大式作法下出的尺度：3/4 上檐出。

② 小式作法下出的尺度：4/5 上檐出或 2.4 倍檐柱径。

（3）上出

上出又称檐平出、出水，是自檐柱中至飞（檐）椽外皮的这段距离。

① 大式（有斗栱）作法上出的尺度：21 斗口另加斗栱出踩的拽架数；重檐建筑的上檐出要

比下檐出多出 2 斗口或 1 ～ 2 椽径。

② 小式作法及大式（无斗栱）作法上出的尺度：柱高的 1/3。

③ 老檐出—指有檐、飞椽的上出中檐椽的挑出长度。

自檐柱柱根中至檐椽椽头外棱的这段距离。为上出尺寸的 2/3。

④ 小檐出—指有檐、飞椽的上出中飞椽的挑出长度。

自檐椽椽头至飞椽椽头外棱的这段距离，为上出尺寸的 1/3。

（4）回水

上出与下出之间的距离差是回水，通常尺寸为上出的 1/5。

（5）山出

山出是自建筑物面宽方向最外两侧的柱子中到建筑物面宽方向台基外皮的这段距离。通常尺寸为墙厚尺寸（由瓦作给）+ 金边尺寸（2 寸）。

上出、下出、老檐出等详见图 1–118 ～图 1–120。

相关知识

四合院室内地平的确定：室外地平低于院落地平（通常是低于院落东南角的明排水口）；院落地平（考虑院落泛水）低于南房地平（通常为一步台阶）；南房地平（有廊步的考虑廊步泛水）低于西房地平（通常为一步台阶）；西房地平（有廊步的考虑廊步泛水）低于东房及东西耳房地平（通常为一寸）；东房及东西耳房地平（有廊步的考虑廊步考虑泛水）低于北房地平（通常为一步台阶）。

定院子各房地平的原则：北为上，东次之，西及南又次之。现在一般只有北房与东西厢房、东西耳房、南房的地平有高差；南房与东西厢房的地平或有高差；而东西厢房的地平一般都没有高差。

（a）

（b）

（c）

图 1–118

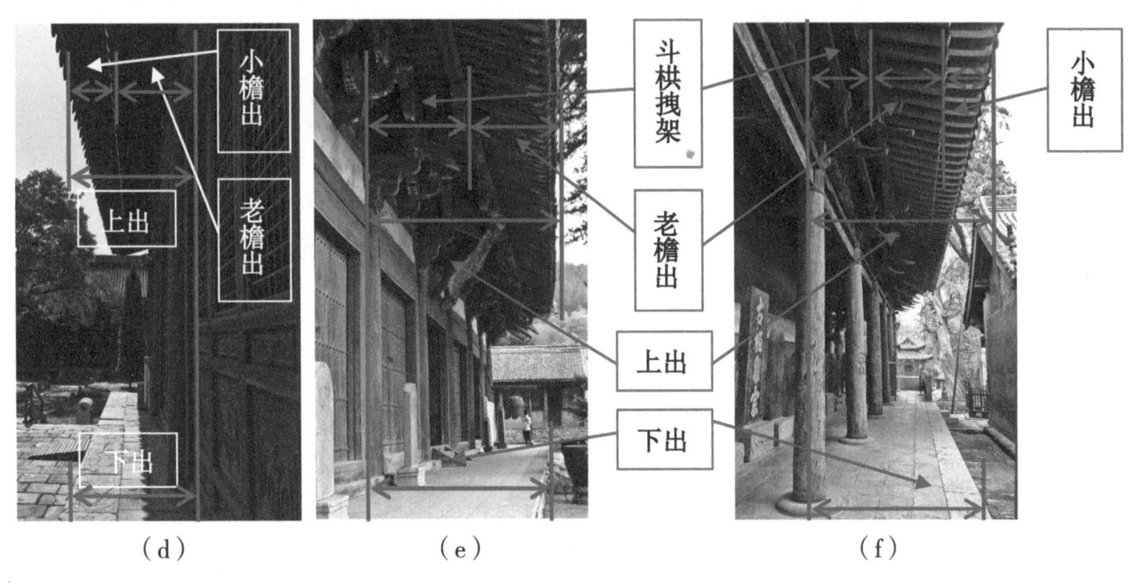

（d）（e）（f）

图 1-118　清《权衡通则》之上出、下出、老檐出、小檐出、拽架（小式、带及不带斗栱大式建筑）

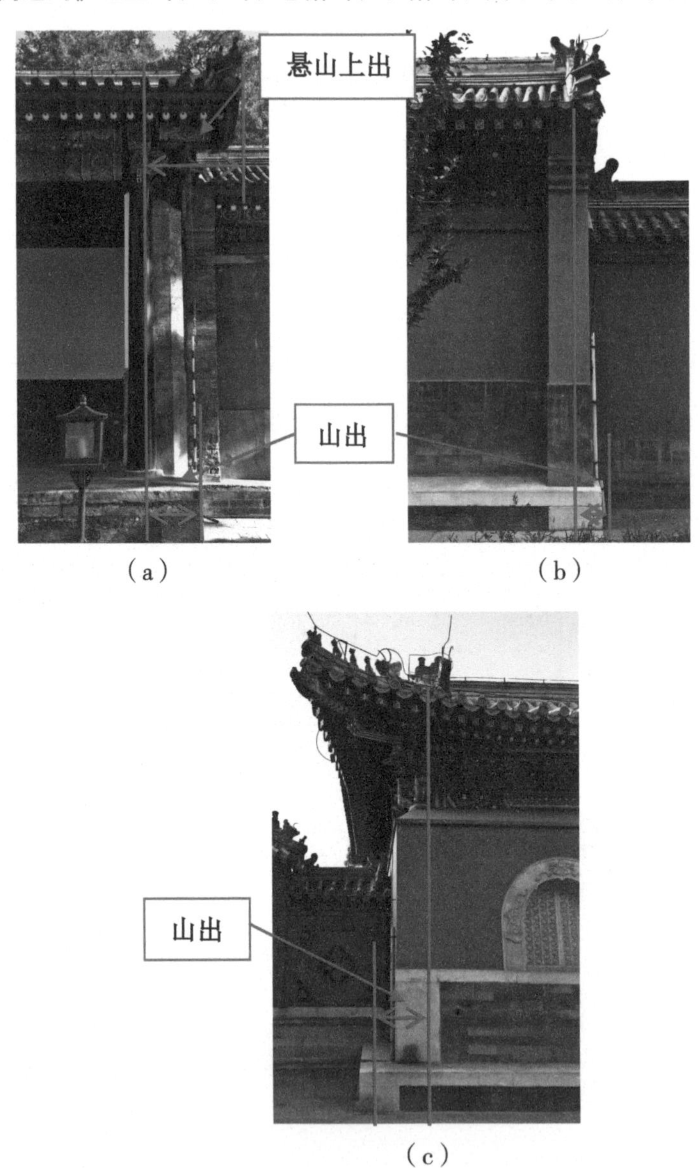

（a）（b）

（c）

图 1-119　清《权衡通则》之山出

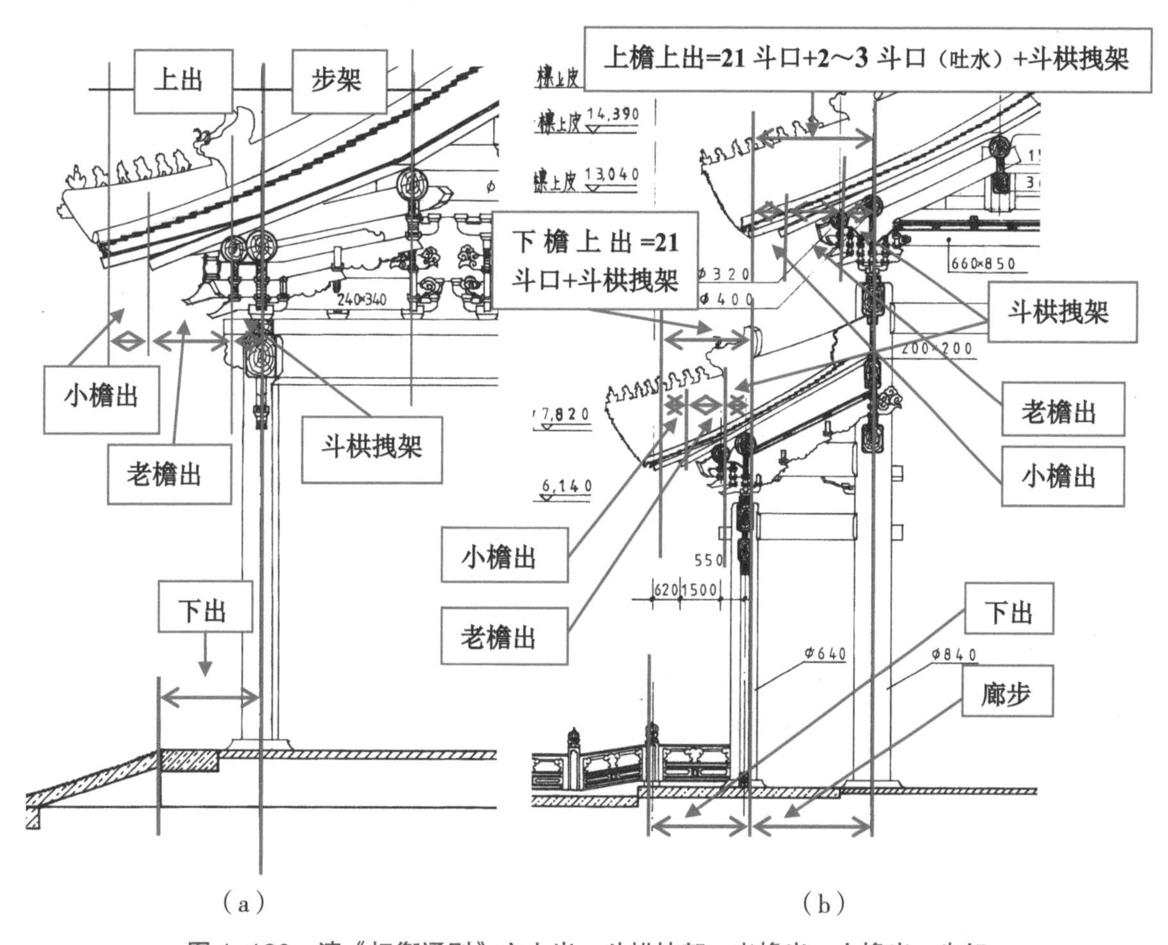

图 1-120　清《权衡通则》之上出、斗栱拽架、老檐出、小檐出、步架

6. 步架、举高与举架

（1）步架

相邻两檩之间的水平距离称步架。

① 大式建筑步架的尺度：一般 $4D$ ~ $5D$（D 为柱径，下同），或 22 斗口，也可根据进深分间、分步调整。

② 小式建筑步架的尺度：廊步，$4D$ ~ $5D$；金脊步，$4D$ 左右；顶步，不小于 $2D$。

（2）举高

相邻两檩之间的垂直距离称为举高。

（3）举架

举高与步架之间的比值称为举架，例如步架为 1、举高为 0.5 时举架即为五举；步架为 1、举高为 0.7 时举架即为七举。

① 各类房举架种类、顺序、名称

a. 缩举，指小于五举的举架。

b. 平推举，指各步数值相等的举架，新式木桁架用（如五、五、五举）。

c. 顺举，各步举架数值等量增长（如五、六、七、八、九举）。

d. 隔举，各步举架数值不规律增长（如五、六五、八、九举）。

② 举架的应用和排序

a. 檐、廊步，通常（梁架为三～九檩时）为五举（称五举“拿头”；梁架为十一檩或九檩大式楼房上檐时为四举）。

b. 小式五檩房通常为五、七举。

c. 小式七檩房通常为五、七、九或五、六五、八举。

d. 大式九檩房通常为五、七、八、九或五、六、七、九再或五、六五、七五、九举。步架、举高、举架见图 1-121。

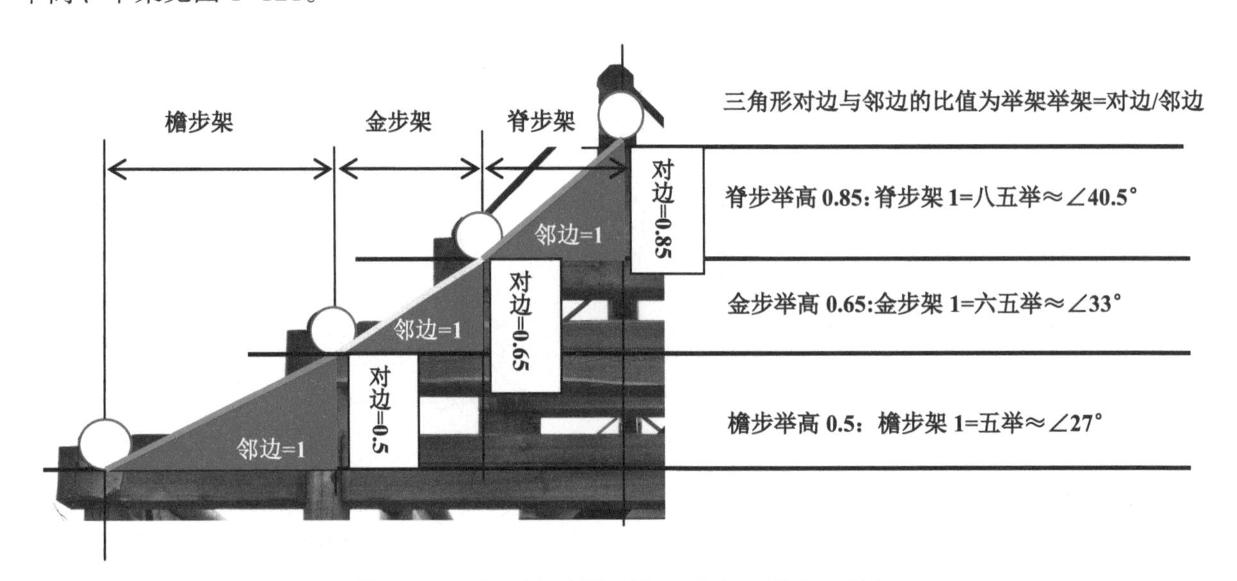

图 1-121　清《权衡通则》之步架、举高、举架

凡木构房屋的设计建造必须遵循以下原则。

根据使用的要求，参考周围的环境，借鉴古人建房的尺度权衡、习俗禁忌决定房屋的朝向位置、屋顶造型、台基基座、开间尺度、层数层高、斗栱脊瓦、油饰彩画、门窗装修。

凡木构架、木构件的选择必须遵循以下原则。

① 凡受力构件下方必须有支点承托。

② 凡跨空步架的尺度必须是在规定之内。

③ 凡跨空梁、枋等受弯构件的尺寸必须与净跨度大小、受力多少成正比，如在尺度权衡上满足不了要求，则在构件的下方选择安装其他辅助受力的构件。

④ 凡悬挑构件悬出部分的荷载重量必须小于构件的固定配（压）重部分的荷载重量，如客观情况满足不了这个要求，则必须考虑采取适当的加固措施。

⑤ 所有梁、柱的定尺、定高应遵循不得小于最小值。

⑥ 凡独立非组合的受弯构件，在传统权衡规定基础上按净跨度的 1% 增加截面高度，厚度不做调整。

第七节　地方作法与官式作法，大式建筑与小式建筑、杂式建筑的区分

一、作法的定义

1. 地方作法

地方作法指地方工匠们根据自己的营造经验结合当地习惯作法总结出来的营造作法。

2. 官式作法

官式作法指朝廷以法规性质规定的营造作法。

二、各式建筑的应用范围

1. 大式建筑

大式建筑多用于宫殿、庙宇、府邸、衙署、皇家园林等建筑。

2. 小式建筑

小式建筑多用于民居四合院等建筑。

3. 小式大作建筑

小式大作建筑多指细部作法为小式，但建筑物体量、尺度、规模、用材、做工等均明显高于小式的建筑。

4. 杂式建筑

杂式建筑多用于园林中的亭台廊榭等建筑。

三、各式建筑的作法区分

1. 宏观区别

这几种作法的宏观区别表现在建筑规模、群体组合方式、单体建筑体量、平面繁简、建筑形式的难易、构件用材的大小、做工的粗细以及在用砖、瓦、石、脊饰、油漆、彩画作法的选择等方面。

2. 微观区别

在木构件的使用和造型上也有以下特征可以进行参考。

（1）大式建筑构件上的主要特征

有斗栱、翼角，角柱箍头处做霸王拳、仔角梁头做套兽榫安装套兽；无斗栱、翼角的建筑同小式作法，但建筑的体量、构件的断面大小明显大于小式建筑。

（2）小式建筑构件上的主要特征

无斗栱，无翼角，角柱箍头处做三岔头。

（3）小式大作建筑构件上的主要特征

无斗栱，有的有翼角有的无翼角（有称大式小做法）。角柱箍头处做三岔头。仔角梁头做出峰三岔头头饰。

（4）杂式建筑构件上的主要特征

或有或无斗栱，有翼角（有称小式大做法）。角柱箍头处做三岔头或霸王拳。仔角梁头做出峰三岔头头饰或做套兽榫安装套兽。

各式建筑见图 1-122 ~ 图 1-143。

图 1-122　大式建筑——带斗栱歇山建筑

图 1-123　大式建筑——不带斗栱歇山建筑

图 1-124　大式建筑——不带斗栱悬山建筑

图 1-125　小式建筑——不带斗栱悬山建筑

图 1-126　大式建筑——带斗栱硬山建筑

图 1-127　大式建筑——不带斗栱硬山建筑

(a)

(b)

图 1-128　小式建筑——硬山建筑

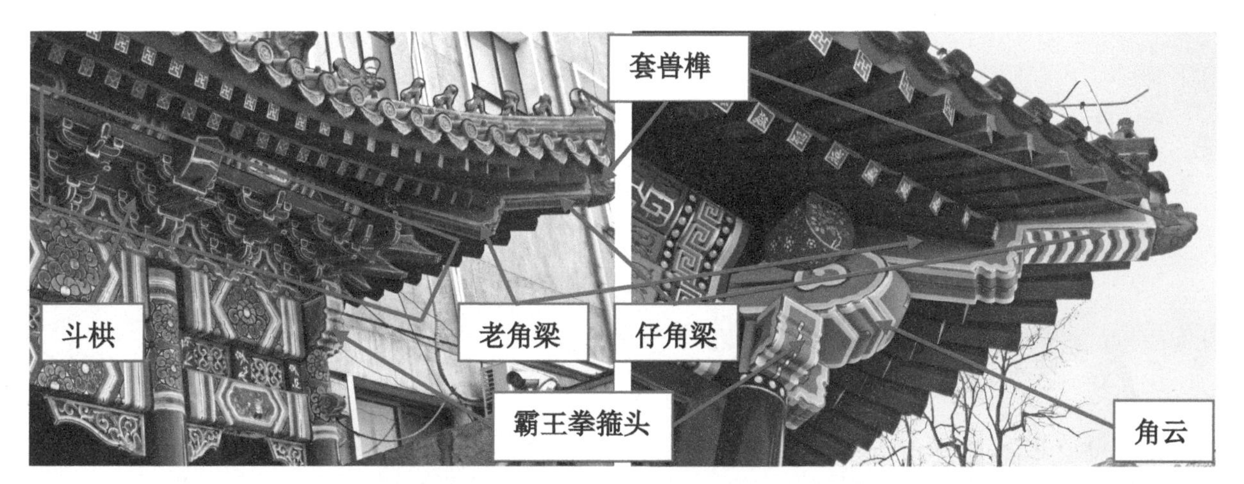

图 1-129　带斗栱大式建筑明显特征——霸王拳箍头，斗栱，老、仔角梁，套兽椽

图 1-130　不带斗栱大式建筑明显特征——霸王拳箍头，角云，老、仔角梁，套兽椽

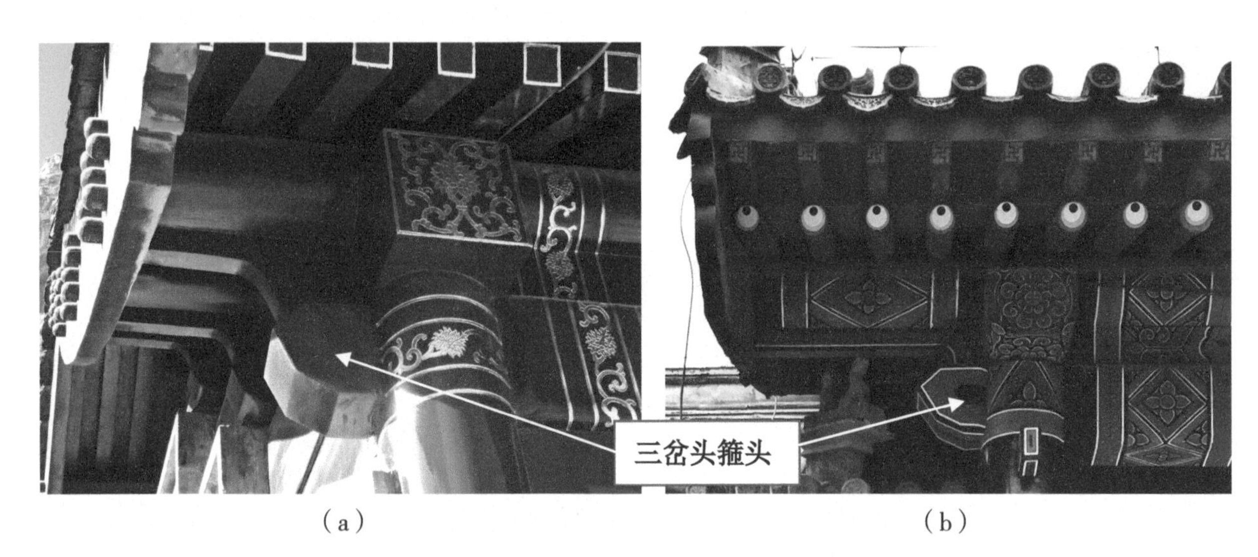

图 1-131　小式建筑明显特征——三岔头箍头（大式建筑中也多见）

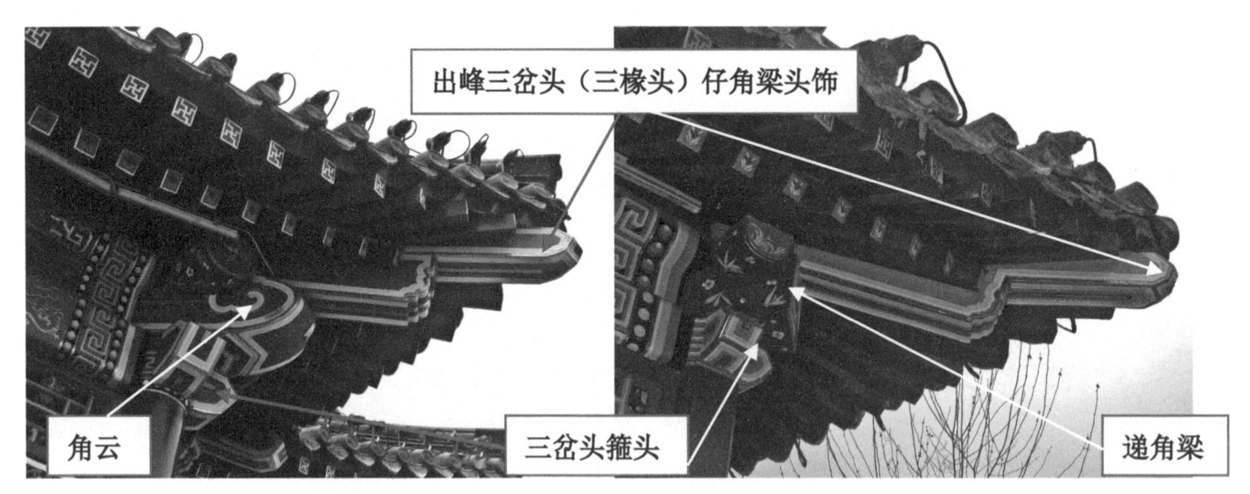

图 1-132　杂式建筑明显特征——三岔头箍头、角云、仔角梁出峰三岔头（三椽头）头饰

图 1-133　杂式建筑明显特征——三岔头箍头、递角梁、仔角梁出峰三岔头（三椽头）头饰

图 1-134　杂（大）式建筑——三重檐八方亭

图 1-135　杂（大）式建筑——重檐八方亭

图 1-136　杂（大）式建筑——单檐盝顶八方亭

图 1-137　杂式建筑——单檐六方亭（南方）

图 1-138　杂式建筑——单檐方胜亭廊组合建筑

图 1-139　杂式建筑——单檐四方亭

（a）

（b）

图 1-140　杂式建筑——游廊

图 1-141　杂式建筑—廊罩式垂花门

图 1-142　杂式建筑——殿一卷式垂花门

图 1-143　杂式建筑—独立柱式垂花门

第二章
中国传统木构建筑木结构的基础知识

在中国传统木构建筑中，木结构即木构架自成一个体系，被称为“大木”，与它相关的制作、安装等活动都被归纳进“作”的范围，称“大木作”。本章内容以北京地区清官式建筑为例。

第一节 抬梁式木结构的构成、组合方式及应用

一、房屋木结构的主要构成

1. 不带斗栱的大式房及小式房木结构的构成

不带斗栱的大式房及小式房木结构主要由三部分构成：① 下架；② 上架；③ 木基层。

2. 带斗栱大式房木结构的构成

带斗栱大式房木结构主要由四部分构成：① 下架；② 斗栱；③ 上架；④ 木基层。

图 2-1 木构架中的上、下架

图 2-2 木构架中的上架

图 2-3 木构架中的上、下架、木基层

图 2-4 木构架中的木基层

3. 木结构构件的分类

木结构构件主要有六大类：柱、梁、枋、檩、板、椽。

下架构件主要有柱、枋、随梁等，上架构件主要有梁、板、枋、檩、瓜柱、角背等，木基层主要有椽、飞、望板等，详见图 2-1 ~图 2-6。

相关知识

木构建筑建造涉及的工种有：瓦（土）作、木作、石作、搭材作、油漆作、彩画作、裱糊作。

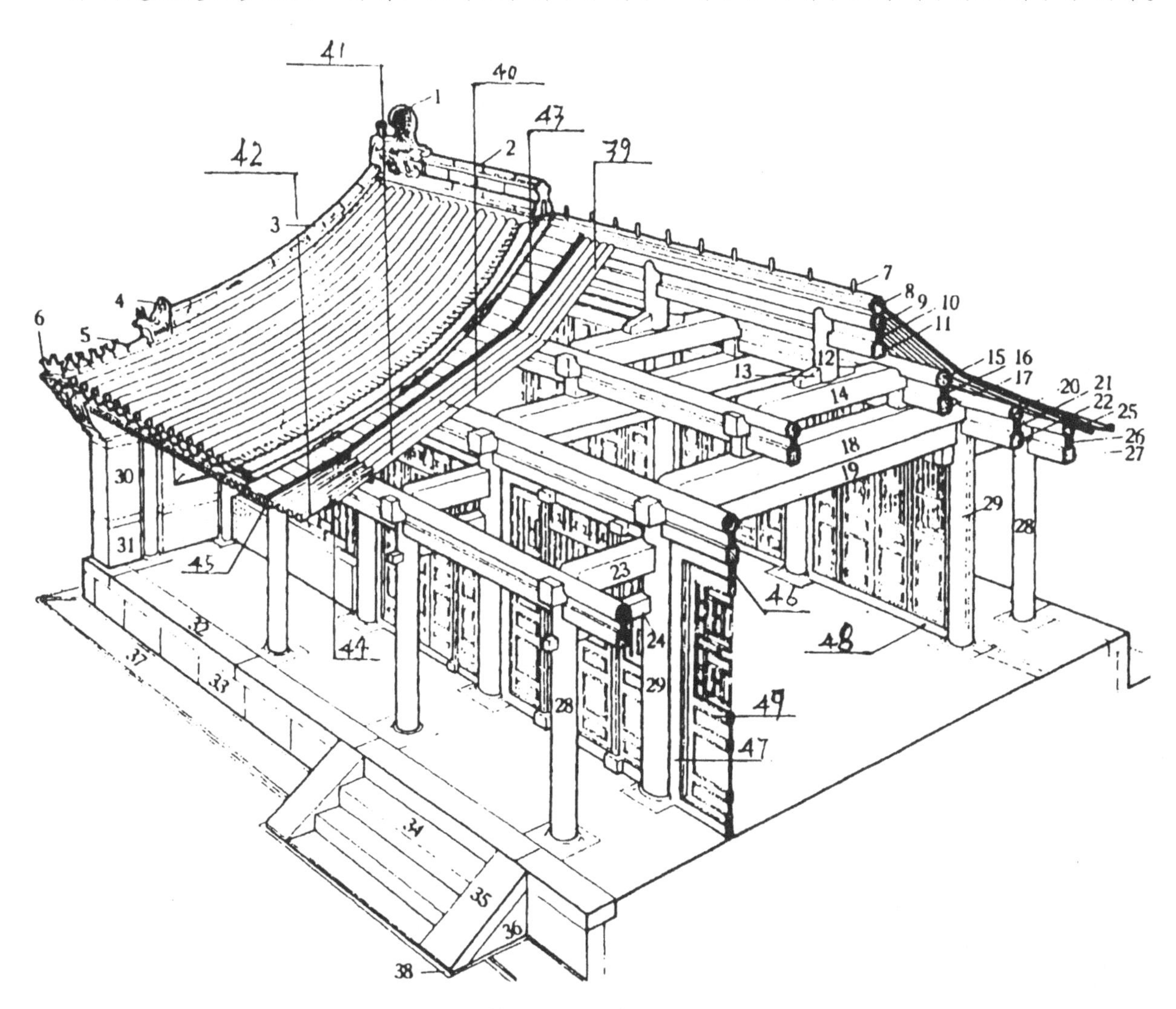

图 2-5 清七檩硬山前后廊大式建筑构件名称

1—吻兽；2—正脊；3—垂脊；4—垂兽；5—走兽五件；6—仙人；7—脊桩；8—扶脊木；9—脊檩；10—脊垫板；11—脊枋；12—脊瓜柱；13—角背；14—三架梁；15—上金檩；16—上金垫板；17—上金枋（金枋）；18—五架梁；19—随梁枋；20—老檐檩（下金檩）；21—老檐垫板；22—老檐枋（下金枋）；23—抱头梁；24—穿插枋；25—檐檩；26—檐垫板；27—檐枋；28—檐柱；29—老檐柱（金柱）；30—墀头；31—墀头腿子；32—阶条石；33—陡板石包砌台基；34—踏跺；35—垂带石；36—象眼；37—散水；38—土衬金边；39—脑椽；40—花架椽；41—檐椽；42—飞椽；43—望板；44—小连檐；45—大连檐；46—上槛；47—抱框；48—下槛；49—隔扇

注：引自《中国古代建筑技术史》。

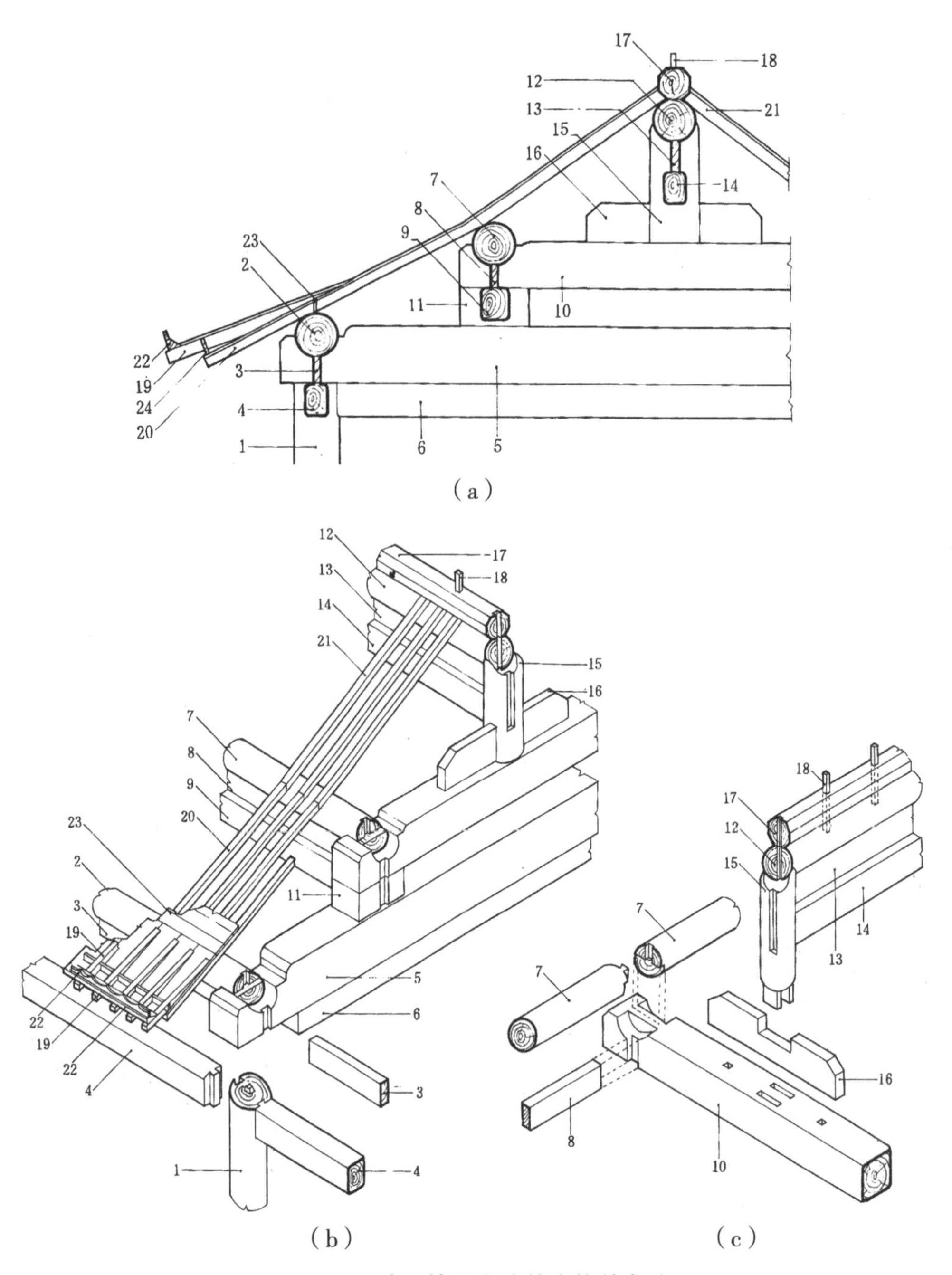

图 2-6 清五檩硬山建筑木构件名称

1—檐柱；2—檐檩；3—檐垫板；4—檐枋；5—五架梁；6—随梁枋；7—金檩；8—金垫板；9—金枋；10—三架梁；11—柁墩；12—脊檩；13—脊垫板；14—脊枋；15—脊瓜柱；16—角背；17—扶脊木（用六角形或八角形）；18—脊桩；19—飞檐椽；20—檐椽；21—脑椽；22—瓦口、连檐；23—望板、椽椀；24—小连檐、闸档板

注：引自《中国古代建筑技术史》

二、房屋木构架的基本组合形式

房屋的木构梁架有庑殿、歇山、悬山、硬山等多种组合形式，它们有着各自的特性，也有着各自的共性。所谓共性，即是指这些建筑的正身梁架都是相通的，共用的；而特性则是这些建筑两梢间的梁架有着各自的一套组合形式，构件基本上是不兼容的。像踩步金、太平梁、雷

公柱等更是特有的专属构件，这些特性部分的梁架组合形式在下一章中会介绍，现在先介绍一下常见的共性也就是房屋正身梁架组合的各种形式。

房屋正身梁架的基本组合形式有：① 四架（檩）卷棚；② 五架（檩）无廊；③ 六架（檩）卷棚；④ 六架（檩）前出廊；⑤ 七架（檩）无廊；⑥ 七架（檩）前后廊；⑦ 七架（檩）前廊（檐平脊正）；⑧ 八架（檩）前后廊卷棚；⑨ 八架（檩）前廊；⑩ 九架（檩）无廊；⑪ 九架（檩）前后廊；⑫ 九架（檩）硬山前后廊楼房（上檐七檩、下檐前后各一檩）；⑬ 上檐七檩三滴水歇山楼房（下檐周围廊、平坐）。详见图 2-7 ~图 2-48。

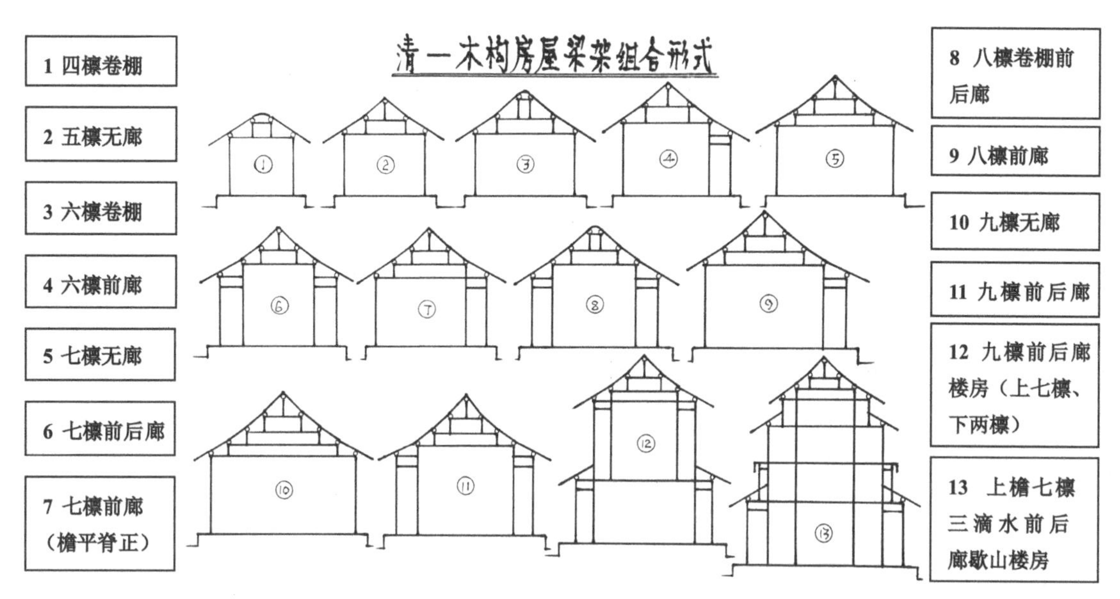

图 2-7　清之木构房屋梁架组合形式

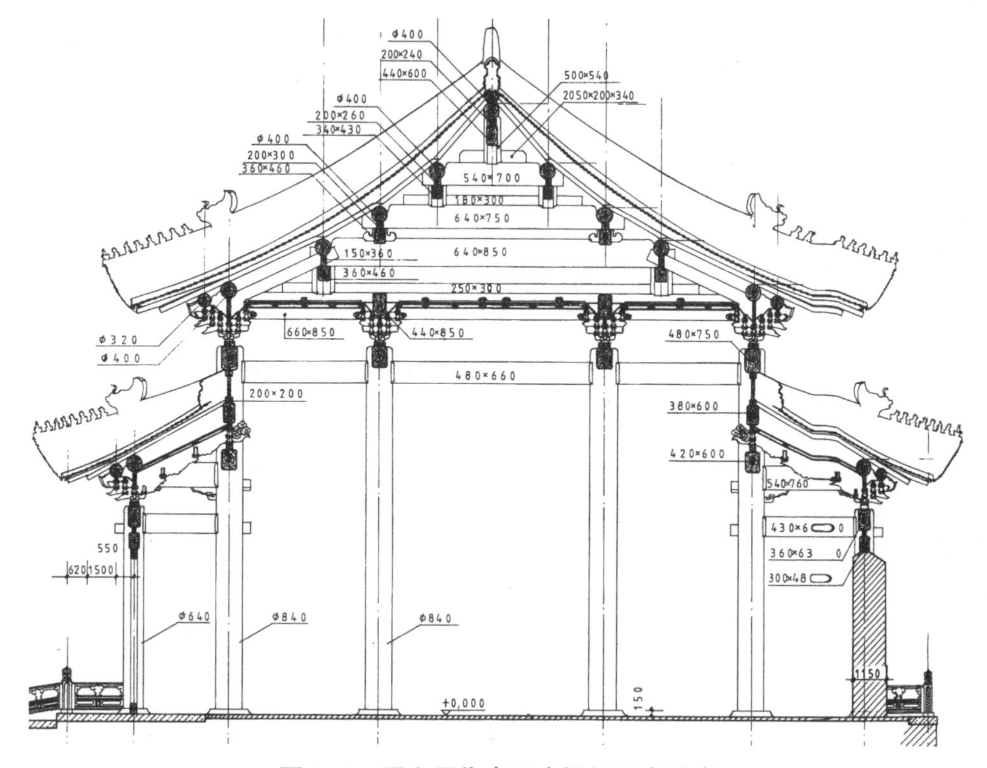

图 2-8　明之历代帝王庙梁架组合形式

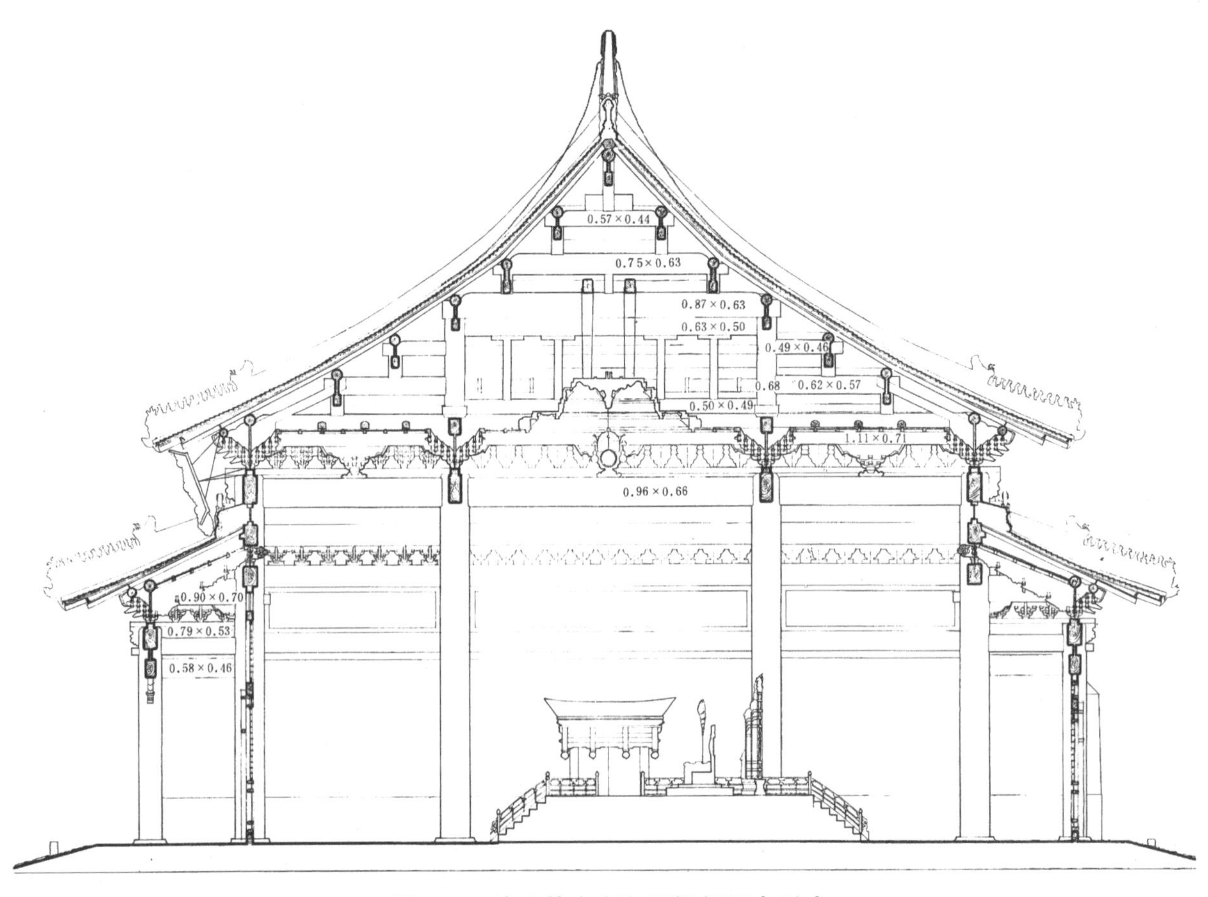

图 2-9　清之故宫太和殿梁架组合形式

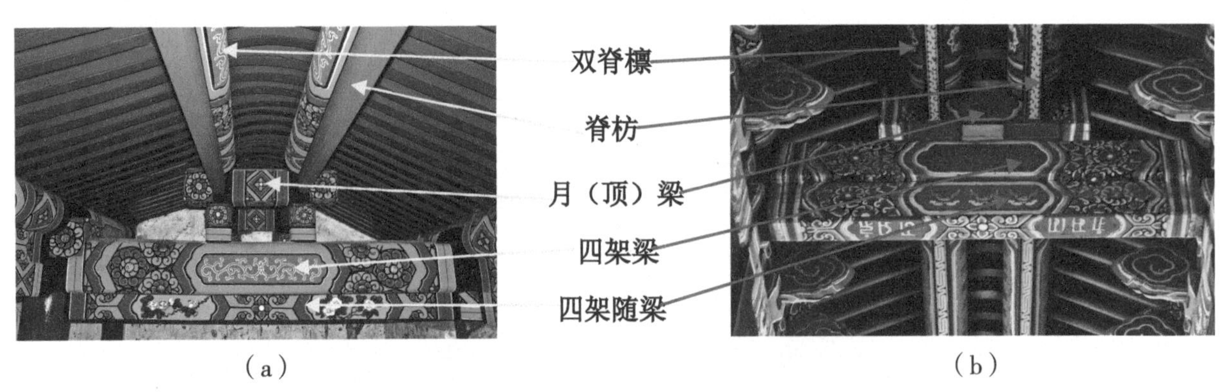

图 2-10　清：梁架——“卷棚”双脊檩四架梁

图 2-11　清：梁架——“卷棚”双脊檩四架梁　图 2-12　清：梁架——五架梁民居草架（栿）作法

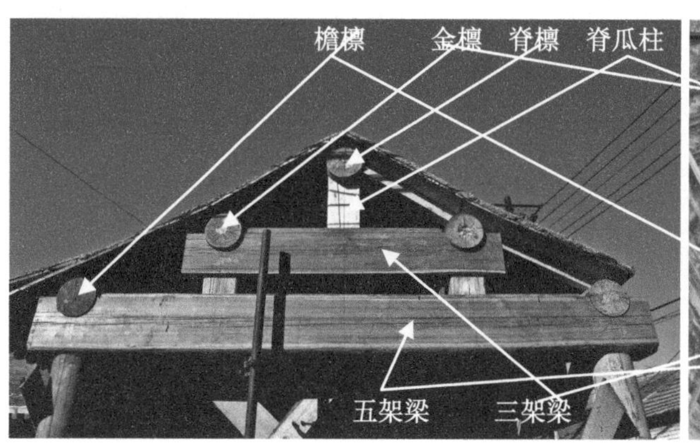

图 2-13　清：梁架——五架梁（无角背）

图 2-14　清：梁架——五架梁（无角背，宁夏）

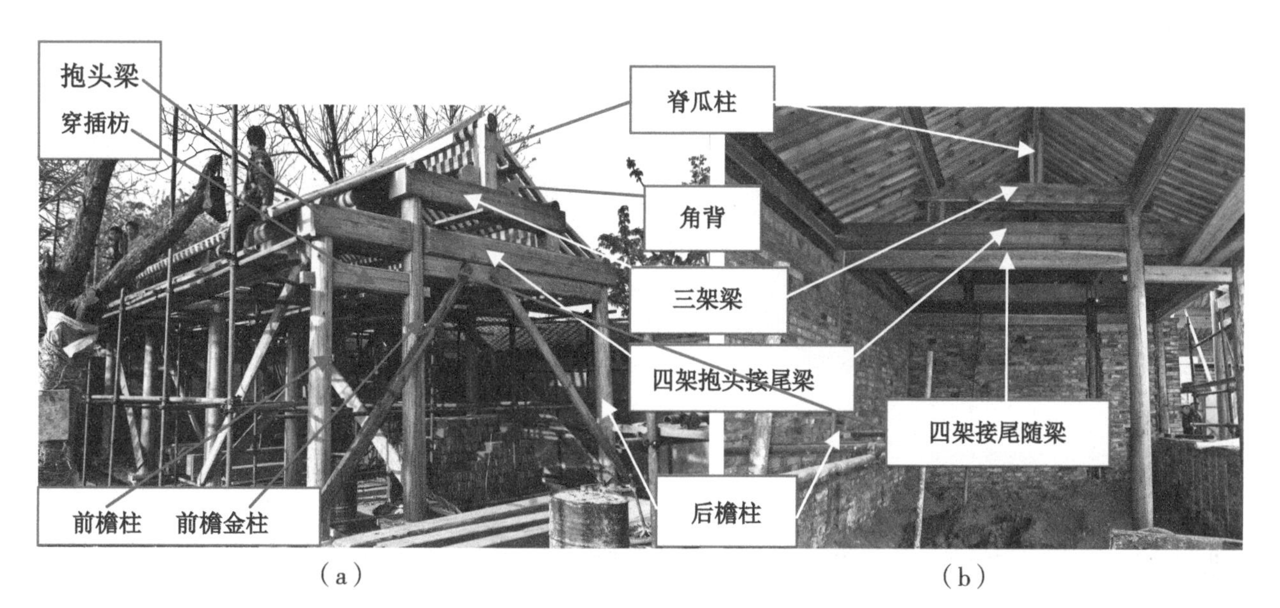

图 2-15　清：梁架——“前廊后无廊——檐平脊正”五檩梁架

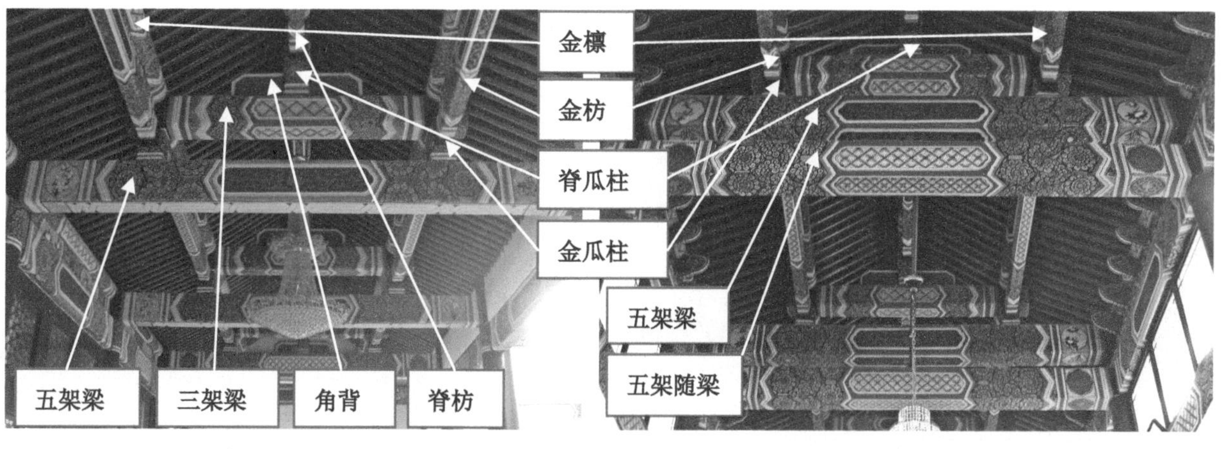

图 2-16　清：梁架——五架梁

图 2-17　清：梁架——麻叶（或丁头栱）五架梁

(a)

(b)

图 2-18　辽、宋：梁架——五檩"前廊后无廊"梁架

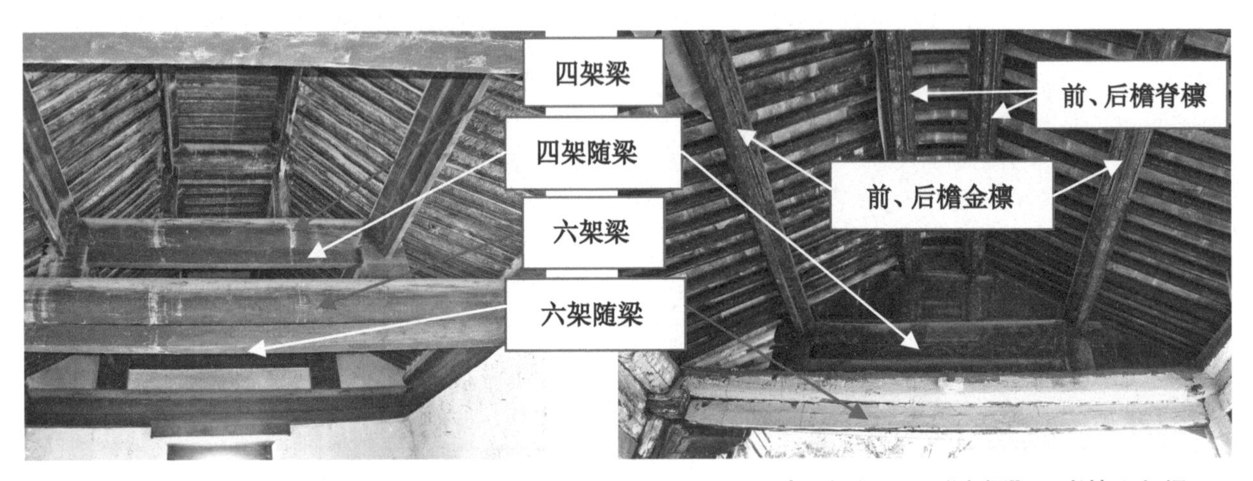

图 2-19　清：梁架——"盝顶"双脊檩六架梁

图 2-20　清：梁架——"卷棚"双脊檩六架梁

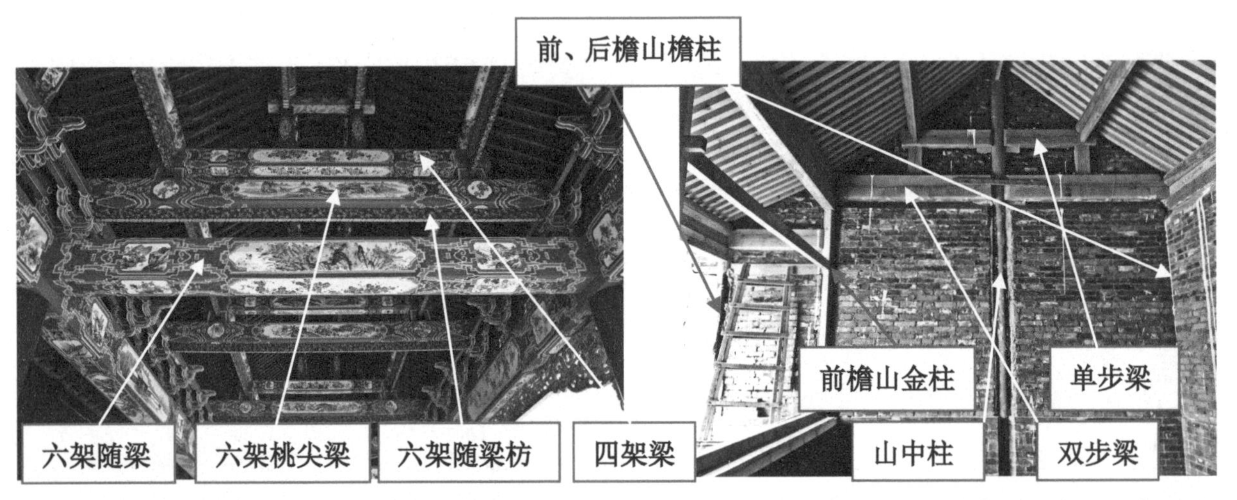

图 2-21　清：梁架——带斗栱六檩梁架

图 2-22　清：梁架——"前廊后无廊"六檩梁架

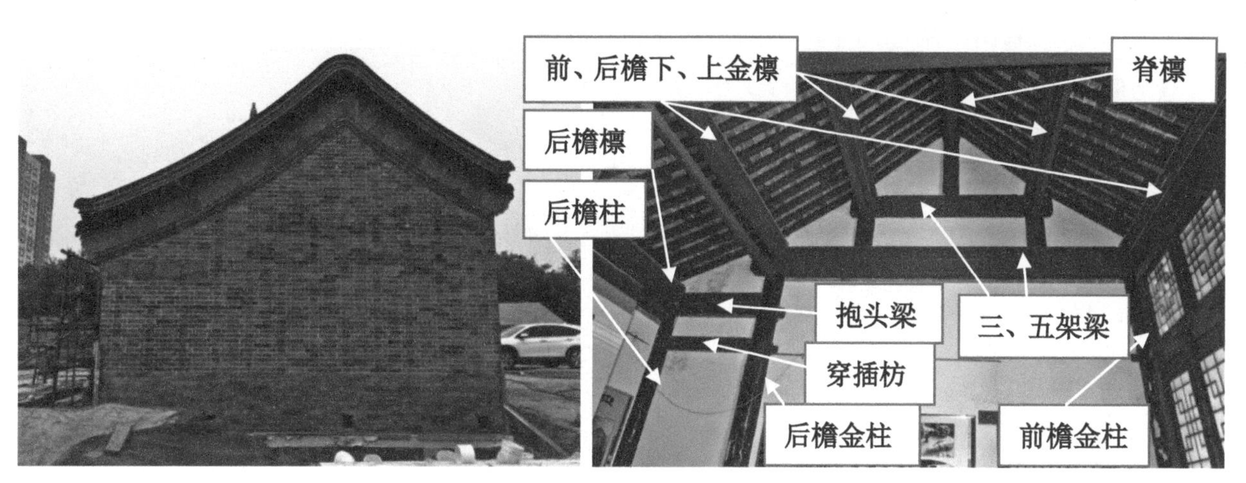

图 2-23　清："前廊后无廊"六檩梁架——"撅尾巴"房　　图 2-24　清：梁架——"前后廊"七檩梁架

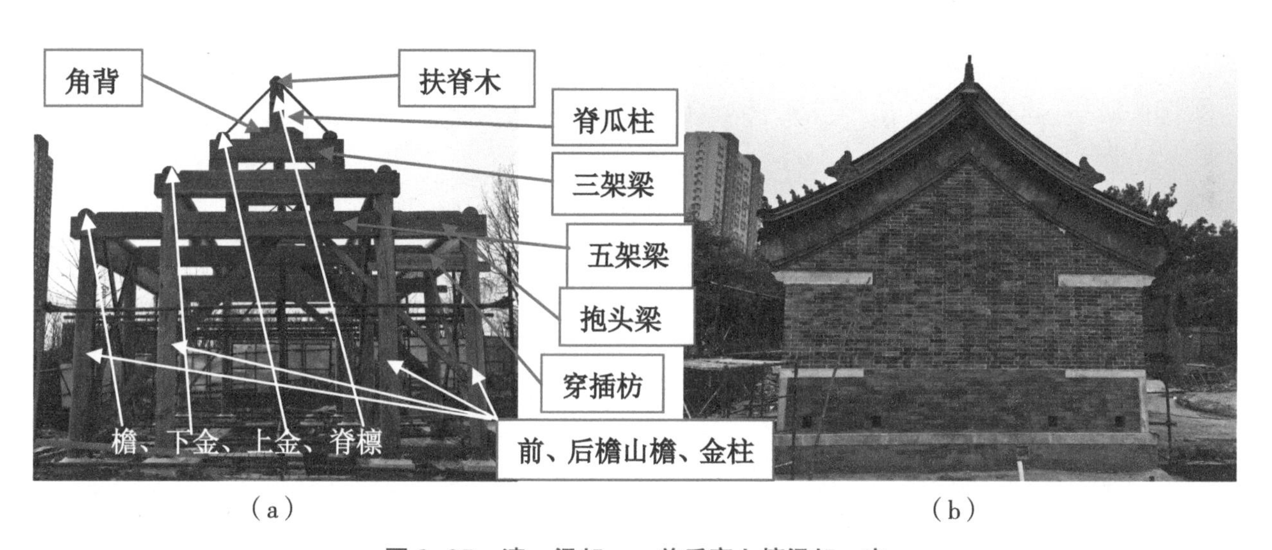

（a）　（b）

图 2-25　清：梁架——前后廊七檩梁架、房

（a）　（b）

图 2-26

（c）（d）

图 2-26 辽、宋：梁架——前廊后无廊七檩梁架

（a）（b）

图 2-27 清：梁架——前后廊减柱造九檩梁架

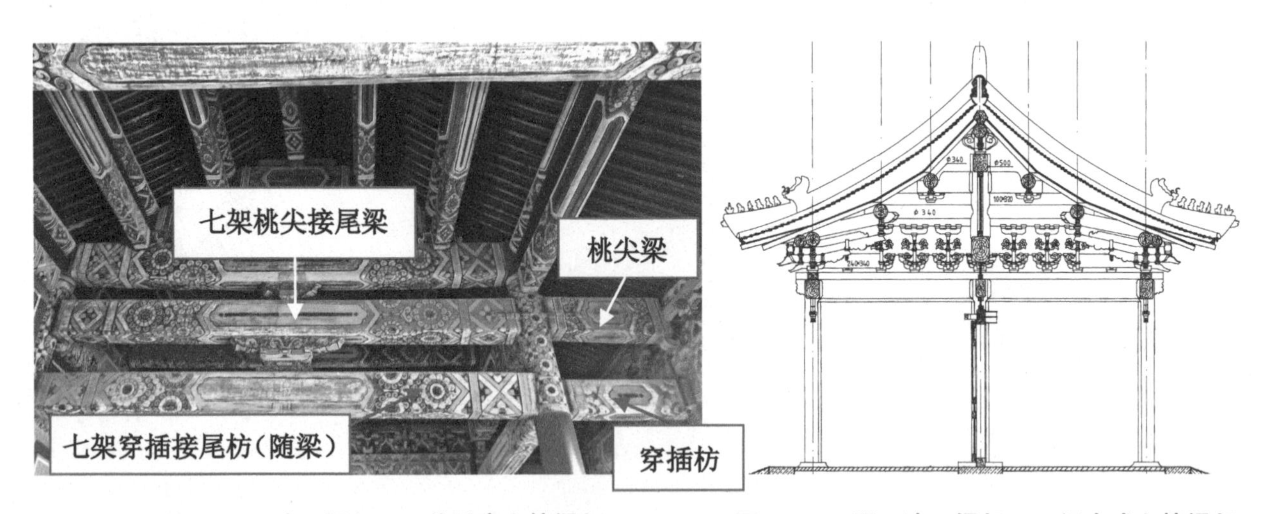

图 2-28 清：梁架——前后廊九檩梁架

图 2-29 明、清：梁架——门庑式七檩梁架

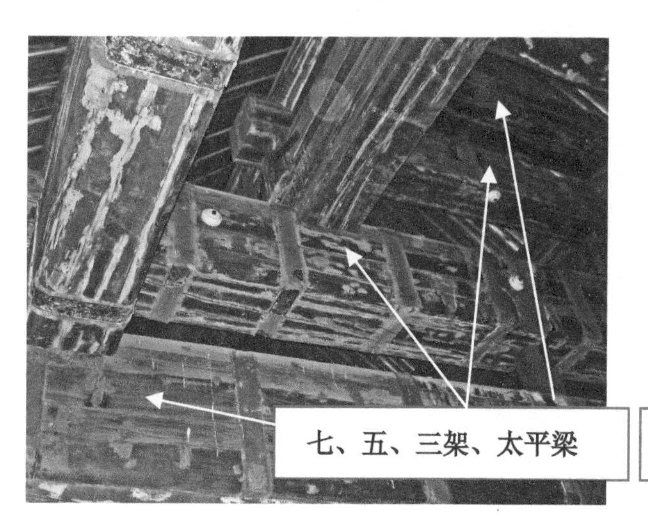

图 2-30 清：梁架——包镶梁架

图 2-31 清：梁架——双步梁、单步梁

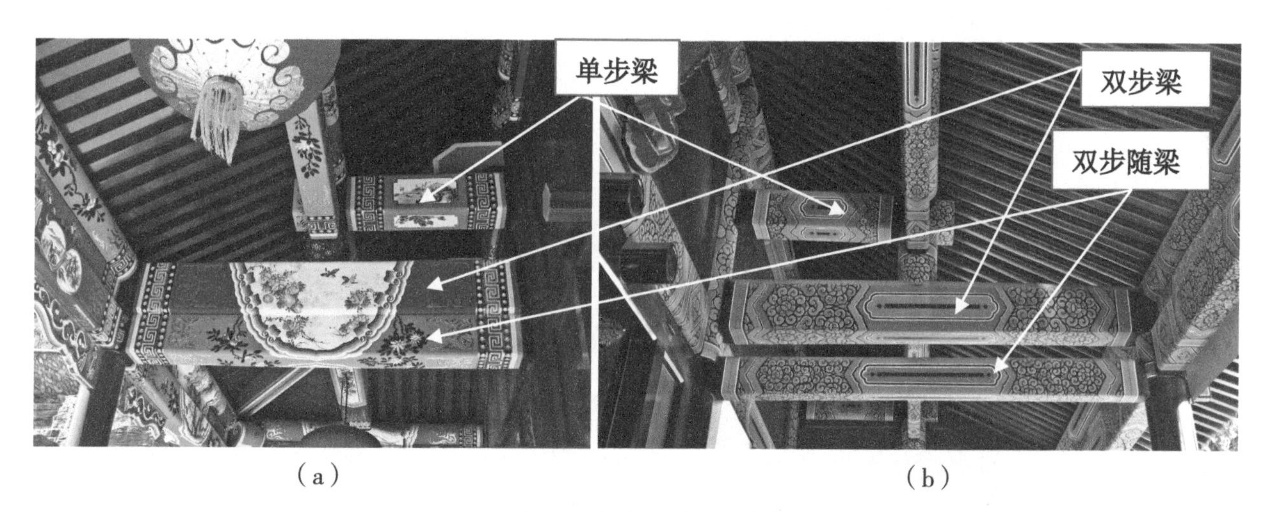

（a）　　（b）

图 2-32 清：梁架——门庑式建筑梁架

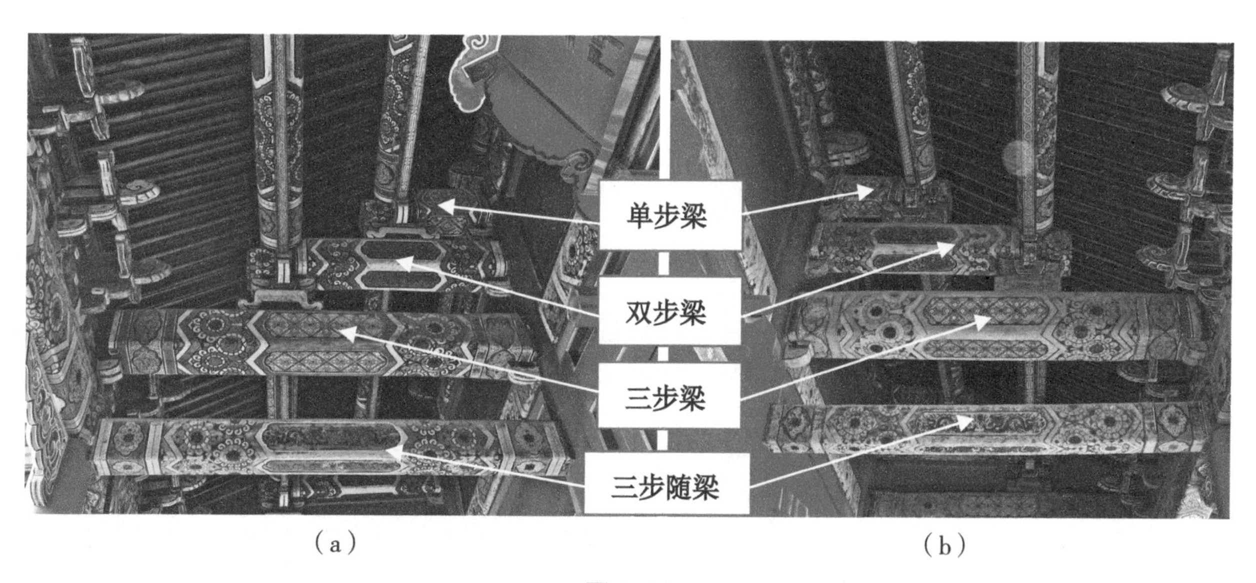

（a）　　（b）

图 2-33

（c）

图 2-33　清：梁架——带斗栱门庑式建筑梁架

（a）　　（b）

图 2-34　清：梁架——三跨组合梁架

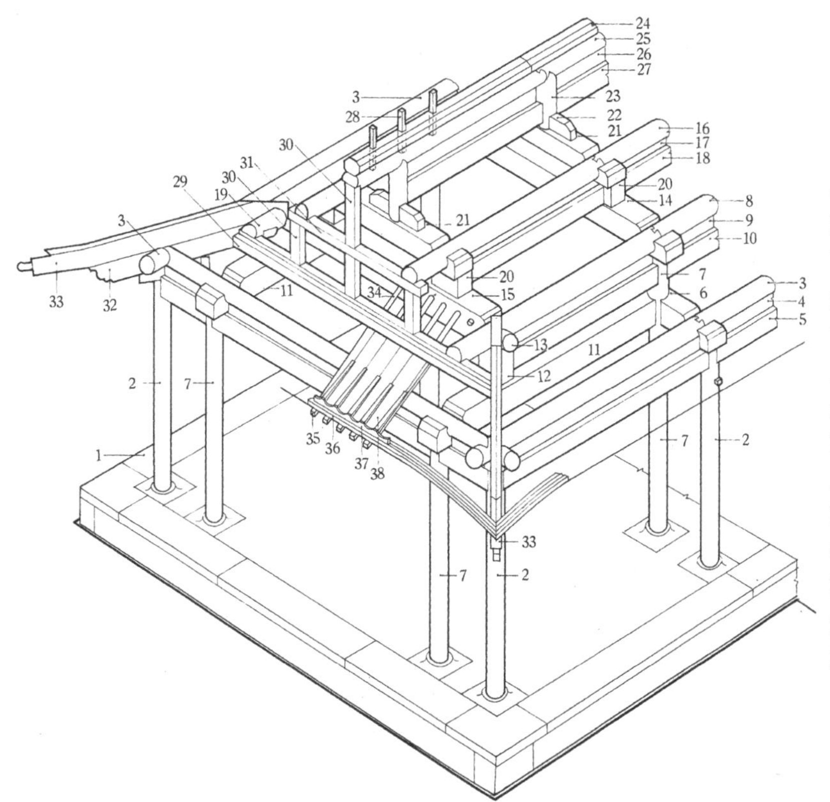

图 2-35　清：梁架——前后廊七檩歇山梁架

1—台基；2—檐柱；3—檐檩；4—檐垫板；5—檐枋；6—抱头梁；7—金柱；8—下金檩；9—下金垫板；10—下金枋；11—顺扒梁；12—交金墩；13—假桁头；14—五架梁；15—踩步金；16—上金檩；17—上金垫板；18—上金枋；19—挑山檩；20—柁墩；21—三架梁；22—角背；23—脊瓜柱；24—扶脊木；25—脊檩；26—脊垫板；27—脊枋；28—脊椽；29—踏脚木；30—草架柱子；31—穿梁；32—老角梁；33—仔角梁；34—檐椽；35—飞檐椽；36—连檐；37—瓦口；38—望板

图 2-36　清：梁架——前后廊七檩庑殿梁架

1—台基；2—檐柱；3—檐檩；4—檐垫板；5—檐枋；6—抱头梁；7—下顺扒梁；8—金柱；9—下金檩；10—下金垫板；11—下金枋；12—下交金瓜柱；13—两山下金檩；14—两山下金垫板；15—两山下金枋；16—上金檩；17—上金垫板；18—上金枋；19—柁墩；20—五架梁；21—上顺扒梁；22—两山上金檩；23—两山上金垫板；24—两山上金枋；25—上交金瓜柱；26—脊椽；27—扶脊木；28—脊檩；29—脊垫板；30—脊枋；31—脊瓜柱；32—角背；33—三架梁；34—太平梁；35—雷公柱；36—老角梁；37—仔角梁；38—由戗；39—檐椽；40—飞檐椽；41—连檐；42—瓦口；43—望板

注：引自——《中国古代建筑技术史》。

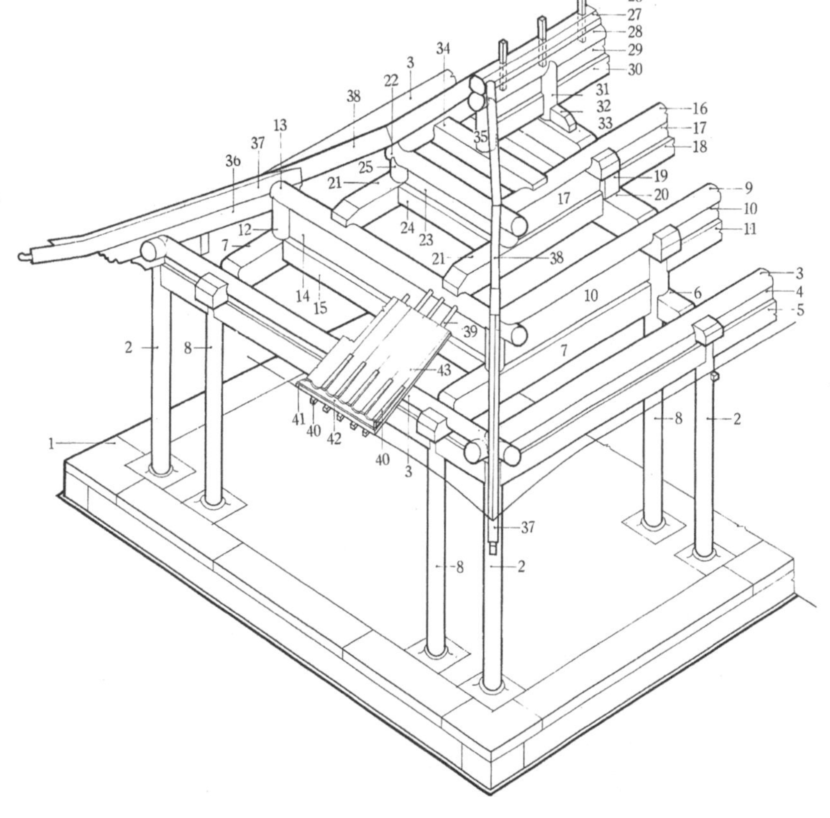

(a)

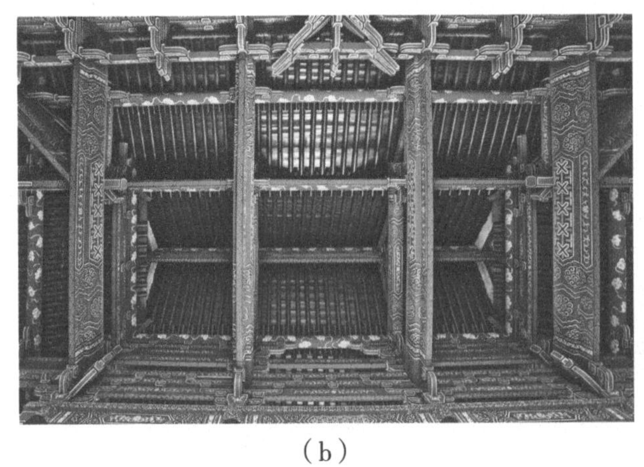

(b)

(c)

图 2-37　宋、辽—重檐七檩“厦两头造——歇山”梁架

(a)

(b)

(c)

图 2-38　宋、辽——重檐七檩“四阿顶—庑殿”梁架

（a）　　　　　　　　　　　　（b）

（c）

图 2-39　金——朔州崇福寺观音殿单檐七檩、弥陀殿单檐九檩“厦两头造——歇山”减柱造梁架

图 2-40　清——前后廊七檩“减柱造”梁架

图 2-41　清：梁架——前后廊减柱造七檩改型梁架

（a）

（b）

图 2-42　辽、宋——五檩“厦两头造”梁架

（a）

（b）

图 2-43　辽、宋——重檐五方攒尖亭梁架

图 2-44　梁架——杂式六方亭改良型梁架

图 2-45　梁架——杂式六方亭梁架（南方作法）

图 2-46　清：梁架——杂式攒尖方胜亭梁架

图 2-47　清：梁架——杂式歇山敞轩梁架

图 2-48　清：梁架——一殿一卷式垂花门梁架

三、各式建筑木构架的应用及组合

1. 硬山木构架

硬山木构梁架的组合形式是传统木构建筑最基本的构架组合形式，在大多数建筑梁架中都有这种组合。

（1）硬山木构架的应用

① 五檩无廊：等级最低，用于无廊厢房、耳房、倒座房、后罩房。

② 六檩前出廊：有廊厢房、配房。

③ 七檩前后廊：等级最高，用于有廊正房、过厅。

④ 七檩无廊——无廊正房七檩前出廊（檐平脊正）：有廊正房、过厅。

（2）硬山木构架的组合

① 下架：柱（檐、金）、枋（檐、老檐、穿插）梁（随梁）围合成一个整体框架，相当于新建中“圈梁”与柱子的拉结。

② 上架：柱（金脊瓜柱）、枋（金脊枋）梁（抱头、三、五架梁）檩（檐、金、脊檩）板（金脊垫板、角背），在下架上又组合成若干个水平框架，依靠构件自身的重量叠压在一起，形成相互拉接的“上架”。

③ 木基层：椽（飞、檐、花架、脑椽）、板（望板）、大小连檐又将各檩连接在了一起，更加强了木构架之间的拉接和联系。

这三部分就组成了一个完整的清式硬山建筑的木构梁架，详见图 2-49。

注：悬山建筑木构件名称与硬山建筑木构件基本相同，图示略。

① “排山梁架”指建筑物两山贴墙的梁架。因为不存在影响使用空间的问题，所以在梁架居中位置加了一根中（山）柱，不仅构架的受力更为直接（中柱自柱顶石直达脊檩），又减短了梁的长度，更为经济。

② “一檩三件”指檩、垫、枋。

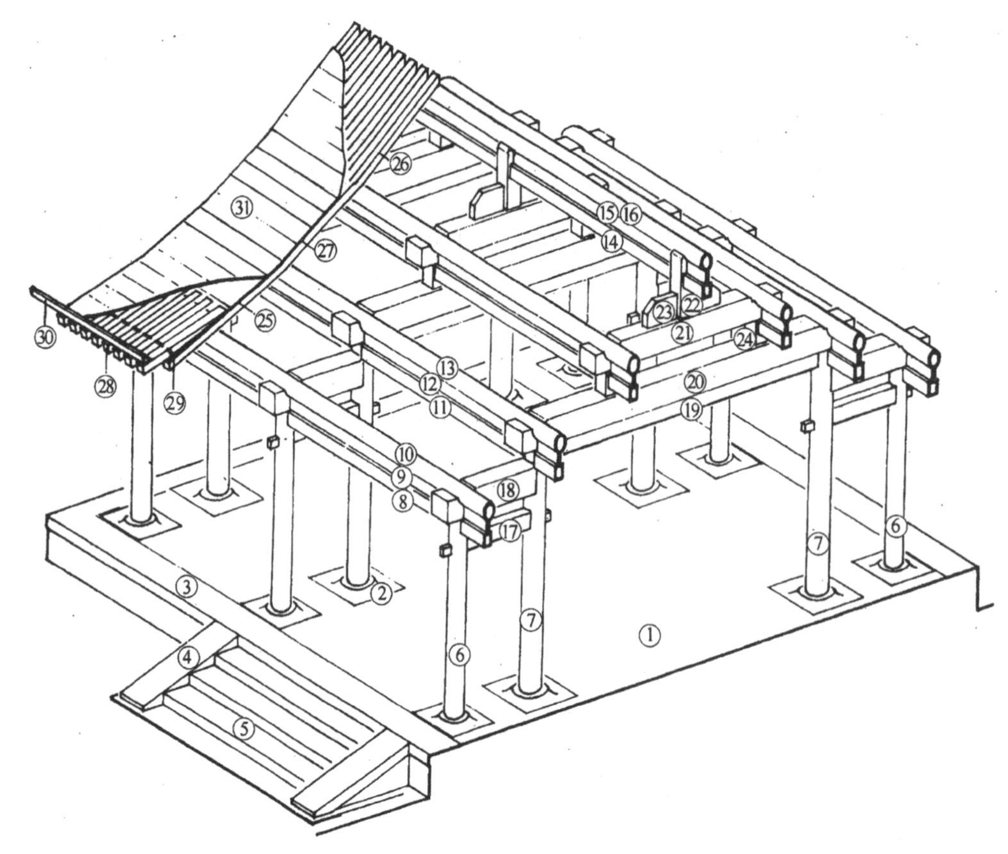

图 2-49　硬山建筑木构架部位名称

1—台明；2—柱顶石；3—阶条；4—垂带；5—踏跺；6—檐柱；7—金柱；8—檐枋；9—檐垫板；10—檐檩；11—金枋；12—金垫板；13—金檩；14—脊枋；15—脊垫板；16—脊檩；17—穿插枋；18—抱头梁；19—随梁枋；20—五架梁；21—三架梁；22—脊瓜柱；23—脊角背；24—金瓜柱；25—檐椽；26—脑椽；27—花架椽；28—飞椽；29—小连檐；30—大连檐；31—望板

2. 悬山木构架

悬山建筑的木构架与硬山建筑的木构架基本是相同的，它们之间的区别只是在房屋整体构架的两端多出了出梢悬挑部分。

（1）悬山木构架的应用

① 五檩悬山：大或小式建筑。

② 五檩带中柱悬山：大或小式门庑式建筑。

③ 七檩悬山：多用于大式建筑。

④ 七檩带中柱悬山：多用于大式门庑式建筑。

⑤ 八檩卷棚悬山：多用于园林等杂式建筑。

⑥ 六檩卷棚悬山：多用于园林等杂式建筑。

⑦ 四檩卷棚悬山：多用于园林等杂式建筑。

⑧ 一殿一卷悬山：多用于园林及四合院等杂或小式建筑。

（2）悬山木构架的组合

① 下架：柱（檐、金）、枋（檐、老檐、穿插）梁（随梁）围合成一个整体框架，相当于新建中“圈梁”与柱子的拉结。

② 上架：柱（金脊瓜柱）、枋（金、脊、燕尾枋）梁（抱头、三、五架梁）檩（檐、金、脊檩）板（金脊垫板、角背），在下架上又组合成若干个水平框架，依靠构件自身的重量叠压在一起，形成相互拉接的“上架”。

③ 木基层：椽（飞、檐、花架、脑、罗锅椽）、板（望板、博缝板）、大小连檐又将各檩连接在了一起，更加强了木构架之间的整体拉接和联系。

3. 歇山木构架

歇山建筑的木构架与硬山建筑的木构架只是在建筑物两山及转角部位的处理上有所不同，其正身梁架与硬山建筑的梁架是相同的。

（1）歇山木构架的应用

① 无廊：多用于庙宇、园林。

② 前廊后无廊：多用于庙宇、王府、园林。

③ 前后廊：多用于宫殿、庙宇、王府、园林。

④ 周围廊：多用于宫殿、庙宇、王府、园林。

（2）歇山木构架的组合

① 下架：柱（檐、金）、枋（檐、老檐、穿插）梁（随梁）围合成一个整体框架，相当于新建中“圈梁”与柱子的拉结。

② 正身上架：柱（金脊瓜柱）、枋（金、脊、燕尾枋）梁（抱头、三、五架梁）檩（檐、金、脊檩）板（金脊垫板、角背），在下架上又组合成若干个水平框架，依靠构件自身的重量叠压在一起，形成相互拉接的“上架”。

③ 两端上架：两端开间顺梁或趴梁、踩步金、踏脚木、草架柱、穿梁、角梁、搭交檩等构件组合成歇山形式木构架。

④ 木基层：椽（飞、檐、花架、脑椽、牛耳椽）、板（望板、博缝板）、大小连檐又将各

檩连接在了一起，更加强了木构架之间的整体拉接和联系；同时，建筑物两端通过角梁、翼角椽、翘飞椽的组合，又形成了传统建筑飞檐翘角的特有造型，详见图 2-50。

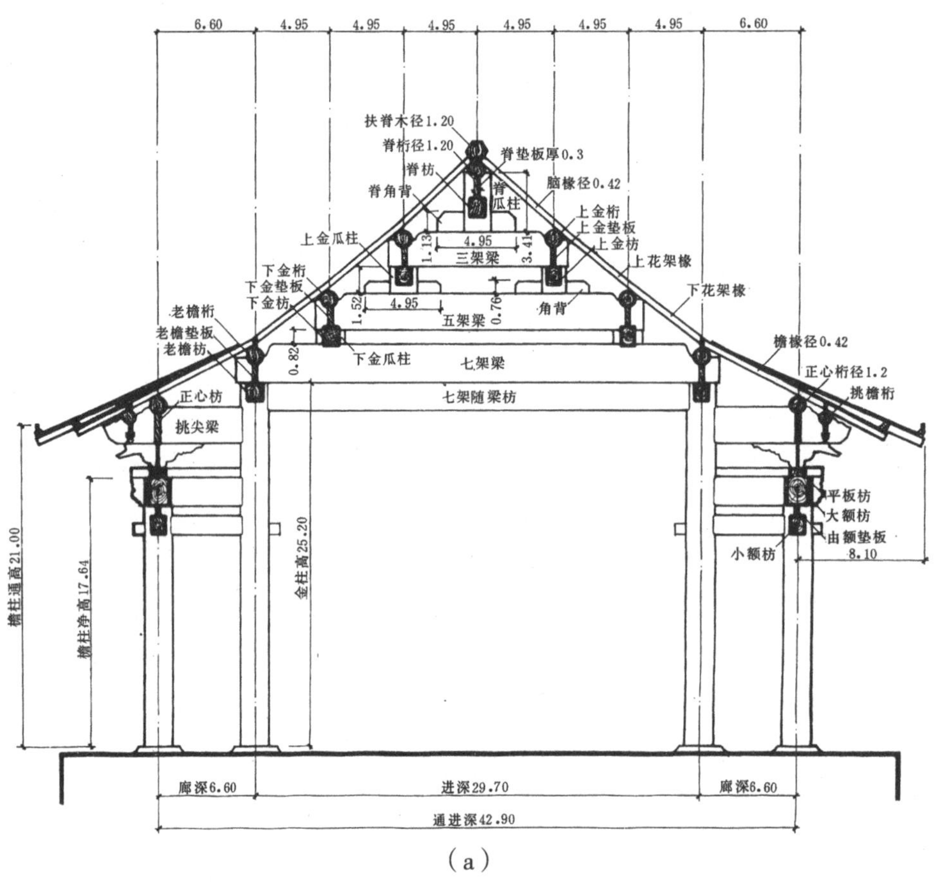

(a)

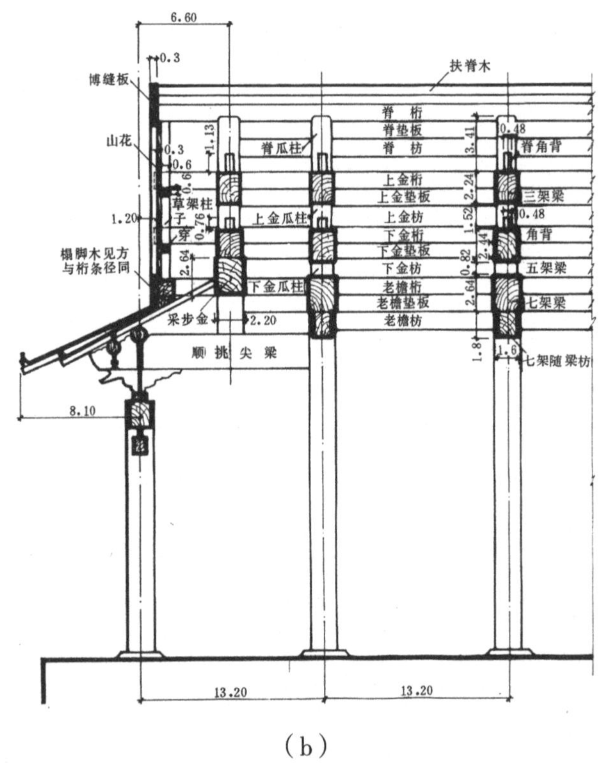

(b)

图 2-50　七檩前后廊歇山建筑梁架

4. 庑殿木构架

庑殿建筑的木构架与硬山建筑的木构架只是在建筑物两山及转角部位的处理上有所不同，其正身梁架与硬山建筑的梁架是相同的。

（1）庑殿木构架的应用

① 无廊三排柱：多用于门庑。

② 前后廊：多用于宫殿、庙宇、祭祀性建筑。

③ 周围廊：多用于宫殿、庙宇、祭祀性建筑。

（2）庑殿木构架的组合

① 下架：柱（檐、金、重檐金、里围金等柱）、枋（大小额、金、重檐大额、穿插、跨空、围脊、花台等枋）梁（随、跨空等梁）板（走马、

围脊等板）围合成一个整体框架，相当于新建中“圈梁”与柱子的拉结。

② 正身上架：柱（童、上、下金、脊瓜等柱）、枋（上、下金、脊、随梁等枋）、梁（抱头、桃尖、顺、长短趴、顺趴、三、五、七架、单、双、三步等梁）、檩（檐、上、下金、脊檩）、板（上、下金脊垫板、角背等），在下架上又组合成若干个水平框架，依靠构件自身的重量叠压在一起，形成相互拉接的“上架”。

③ 两端上架：两端开间顺梁、长短趴梁、太平梁、雷公柱、角梁、搭交檩等构件组合成庑殿形式木构架。

④ 木基层：椽（檐、飞、花架、脑、翼角、翘飞、蜈蚣）将各檩连接在了一起，板（横、顺望板）、大小连檐又将各椽连接在了一起，更加强了木构架之间的整体拉接和联系；同时，建筑物两端通过角梁、翼角椽、翘飞椽的组合，又形成了传统建筑飞檐翘角的特有造型，详见图 2-51。

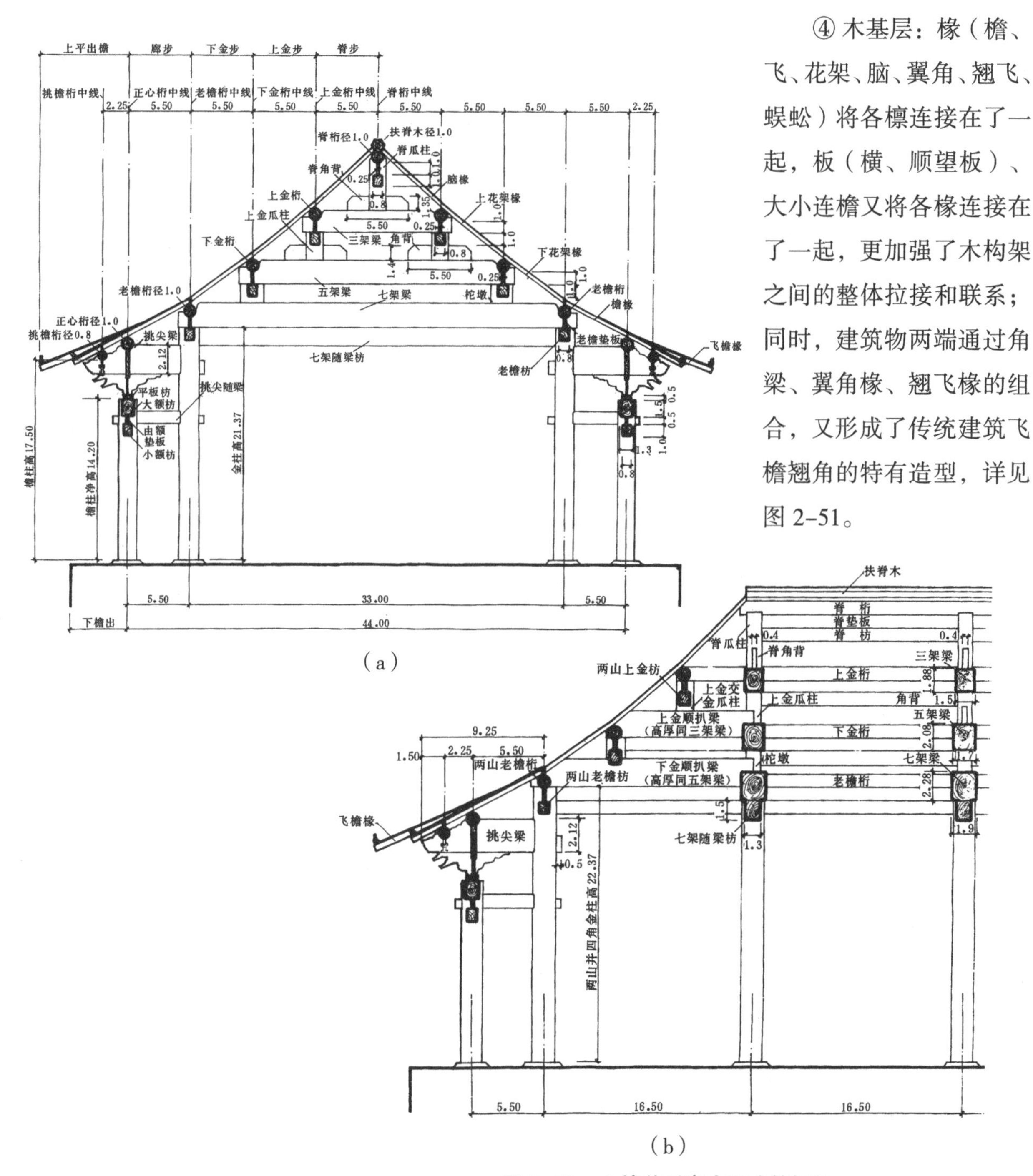

图 2-51　七檩前后廊庑殿建筑梁架

第二节　构件加工制作及安装的技术要点

一、加工制作

1. 木工常用的量具、工具

（1）量具

在古建行当里，有一种说法是："七水、八木、九把尺"。其中提到的"九把尺"，就是木作中用的量具。

① 九把尺

a. 手尺，手尺用竹板制作，一尺长，后进化成木折尺，现已绝迹。

b. 五尺，是五尺长，八分至一寸二见方的木枋，上有尺、寸、分刻度。

c. 丈尺，又叫丈杆，是长一丈的尺。

d. 勾尺，尺墩一尺，尺苗一尺五，现常称作"方尺"。

e. 方尺，是三角形的尺，现常叫割角尺。

f. 活尺，是可以定成任何角度的尺子。

g. 规尺（圆规）。

h. 耙尺，瓦木两用，基础丈量放线、找中找方用，丁字形，用宽二寸厚一寸的木料做成，在尺子的大面上按 90° 画横纵中线。

i. 门尺，长度一尺四寸四，又叫营造尺，分八个格，每格分五个小格。

② 三板一椀

a. 样板，是与实物大小比例相同的参照物。

b. 抽板，是讨退活时用的工具。

c. 增板，是放翘飞用的工具，或称"搬增板"。

d. 檩椀子，是依檩子形状做成的样板，在梁（柱）上划线加工所用。

（2）工具

木工工具包括锛子、直线锯（大、二、小锯）、曲线锯、手推平刨（大、二刨）、手推净刨（小刨）曲线刨、扁铲、平凿、圆凿、刻刀、木锉、斧子、钉锤、墨斗、画签、线坠、方尺、割角尺、活动角尺、线坠，详见图 2-52 ~ 图 2-72。

（a）北方用

（b）南方用

图 2-52　木工量具——丈杆

图 2-53　木工量具——割角尺、方尺

图 2-54　木工量具——活尺

图 2-55　木工量具——门尺

图 2-56　木工量具、工具——方尺、墨斗、划签

图 2-57　木工量具、工具——墨斗

图 2-58 木工量具、工具——墨斗、划签

图 2-59 部分木工手工工具（笔者自制工具）

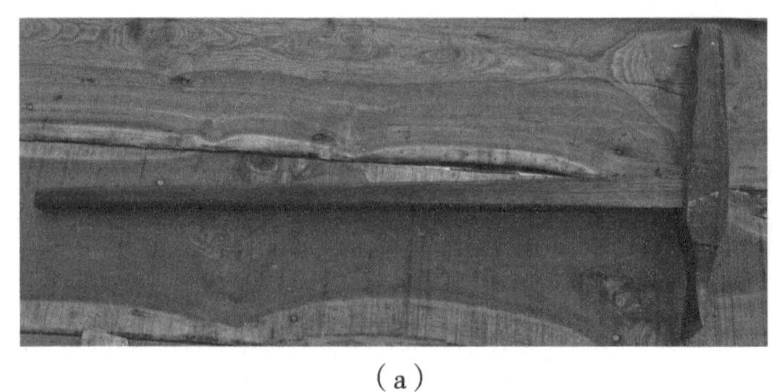

（a）

（b）

图 2-60 木工工具——锛子

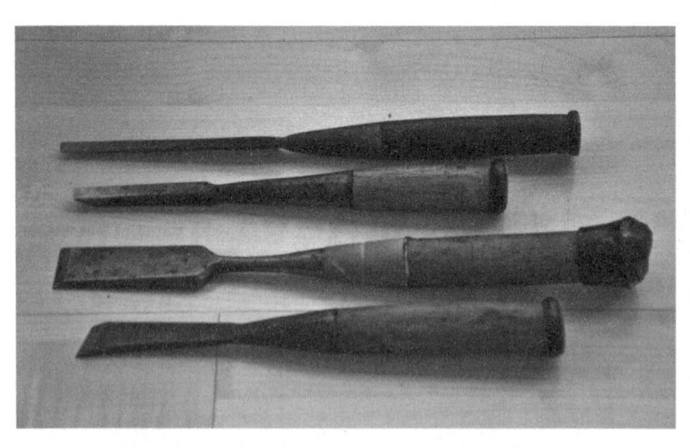

图 2-61 木工手工工具—— 凿子、扁铲

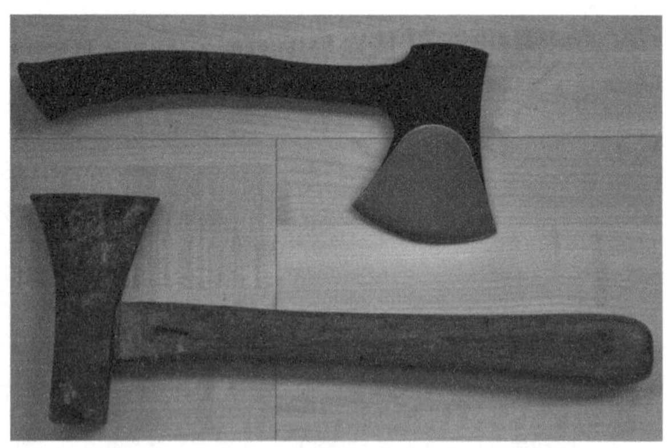

图 2-62 木工手工工具——斧子

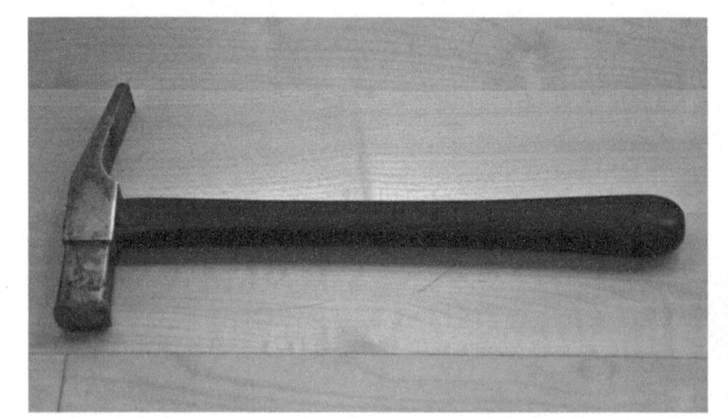

图 2-63 木工手工工具——钉锤

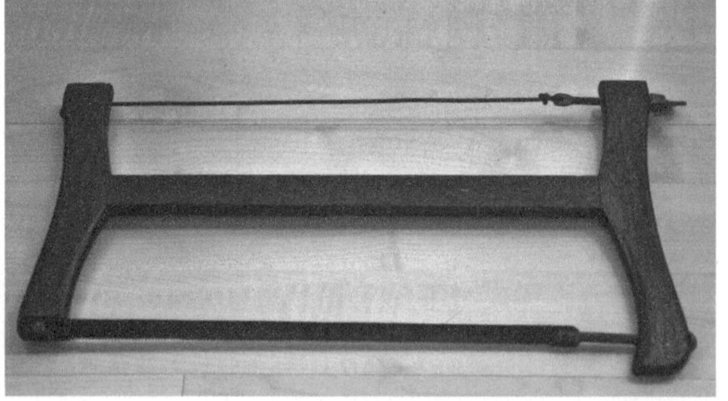

图 2-64 木工手工工具——小锯（海黄锯拐、金丝楠锯梁）

注：20 世纪 50 ~ 60 年代后，手工锯的摽绳逐渐被铅丝、螺栓取代。

图 2-65　木工手工工具——刀锯

图 2-66　木工手工工具——盖面、凹面刨

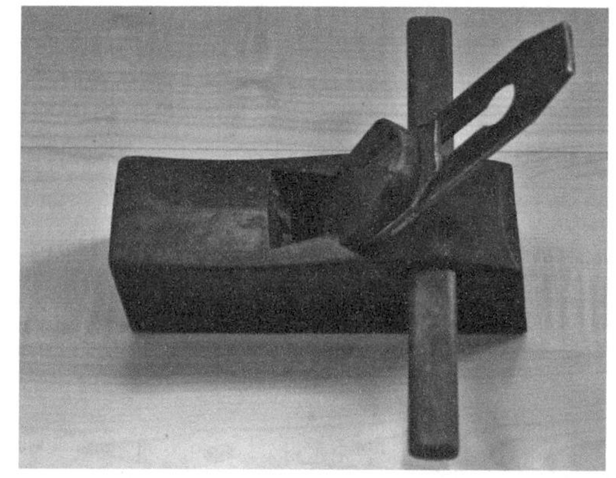

图 2-67　木工手工工具——净刨（大叶檀材质）

图 2-68　木工手工工具——大刨子（海黄材质）

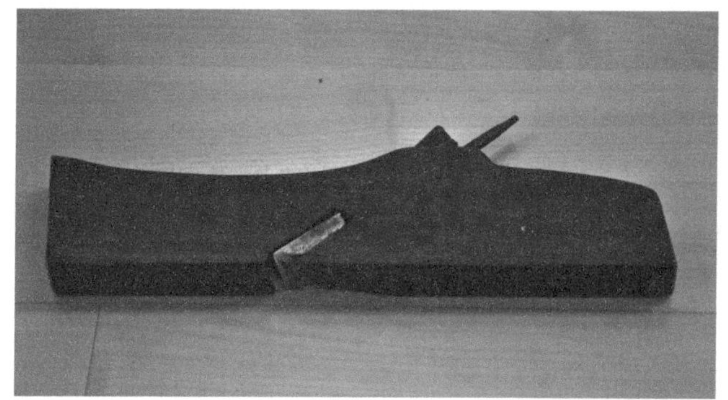

图 2-69　木工手工工具——单线刨

图 2-70　木工手工工具——槽刨

图 2-71　木工手工工具——雕刻用各式刻刀、凿

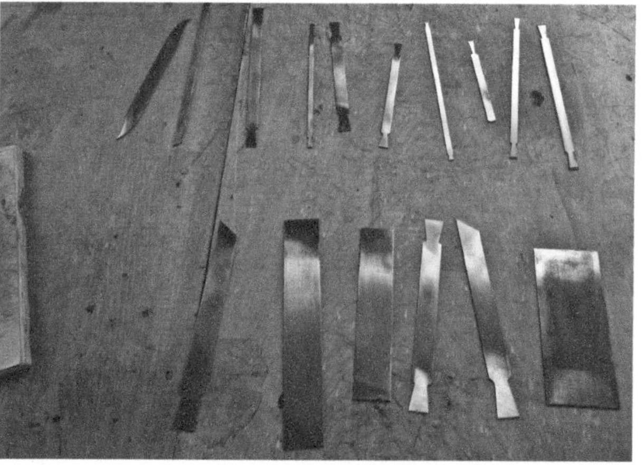

图 2-72　木工手工工具——家具制作用硬木刮刀

2. 大木构件标号及线型

中国传统木构建筑是由成百上千甚至上万个木构件组合构成的，由于这些构件形状各异，榫卯线肩不同而且即使相同的构件，相同的榫卯线肩也由于是手工制作，每个都会各有不同，特别是在地方作法中多见因地制宜的不规则木料形状，所以，构件非常有专属性，东间构件用到西间，前檐构件用到后檐……都会造成尺寸错误、肩膀不严的现象。为了避免出现这种现象，千百年来一直沿用在构件上标注编号也就是位置号的方法，详见图 2-73 ~ 图 2-82。

图 2-73　构件标号及线型——“由戗”标号

图 2-74　大木构件标号及线型——“枋子”标号

图 2-75　大木构件标号及线型——“檩子”标号

图 2-76　大木构件标号及线型——“檩子”标号

图 2-77　大木构件标号及线型——“翘飞”标号

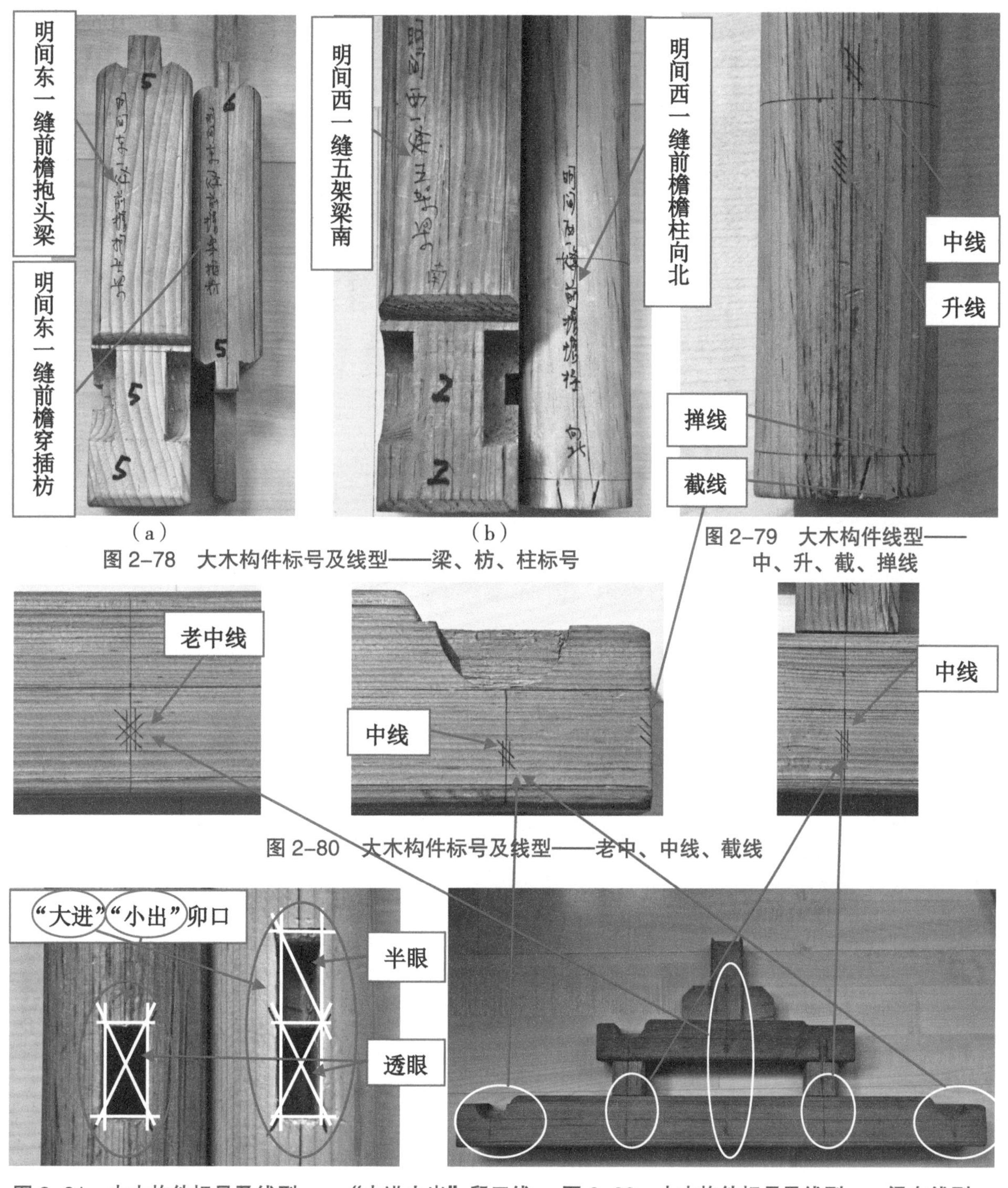

（a）　（b）

图 2-78　大木构件标号及线型——梁、枋、柱标号

图 2-79　大木构件线型——中、升、截、掸线

图 2-80　大木构件标号及线型——老中、中线、截线

图 2-81　大木构件标号及线型——“大进小出”卯口线

图 2-82　大木构件标号及线型——梁身线型

相关知识

对字号——“由中人工大，天主（夫）井羊非”。是梁架大木顺序号标注的一种，区分某缝柁及标注数字所用。由于阿拉伯数字传入中国较晚，前人使用的都是中国字，而中国字简写的一、二、三……笔画较为单一，容易人为地出现错误；再由于早以前的工匠文化水平很低，大写的数字不会写或不认识，就有聪明的工匠发明了上述“由中人……”的数字标写法，它列

出了十个有相同特征都有出头的中国字，然后列数这些特征的数量，数量数即是要标写的数字。如："由"字，特征是只有上面一个出头，就是"一"；"工"字有四个出头，就是四；"非"字，有十个出头，就是十。详见图 2-83。

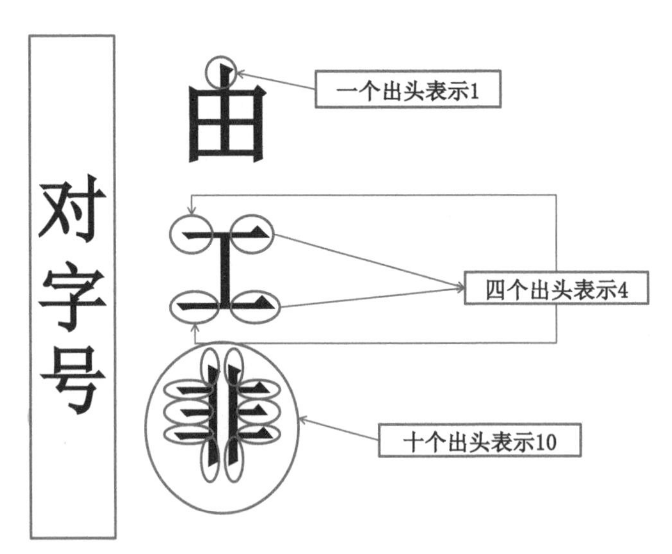

图 2-83　大木构件标号及线型——对字号

（1）标注方法

① 内容。口诀：东西南北向、上下金脊枋、前后老檐柱、穿插抱头梁。标注的内容如下。

a. 构件名称。

b. 所处位置（开间、前后檐、两山或东西南北坡）。

c. 构件端头或标号面的朝向（上、下、东、西、南、北或前、后檐）。

② 方法及位置

a. 柱子的标识名称必须是在柱子向室内方向标写，位于进深两山的柱子也向室内（面宽）方向标写；名称的最后一字距地面 200 ~ 300mm；瓜柱的标识名称根据自身位置标写：前檐方向的瓜柱写在向前檐方向一面，后檐方向的瓜柱写在向后檐方向一面；脊瓜柱标识名称写在向前檐方向一面。

开关号：以建筑物的明间为起始，向东、西或南、北顺序编号，如北房标写："北房明间东（西）一缝、前（后）檐檐（金）柱向北（南）、北房明间东（西）二缝……北房东北（东南）角檐（金）柱、北房西北（西南）角檐（金）柱、北房东（西）山柱"。

排关号：以建筑物的左侧方向为起始，向右顺序编号。如北房标写：前（后）檐 1 号檐（金）柱、前（后）檐 2 号檐（金）柱……

b. 梁的标识名称必须是在梁向上一面（熊背）上标写（上青下白）；名称标写自梁头方向起始。标识名称要求写明梁所处位置、名称；位置标识同样分开关、排关，与柱子的位置标识一致（同位置的柱、梁统称为"缝"）。

c. 枋子的标识名称必须是在枋子向上一面上标写（上青下白）；名称标写在枋子中心位置。

标识名称要求写明在枋子所处位置、名称；位置标识同样分开关、排关，与柱子的位置标识一致。

d. 檩（桁）的标识名称必须是在檩（桁）向上一面标写（上青下白）；名称标写在檩（桁）中心位置。标识名称要求写明在檩（桁）所处位置、名称及端头朝向；位置标识同样分开关、排关，与柱子的位置标识一致。

e. 翼角椽、翘飞椽的标识号必须是在椽的迎头一面标写，要求写明所处某角的左右位置及顺序编号；其他椽、飞椽不用标写标识号。

f. 垫板的标识号写在向上一面的小面上。

（2）线型符号

大木构件在加工制作和安装过程中，除需要有以上所说的标写标识号外，还要在构件上标划各种线型符号来作为加工操作的依据。

① 种类。常用的线型符号有以下几种，详见图 2–84。

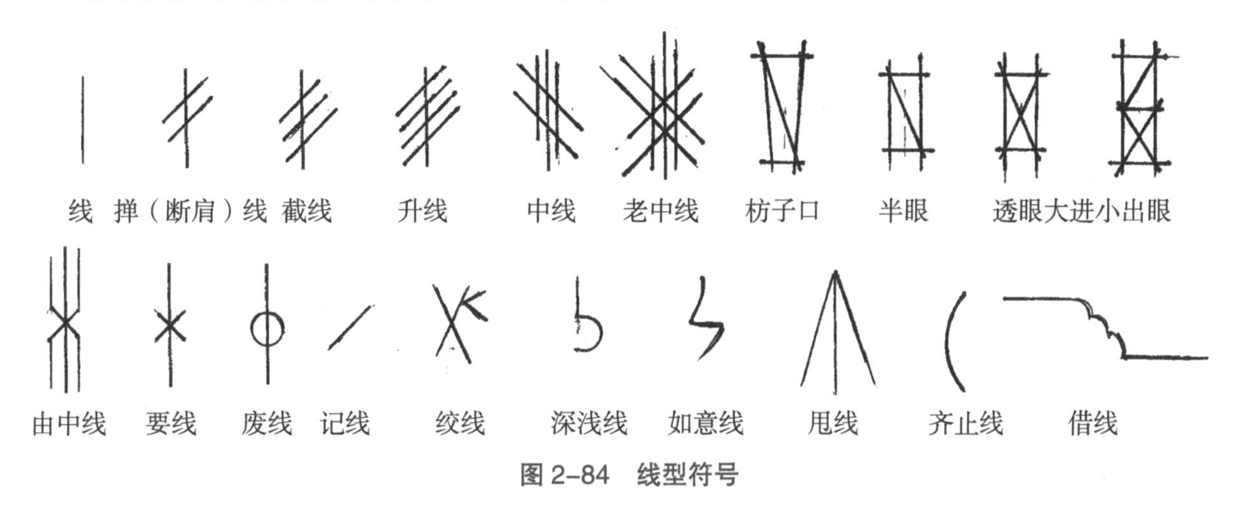

图 2–84　线型符号

② 线型符号的标划方法

a. 在大木构件上标划线型符号通常使用墨线（墨线操作方便，清晰且不易掉色）。

b. 卯口符号的标划要求相交出头，这样便于查验，见图 2–77 ～图 2–82。

c. 榫肩、截头线的标划必须有部分留存在成品构件上，便于查验，见图 2–79 ～图 2–82。

3. 大木构件制作的技术要求

（1）柱类构件制作的技术要求

① 柱类构件在制作前应首先根据圆木（树）的自然生长方向来确定构件的用材方向：圆木（树）根部用于柱根，圆木（树）梢部用于柱头。

相关知识

确定圆木、原材根、梢方向的方法——同样的直径或截面尺寸中，年轮数量少的即为树的根部，年轮多的即为树的梢部。

② 柱类构件的直径尺寸根据传统权衡模数而定（图纸标有尺寸的按设计尺寸）。

a. 小式建筑根据建筑物前檐柱“柱径”（柱根直径）而定，以柱径（D）为计算单位。

b. 大式建筑根据建筑物中“斗栱”的“斗口”而定，以斗口为计算单位。

③ 建筑物最外圈檐柱必须向室内方向倾斜即带“升”，或称“侧脚”；前、后檐柱、两山柱只向一个方向倾斜，角柱同时向两个方向倾斜。

“升（侧脚）”的尺寸根据柱子的高度而定：大式建筑为柱子本身高的7‰；小式建筑为柱子本身高的1%。

④ 各种柱子（除瓜柱、交金瓜柱、垂柱、雷公柱外）必须有“溜（收分）”，下大上小。

“溜（收分）”的尺寸根据柱子的高度而定：大式建筑为柱子本身高的7‰；小式建筑为柱子本身高的1%。

⑤ 坐落于柱顶石上的柱类构件，其高度应减去“石鼓径”的高度。

⑥ 建筑物两山中柱同高度上“升”线的尺寸需与建筑物前后檐柱子的“升”线尺寸保持一致。

⑦ 建筑物柱子与各种枋、梁相交，必须采用榫卯连接的方法。

⑧ 柱子的线型符号及标识符号必须标写准确，清晰齐全。柱子线型的种类有：中线、升线、截线、掸线、透榫、半榫、枋子卯口线、大进小出卯口线、管脚榫、瓜柱管脚榫、馒头榫、柱脚套顶榫、燕尾榫卯口、单直通透（大进小出）榫卯口、单直半透榫卯口、箍头榫卯口、柱头檩椀、涨眼卯口、撬眼口子）。

（2）梁类构件制作的技术要求

① 梁类构件在制作前应首先根据圆木（树）的自然生长方向来确定构件的用材方向：原材（树）根部用于梁头，安装于单体建筑中处于“迎面”的方向；原材（树）梢部用于梁尾，安装于单体建筑中处于“背面”的方向。

② 梁类构件的截面尺寸根据传统权衡模数而定（图纸标有尺寸的按设计尺寸）。

a. 小式建筑根据建筑物前檐柱“柱径”（柱根直径）而定，以柱径（D）为计算单位。

b. 大式建筑根据建筑物中“斗栱”的“斗口”而定，以斗口为计算单位。

③ 梁类构件在制作前，必须先核对柱网尺寸，确定是“下架掰升”还是“上架收升”，以免造成尺寸误差（通常大木构架是“下架掰升”，即设计图示平面尺寸为柱头尺寸）。

④ 梁与各种柱、檩、梁、枋相交，必须采用榫卯连接的方法。

⑤ 梁的线型及标识符号必须标写准确，清晰齐全。梁线型的种类有：中线、老中线、里、外由中线、平水线、抬头线、裹（滚）棱线、截线、掸线、正（斜）檩椀线、椽槽线、馒头榫卯口、垫板口子、大小连檐口子、枋子（燕尾）榫卯口、瓜柱榫卯口、销子卯口、老、仔角梁、趴梁（阶梯）榫、角梁鼻子榫、角梁槽齿（闸口）榫、角梁等掌刻半榫、大进小出榫、半榫、套兽榫等）

⑥ 趴（抹角）梁与檩相接，梁的底皮必须高于檩中线1/8檩径；梁头部分长度必须搭至檩的外金盘线。

⑦ 角梁的“出冲、起翘”尺寸应根据“冲三翘四”的传统尺寸（或原作法）而定。

a. 冲三——翼角部分平面曲线尺寸。自正身飞椽椽头至仔角梁（不含头饰榫）梁头中冲出

三椽径。

b. 翘四——翼角部分立面曲线尺寸。自正身飞椽椽头至仔角梁（不含头饰榫）梁头侧帮（大连檐下皮）翘起四椽径。

c. 老角梁的“冲”“翘”按规定的2/3出冲尺寸及放样得来的起翘尺寸定；椽槽位置由老角梁梁头向后6椽径起始至老角梁后尾外由中自浅至深半椽径，高按椽径定；其小连檐位置自老角梁梁头向后1椽径为小连檐外皮；大连檐位置自仔角梁梁头向后约1椽径（以平面放样定）为大连檐外皮。

⑧ 老、仔角梁的高度定位必须准确无误；檩椀的刻深必须严格控制。其参考尺寸如下。

a. 扣金作法。老角梁底皮线前端的起始基点必须自挑檐檩或檐（正心，无挑檐檩情况下）檩的檩中外皮（或向上高起20 ~ 30mm）为起始基点；老角梁底皮线后端的起始基点自金檩老中向下返一老角梁高为老角梁底皮线后端的起始基点，两基点连线即为老角梁底皮线。

b. 压金作法。老角梁底皮线前端的起始基点与扣金作法同；后端的起始基点即是金檩老中，两基点连线即为老角梁底皮线。

c. 插金作法。与扣金作法同，只是按金檩标高在金柱上找出金檩老中的位置即可。

（3）枋类构件制作的技术要求

① 枋类构件在制作前应首先根据圆木（树）的自然生长方向来确定构件的用材方向：原材（树）根部安装在单体建筑中向西或向北的方向；原材（树）梢部安装在单体建筑中向东或向南的方向。

② 枋类构件的截面尺寸根据传统权衡模数而定（图纸标有尺寸的按设计尺寸）。

a. 小式建筑根据建筑物前檐柱“柱径”（柱根直径）而定，以柱径（D）为计算单位。

b. 大式建筑根据建筑物中“斗栱”的“斗口”而定，以斗口为计算单位。

③ 枋类构件在制作前，必须先核对柱网尺寸，确定是“下架掰升”还是“上架收升”，以免造成尺寸误差（通常大木构架是“下架掰升”，即设计图示平面尺寸为柱头尺寸）。

④ 枋与各种柱、梁、枋相交，必须采用榫卯连接的方法。

⑤ 枋子的线型及标识符号必须标写准确，清晰齐全。枋子线型的种类有：中线、裹（滚）棱线、截线、掸线、椽窝线、枋子（燕尾）榫、销子卯口、大进小出榫、半榫等。

⑥ 枋子在制作前，必须先核对柱子榫卯处的直径尺寸，如有圆弧不匀或直径不一等现象，必须按（讨）柱子实际直径尺寸“让（退）”榫肩，即“讨退（柱讨直径，枋退榫肩）”。

（4）檩类构件制作的技术要求

① 檩类构件。树梢部用于榫头，安装于单体建筑中向东或向南的方向；树根部用于卯口，安装于单体建筑中向西或向北的方向，即所谓“晒公不晒母，晒梢不晒根”。

② 檩（桁）类构件的直径尺寸根据传统权衡模数而定（图纸标有尺寸的按设计尺寸）。

a. 小式建筑根据建筑物檐柱“柱径”而定。以柱径（D）为计算单位。

b. 大式建筑根据建筑物中“斗栱”的“斗口”而定。以斗口为计算单位。

③ 檩（桁）径尺寸专指檩（桁）的垂直净高，而不是水平净宽。有“金盘”的檩子按刮掉“金盘”后的净高尺寸计，在檩料加工时应根据放样适当加出涨（“泡”）量（约 1/10 檩径）。

④ 檩（桁）与檩（桁）之间交叉搭接的顺序原则：建筑物的山面压檐面。檩（桁）与踩步金檩（桁）交叉搭接的顺序原则：建筑物的檐面压山面。

⑤ 中柱建筑梢、尽间的梢檩（桁）在制作前，必须先核对两山梁架“掰升”后的面宽尺寸，确定檐、金（下、中、上）脊檩各自不同的面宽及出梢尺寸，以免造成尺寸误差。

⑥ 建筑物中檩（桁）与各种柱、梁、枋、檩（桁）相交，必须采用榫卯连接的方法。

⑦ 檩（桁）与趴（抹角）梁相接，檩（桁）阶梯卯口的底皮必须高于檩（桁）水平中线 1/8 檩（桁）径；卯口部分长度不得长过檩（桁）垂直中线。

⑧ 根据受力大小综合考虑搭交檩（桁）与角梁相交部分的刻口深，避免过多伤及受力部分。

⑨ 檩（桁）的金盘根据檩（桁）上下是否有叠压构件而定：有叠压构件的必须有“金盘”，无叠压构件的可以取消“金盘”。“金盘”尺寸、位置：居中宽 3/10 檩（桁）自身直径，高约为 5% 檩（桁）径。

⑩ 弧形檩（桁）的制作必须根据“放实样”而定，以保证上下构件的弧度一致。

⑪ 檩（桁）与各种柱、梁、枋、檩（桁）相交，必须采用榫卯连接的方法。

⑫ 檩（桁）的线型及标识符号必须标写准确，清晰齐全。檩（桁）线型的种类有：中线、上下金盘线、截线、掸线、椽花分位线、燕尾榫、十字卡腰榫、趴（抹角）梁（阶梯）榫卯、角梁槽齿卯（刻）口、小鼻子榫、燕尾卯口、销子卯口、椽椀等。

（5）椽类构件制作的技术要求

① 椽类构件通常不作用材方向的要求。

② 椽、飞椽的直径尺寸根据传统权衡模数而定（图纸标有尺寸的按设计尺寸）。

a. 小式建筑根据建筑物檐柱“柱径”而定。以柱径（D）为计算单位。

b. 大式建筑根据建筑物中“斗栱”的“斗口”而定。以斗口为计算单位。

③ 椽子数量的确定。建筑物每开间正身椽子数量取双数，椽档坐中。

椽子与椽当之比：1 ：（1 ~ 1.5）（根据每根椽子的自身尺寸及荷载定）。

翼角椽数量通常取单数（偶有双数椽，以取飞椽与翘飞椽椽当一致），按建筑物廊（檐）步架尺寸加檐平出尺寸（大式有斗栱建筑另加斗栱出踩尺寸）总和除以一椽径另加一椽当尺寸，得数以“宜密不宜稀”的原则取单数得翼角椽数量。

④ 椽径尺寸专指椽子的垂直净高，而不是水平净宽。有“金盘”的圆椽按刮掉“金盘”后的净高尺寸计。故在椽料加工时应根据放样适当加出涨（“泡”）量。

⑤ 翼角椽、翘飞椽

a.“撇”向专指建筑物立面曲线。

b.“扭”向专指建筑物平面曲线。

⑥ 正身椽、飞椽及翼角椽、翘飞椽的线型必须弹画准确，清晰齐全。其线型种类有：金盘线、

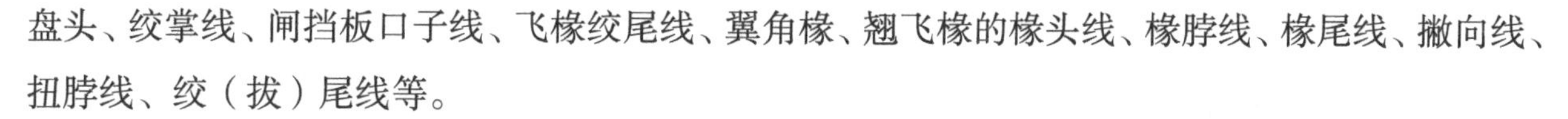

盘头、绞掌线、闸挡板口子线、飞椽绞尾线、翼角椽、翘飞椽的椽头线、椽脖线、椽尾线、撇向线、扭脖线、绞（拔）尾线等。

⑦ 正身椽、飞椽的盘头线以上直边为基准向下垂直过线；绞掌线以椽飞的上下直边为基准垂直或水平过线；飞椽口子线以椽尾底皮为基准垂直过线。翼角、翘飞椽的盘头必须以椽头短边侧帮为基准垂直过线，不得以大小连檐外皮为基准平行过线。

⑧ 正身椽、飞椽绞掌的形式根据建筑物的功能作法而定：椽尾处需要做（室内外）分隔的采用墩掌形式，即截面垂直于地面，椽尾安装椽（闯）中板；椽尾处不需要做（室内外）分隔的采用压掌形式，即截面水平于地面。

⑨ 正身飞椽头、尾的比例通常为 1 ： 2.5（一飞二尾半）或 1 ： 3（一飞三尾）。

⑩ 翼角椽、翘飞椽中“出冲、起翘”尺寸。根据“冲三翘四”的传统尺寸（或经实践认可的其他尺寸）而定，通常将第一翘翼角椽、翘飞椽在大木结构中的实际位置用墨线弹放在角梁实样上，以此讨得各翼角椽、翘飞椽的起翘高度、出冲长度的基数。

“扭、撇”尺寸根据“撇半椽、扭 0.8 椽”的传统尺寸（或经实践认可的其他尺寸）而定（通常撇向尺寸在翘飞椽头处为撇半椽径，在翼角椽头处为 1/3 椽径）。

椽尾椽花定位：根据“方八、八四、六方五”的传统规矩自角梁后尾向前依次派点。

⑪ 圆椽与望板相接面居中做“金盘”。“金盘”尺寸为 3/10 椽本身直径。

⑫ 方椽及飞椽应在椽头两侧面及下面做“扫棱”，上棱可以不扫，但不得有“锯毛”。

⑬ 椽长根据椽尾绞掌的形式而定：墩掌，椽尾长至檩的外金盘线；压掌，椽尾长至檩的里金盘线。

⑭ 飞椽、翘飞椽的制作可采用尾部套叠的方法下料。

⑮ 翼角椽、翘飞椽的标识号必须是在椽的迎头一面标写，要求写明所处某角的左右位置及顺序。

⑯ 正身椽飞及翼角翘飞椽的线型必须弹画准确，清晰齐全。正身椽飞及翼角飞椽线型的种类有：金盘线、盘头、绞掌线、闸挡板口子线、飞椽绞尾线、翼角翘飞椽的椽头线、椽脖线、椽尾线、撇向线、扭脖线、绞（拔）尾线等。

（6）板类构件制作的技术要求

① 板类构件通常不作用材方向的要求。

② 板、连檐、瓦口的截面尺寸根据传统权衡模数而定（图纸标有尺寸的按设计尺寸）。

a. 小式建筑根据建筑物檐柱“柱径”而定。以柱径（D）为计算单位。

b. 大式建筑根据建筑物中“斗栱”的“斗口”而定。以斗口为计算单位。

c. 各板之间接缝形式的确定：横望板—柳叶缝顺望板—企口榫滴珠板—企口榫博缝板—龙凤榫（带托舌）山花板—企口榫走马板—企口榫。

③ 博缝板

a. 宽窄向拼接数量不宜过多，以不超过 3 块为宜；且必须在板的向内一侧穿带，穿带间距

600 ~ 800mm，每块板不少于两根；两板拼缝处嵌装银锭榫，间距错开穿带。

b. 长向对接接头必须赶在檩中；接头缝垂直于地面；双脊檩罗锅博缝脊步博缝板接头缝垂直于博缝板。

c. 板对接必须使用龙凤榫卯，且必须带“托舌”。

d. 板的曲线弧度（囊向）应与梁架的“举、步架”相等对应；并按檩子的实际位置剔挖檩椀。

④ 滴珠板

a. 如意云头数量的确定：双数，云头坐中，两端头各半。

b. 由多块竖向拼接板企口榫接而成。每块拼接板宽宜在 800mm 左右，由 3 ~ 4 块竖向板组合拼接（视板宽定），每块拼接板横向穿带 2 ~ 3 根。

⑤ 山花板、走马板、围脊板：多块竖向板企口榫接组合。

⑥ 椽（闯）中板：长向对接接头必须赶在椽中；接头缝垂直于地面；板上口刮成坡面，角度随举架。

⑦ 椽椀

a. 整体通长做：通长板按椽径加斜（举）挖圆；上口刮成坡面；长向对接接头必须赶在椽中；接头缝垂直于地面。

b. 整体单个做：单块板按椽径加斜（举）两侧各挖半圆；上口刮成坡面。

c. 分体做：板高各半，各出龙凤榫卯；按椽径加斜（举）挖半圆；上板上口刮成坡面；长向对接接头必须赶在椽中，上下对接接头错缝安装；接头缝垂直于地面。

⑧ 望板

a. 望板按是否露明做铇光或不铇光处理。

b. 横望板板两侧做“坡棱”，俗称“柳叶缝”。“柳叶缝”角度在 45° ~ 60° 之间。

c. 顺望板板两侧做企口榫。

⑨ 大连檐

a. 大连檐向望板一面做出“坡面”，角度同望板“柳叶缝”。

b. 翼角部分的大连檐必须做分层锯解处理，且不少于三层。

c. 锯解长度最下一层至正身椽，向上每层依次递减 300 ~ 400mm。

d. 大连檐必须使用手工锯锯解，以免影响大连檐的立面高度。

e. 大连檐可以采用“套裁”的方法进行加工。

⑩ 小连檐。小连檐向望板一面做出“坡面”，角度同望板“柳叶缝”。

⑪ 瓦口

a. 瓦口根据底瓦实样及“排当”尺寸进行加工。

b. 瓦口的弧度必须与底瓦“合擭”。

c. 瓦口可以采用“套裁”的方法进行加工。

d. 安装前按照屋面的坡度在瓦口底面刮出斜面，以保证安装后的瓦口垂直于地面。

4. 大木构件制作的工序要求

（1）柱子制作工序

根据丈杆尺寸加荒后打截木料──→圆木按图纸尺寸刮八方、十六方、三十二方──→弹中线、从丈杆上摹画榫卯、盘头等线、弹升线──→凿卯、开榫、盘头──→标注大木编号。（需注意寸木不可倒使，按升线盘头。）

（2）梁制作工序

根据丈杆尺寸加荒后打截木料──→按图纸尺寸加工规格木料──→弹中线；从丈杆上摹画进深尺寸，画肩膀线、回肩线、榫卯、盘头、各梁中等线；弹滚棱线、抬头线、平水线；根据样板摹画檩椀──→凿各种卯眼、开榫、断肩、回肩、盘头、裹棱刮圆、擦棱扫眉──→标注大木编号。

（3）枋子制作工序

根据丈杆尺寸加荒后打截木料──→按图纸尺寸加工规格木料──→弹中线、滚棱线；从丈杆上摹画面宽尺寸，画肩膀线、回肩线、根据样板摹画榫卯线、盘头线──→凿销子卯眼、开榫、断肩、回肩、盘头、裹棱刮圆──→标注大木编号。

（4）檩制作工序

根据丈杆尺寸加荒后打截木料──→按图纸尺寸加工规格木料──→弹中线、金盘线──→从丈杆上摹画肩膀、榫卯、盘头、椽花等线──→凿卯、开榫、盘头、铇刮金盘──→标注大木编号（“晒梢不晒根”，“晒公不晒母”）。

（5）板制作工序

根据丈杆尺寸或样板加荒后打截木料──→按图纸尺寸加工规格木料──→按样板摹画外形、画长短宽窄尺寸线──→穿带、凿销子卯眼、锯解成形──→标注大木编号。

（6）椽飞制作工序

根据丈杆尺寸加荒后打截木料──→按图纸尺寸加工规格木料──→圆椽弹中线、金盘线──→按样板画盘头、绞掌、闸挡板、飞椽后尾线──→盘头、绞掌、锯闸挡板口子、锯解飞椽后尾、翼角翘飞椽标写位置编号。

5. 大木构件制作的操作要求

（1）熟悉图纸

在大木制作前，施工管理方相关的负责人及施工队木作掌线带班的人员一定要通过熟悉图纸及设计交底详细了解建筑物的年代作法、构造特点、榫卯类型及有无特殊的使用要求，以避免在施工当中出现错误。如作法：唐代“柱”做“梭柱”，明代以前柱头做“卷杀”，而清式作法这两样都不做。又如构件尺寸：构件仔角梁压金做法和扣金、插金做法长度、断面尺寸都各不相同，不弄清是哪种做法，料都没法下。再如榫卯：同是与金柱相接的抱头梁和穿插枋的榫长就不同……除去以上要求外，还需要特别注意的是：如图纸有明确要求的，必须按图纸尺寸，不能想当然的按传统权衡尺寸去做——如柱径、柱高……

（2）制作、放划总丈杆

① 按设计图示尺寸配出建筑物大木总丈杆：总丈杆断面尺寸不小于 40mm × 60mm；长度以建筑物进深梁架尺寸（大于建筑物明间面阔尺寸，否则以建筑物明间面阔尺寸为准）另增适度放量为准。

② 按设计图示及传统清官式作法尺寸在大木总丈杆的四个面分别划出建筑物明、次、梢间面阔中～中尺寸及两端榫长线，即面阔总丈杆；建筑物各柱柱高及上下榫高线，即柱高总丈杆；建筑物各梁架中～中尺寸及梁头线，即进深总丈杆；建筑物檐平出尺寸线，即檐平出丈杆。

③ 面宽总丈杆要求分别划出建筑物明、次、梢、尽间面宽中～中尺寸线、檩两端榫长线、两山“出梢”尺寸线；各间“椽花”线；并清晰标识编号。

④ 柱高总丈杆要求分别划出建筑物中各种柱子的“盘头”“馒头榫”“管脚榫”“（大、小、由）额（檐檩）枋卯口”“穿插枋卯口”等线，并标识清晰。

⑤ 进深总丈杆要求分别划出建筑物进深各轴线、各“中”的中线，包括廊步、檐步、金步、上下金步、脊步等中线；桃尖、抱头梁，穿插枋，七、六、五、四、三架梁，三、双、单步梁，顶梁等的梁头截线；并标识清晰。

⑥ 檐平出丈杆要求分别划出檐平出、老檐平出、小檐平出、拽架等线，并标识清晰。

⑦ 总丈杆划好后，应及时通知相关部门检查复核、签字验收并设专人妥善保管，同时采取相应的措施来防止坏损丢失，以备在制作、安装时随时对照检验。

（3）柱子制作的操作要求

① 制作柱子分丈杆

a. 自柱高总丈杆上摹划下各柱的高度尺寸。

b. 柱子分丈杆断面尺寸不小于 30mm × 40mm；长度按柱高总丈杆所示建筑物中最长柱子尺寸（也可分别制作檐、金、里围金柱分丈杆）另增榫长及适度放量为准。

c. 用三、五合板制作柱子“馒头榫”、“管脚榫”样板；制作“（大小）额（檩）枋卯口”[即额（檩）枋榫头]、“穿插枋卯口”样板，并做出明确标识。

② 柱材加工

a. 根据自然圆木材的生长方向确定柱子的柱头、柱脚位置。

b. 根据柱子的尺寸、数量加工规格柱料。

c. 柱料加工要求按传统弹放八卦线，柱料表面平直圆顺、尺寸准确，各种指标符合国家标准规定。

d. 各种柱料的长短在“盘头”工序前应留出适当余量。

e. 加工好的柱料要求分类码放待用。

③ 按丈杆、样板弹、划线

a. 柱子划线宜使用墨线。并标注如图 2-84 所示大木符号。

b. 柱子四面弹放中线；外檐柱、山柱两面弹放升线；角柱四面弹放升线，并在中线、升线上标画中、升线标识符号。

c. 使用柱子分丈杆和榫头、卯口样板在柱子上点画柱头、柱脚盘头线、榫头线；点画各种枋、梁卯口线，并在上述各线上标画各线标识符号。

d. 瓜柱榫肩的划线应将瓜柱垂直架立在摆放水平的梁身相应部位上，使瓜柱、梁四面中线重合，然后用梁头檩椀样板中标示瓜柱榫长的燕尾岔口一端按梁背与瓜柱相交部位的实际形状为基准移动，一端蘸墨在瓜柱四面摹画出榫肩的实际轮廓线（类似大木装修中抱框的“刹活”）。

e. 榫卯划线应交错出头，以备查验。

f. 柱头、柱脚盘头线必须有部分留存在成品柱子上，以备查验。

④ 盘头断肩、榫卯制作

a. 柱子盘头要求三锯盘齐；截面平直无错台；盘头里口略高于外口（外肩略虚）。

b. 柱子榫头尺寸、收“溜”准确无误；榫头平直无错台；枋、梁卯口内出“乍”尺寸准确、方正直顺、深浅一致无错台；卯口底面外肩略高于里口。

c. 柱脚四面避开柱中线剔出“撬眼”。

⑤ 柱子标写编号

a. 柱子要求在向室内一侧标写柱子位置编号，其编号的最后一字要求距地 300mm。

b. 柱子编号要求按传统叫法标明柱子的名称，标明柱子所在建筑物的具体位置。

（4）梁制作的操作要求

① 制作梁分丈杆

a. 自进深总丈杆上摹划下各梁的长度尺寸。

b. 梁分丈杆断面尺寸不小于 30mm×40mm；长度按进深总丈杆所示建筑物中最外侧轴线加梁头长尺寸（也可分别制作各梁分丈杆）另增适度放量为准。

c. 用三、五合板制作“檩椀”样板；制作“（上、下、金、脊）枋卯口”（即上、下、金、脊枋榫头）样板，并做出明确标识。

d. 在空闲不用的场地或墙面，弹放角梁实样，并用 10 ~ 20mm 厚木板根据角梁实样制作“角梁”样板。样板中标画里、外由中、老中、梁头、梁尾造型及销子卯眼、大小连檐口子、椽槽；做出挑檐、正心、檐、金各檩檩椀、角梁等掌刻半榫头、套兽榫头等。

② 梁材加工

a. 根据自然圆木材的生长方向确定梁的迎头、后尾以及在各单体建筑中所处位置：圆木材的根部为梁的迎头，圆木材的树梢部为梁的后尾；梁的迎头在各单体建筑中均处于“迎面”方向。

b. 根据梁的尺寸、数量加工规格梁材。

c. 梁材加工要求至少加工出三面，梁背可利用圆木自然弧面作为梁身“熊背”而免于加工；梁材加工要求方正平直、尺寸准确，各种指标符合国家标准规定。

d. 各种梁材的长短在“盘头”工序前应留出适当余量。

e. 加工好的梁材要求分类码放待用。

③ 按丈杆、样板弹、划线

a. 梁划线宜使用墨线。

b. 梁弹放中线、平水线、抬头线、裹（滚）棱线、熊背线。

c. 使用梁分丈杆和檩椀样板在梁上点划出各步架中线；点划出各梁的梁头截线；点划出各瓜柱卯口线；划出各梁梁头檩椀，并在檩椀做好后根据檩、枋榫头样板标划出檩、枋、板卯口线；划出梁头盘头线。

d. 榫卯划线应交错出头，以备查验。

e. 梁头、梁尾盘头线、标识符号必须有部分留存在成品梁上，以备查验。

④ 榫卯、榫肩、檩椀制作、裹（滚）棱盘头

a. 梁榫卯制作要求：榫头平直无错台；枋、板、柱卯口尺寸准确、方正平直、深浅一致无错台。

b. 檩椀制作要求：圆顺跟线、方正无错台；檩椀底面外肩略高于里口。

c. 裹（滚）棱制作要求：平直圆顺留线影；抱肩实（平）肩平直跟线；撞、回肩弧度和缓直顺留线影。

⑤ 标写编号

a. 梁的编号要求在梁向上一面（熊背）上（上青下白）自前檐梁头方向起始标写。

b. 标识名称要求写明梁所处位置、名称。

c. 位置标识同样分开关、排关，与柱子的位置标识一致（同位置的柱、梁统称为“缝”）。

⑥ 试装草验

a. 制作好的梁、瓜柱（柁墩）角背等梁架构件，在安装前应按“缝”进行试装草验。

b. 将每缝梁架中最下一层的梁在制作现场水平码放并垫实，依次向上安装各梁瓜柱（柁墩）、各梁。每缝梁架试装好后，应在梁迎头、梁身瓜柱位置吊正检查梁架两方向中线是否垂直。

（5）枋子制作的操作要求

① 制作枋子分丈杆

a. 自面宽总丈杆上摹划下各枋的长度尺寸。

b. 枋子分丈杆断面尺寸不小于 30mm × 40mm；长度按面宽总丈杆所示建筑物明间面宽中 ~ 中尺寸另加悬山建筑中山面“出梢”长度尺寸另增适度放量为准。

c. 用三、五合板弹画并制作出各枋“榫卯”样板、枋头造型样板，并作出明确标识。

d. 分丈杆及榫卯样板及枋头造型样板画好后应及时通知相关部门检查复核、签字验收。

e. 分丈杆、榫卯样板及枋头造型样板应设专人妥善保管，可采取相应的措施来防止坏损丢失，以备在制、安施工时随时对照检验。

② 枋材加工

a. 根据枋子的尺寸、数量加工规格枋材。

b. 枋材加工要求方正平直、尺寸准确，各种指标符合国家标准规定。

c. 各种枋材的长短在“榫头制作”及“盘头”工序前应留出适当余量。

d. 加工好的枋材要求分类码放待用。

③ 按丈杆、样板弹、划线

a. 枋子划线宜使用墨线。

b. 弹放中线、裹（滚）棱线。

c. 枋子使用面宽分丈杆在枋子上点划出各开间中 ~ 中尺寸线；讨划出各柱的柱头轮廓线，即枋子的榫肩线；划出枋子的榫头、抱肩线；点划出承椽枋的椽窝线；划出枋头造型；划出枋子截头线。

d. 榫卯划线应交错出头，以备查验。

e. 枋子榫头、抱肩线的标识符号必须有部分留存在成品梁上，以备查验。

④ 榫卯、枋头等制作、裹（滚）棱断肩

a. 枋子榫卯制作要求：榫头平直无错台；销子卯口尺寸准确、方正平直、深浅一致无错台。

b. 裹（滚）棱制作要求：平直圆顺留线影；抱肩实（平）肩平直跟线；撞、回肩弧度和缓直顺留线影。

c. 枋头制作要求：造型准确，与样板无误差；折线面水平不“皮楞”，平直无“错台”；曲线凸凹面圆润和缓，两面对应一致不走形。

⑤ 枋子标写编号

a. 枋子要求在向上一面（枋子背）标写枋子的位置编号。

b. 枋子的编号要求按传统叫法标明枋子的名称，标明枋子在建筑物中所处的具体位置。

（6）檩子制作的操作要求

① 制作檩子分丈杆

a. 自面宽总丈杆上摹划下各檩的长度尺寸。

b. 檩子分丈杆要求分别画出建筑物明、次、梢、尽间面宽中 ~ 中尺寸线、檩两端榫长线、两山“出梢”尺寸线；各间“椽花”线；并标识编号。

c. 檩子分丈杆断面尺寸不小于 30mm × 40mm；长度按面宽总丈杆所示建筑物明间面宽中 ~ 中尺寸另加悬山建筑中山面“出梢”长度尺寸另增适度放量为准。

d. 用三、五合板弹划并制作出檩“榫卯”样板；用厚纸板弹划并制作出搭交檩十字卡腰榫造型样板，并做出明确标识。

e. 分丈杆及榫卯样板划好后应及时通知相关部门检查复核、签字验收。

f. 分丈杆、榫卯样板样板应设专人妥善保管，可采取相应的措施来防止坏损丢失，以备在制作、安装时随时对照检验。

② 檩材加工

a. 根据自然原木材根、梢的生长方向确定檩（桁）条的使用朝向：南、北房中，树梢向东的方向；东、西房中，树梢向南的方向（“晒梢不晒根”）。

b. 根据自然原木材根、梢的生长方向确定檩（桁）的榫头、卯口制作方向：树梢部位制作檩（桁）的榫头；树根部位制作檩（桁）的卯口（“晒公不晒母”）。

c. 根据檩（桁）的尺寸、数量加工规格檩（桁）材，檩（桁）材有“金盘”要求的，直径加出“泡”量。

d. 檩（桁）材加工要求按传统弹放八卦（或“三破棱”）线，檩（桁）料表面平直圆顺、尺寸准确，各种指标符合国家标准规定。

e. 各种檩（桁）材的长短在“盘头”工序前应留出适当余量。

f. 加工好的檩（桁）材要求分类码放待用。

③ 按丈杆、样板弹、划线

a. 檩（桁）划线宜使用墨线。

b. 檩（桁）弹放十字中线、金盘线。

c. 使用面宽分丈杆和榫卯样板在檩(桁)上点划出各檩中线、榫头卯口线、各檩(桁)盘头截线、各檩（桁）椽花线。

d. 榫卯划线应交错出头，以备查验。

e. 檩（桁）端盘头线、榫卯标识符号必须有部分留存在成品檩（桁）上，以备查验。

④ 榫卯、金盘制作、断肩盘（截）头

a. 檩（桁）的榫卯制作要求：榫头平直无错台，刻半、卯口尺寸准确、方正平直无错台。

b. 金盘宽窄、高低一致，平齐直顺留线影。

c. 断肩要求平直方正。

d. 檩（桁）盘头要求两锯盘齐；截面平直方正无错台。

⑤ 标写编号

a. 檩（桁）要求在向上一面标写檩（桁）的位置编号。

b. 檩（桁）的编号要求按传统叫法标明檩（桁）的名称，标明檩（桁）在建筑物中所处的具体位置。

（7）椽飞制作的操作要求

① 制作檐平出分丈杆、椽子分位分丈杆、椽飞样板、搬增板、方形翼角椽头尾放线样板（卡具）、翘飞椽长度杆、翘度杆、翘飞椽头撇向搬增板、翘飞母扭度搬增板。

a. 自檐出总丈杆上摹划下檐平出、老檐平出、小檐平出的尺寸。

b. 利用檩子分丈杆分别排划出各间的椽子分位——“椽花”线。

c. 根据分丈杆所标檐平出尺寸将建筑物大木上架（纵向）剖面（可仅画出各檩的实际位置）按 1 ∶ 1 比例过画到地面或墙面上，再用 10 ~ 20mm 厚木板弹画并制作出各种椽子样板，并标识编号。

d. 根据传统尺寸“冲三、翘四、撇半椽”制作出翼角椽头撇向搬增板、方形翼角椽头尾放线样板（卡具）、翘飞椽长度杆、翘度杆、翘飞椽头撇向搬增板、翘飞母扭度搬增板。

e.“椽花”分丈杆、椽飞样板、翼角翘飞分丈杆、样板画好后，应及时通知相关部门检查复核、

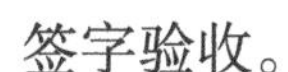

签字验收。

f.“椽花”分丈杆、椽飞样板、翼角翘飞分丈杆、样板应设专人妥善保管，可采取相应的措施来防止坏损丢失，以备在制作、安装时随时对照检验。

② 椽材加工

a. 根据椽子的尺寸、数量加工规格椽材。

b. 圆椽材常使用“杉圆”。椽材加工要求按传统弹放八卦线（或按样板）刮圆，有“金盘”要求的，直径应加出“泡”量，表面平直圆顺、尺寸准确，“金盘”宽窄均匀一致；方椽按尺寸下料，要求表面方正直顺、尺寸准确，各种指标符合国家标准规定。

c. 各种椽材的长短在“盘头、绞掌”工序前应留出适当余量。

d. 加工好的椽材要求分类码放待用。

③ 按各丈杆、样板弹、划线

a. 椽飞弹、划线宜使用墨线。

b. 使用椽飞样板在椽材上点划出椽子“盘头、绞掌”、飞椽“盘头、绞尾、闸挡板口子”线。

c. 圆翼角椽按金盘中为基准弹放椽中线，并按搬增板撇向尺寸使用头尾卡具弹放绞尾线。

方翼角椽按搬增板撇向尺寸弹放撇度线，锯解刮铯成形后使用头尾卡具弹放绞尾线。

翘飞椽按翘飞椽长度杆点划出翘飞椽头、尾、母各点；按翘度杆点划出翘飞椽翘度，各点连线；翘飞椽迎头按撇向尺寸点划出撇度线；翘飞椽身上下面按扭度尺寸点划出翘飞头、母处的扭度线。

d. 翼角翘飞椽椽身绞尾线必须相互对应，不得“串线”。

e. 翼角、翘飞椽盘头线必须留存在成品椽头上，以备安装时参考。

④ 翼角翘飞椽标写编号。翼角翘飞椽要求按传统叫法在椽头迎面标写各自的位置编号。

⑤ 锯解成形、绞掌绞尾、盘（截）头擦（扫）棱、锯闸挡板口子

a. 正身椽飞、翼角、翘飞椽的加工一定要求两面跟线，锯解盘（截）头面不凸不凹，方正平直无错台。

b. 椽、飞椽头擦（扫）棱加工三面，椽头上棱不做。

c. 闸档板口子要求锯解宽、深一致，口子只锯不剔，留待安装。

（8）板、连檐、瓦口制作的操作要求

① 制作丈杆、样板

a. 利用建筑物大木面宽分丈杆来控制各开间、各位置垫板的长度尺寸。

b. 博缝板放样可根据设计图示及大木进深分丈杆所标尺寸将建筑物大木上架（纵向）剖面（可仅画出各檩的实际位置）按 1 ：1 比例弹放、过画到五、七合板或 10 ~ 20 mm 厚木板上（或按传统“三拐尺”方法直接弹放），并按图形制作出博缝板样板，同时标识编号。

c. 滴珠板的放样可根据传统规矩定尺在三、五合板上直接放样并制作成形。

d. 山花板根据大木构架实样直接定尺制作；瓦口根据屋面用瓦的实样放画样板；大小连檐

根据传统尺寸、作法直接定尺制作。

e. 博缝板样板、滴珠板、瓦口样板画好后，应及时通知相关部门检查复核、签字验收。

f. 博缝板样板、滴珠板、瓦口样板等应设专人妥善保管，可采取相应的措施来防止坏损丢失，以备在制作、安装时随时对照检验。

② 板材加工

a. 根据各种板、连檐、瓦口的规格、数量加工相应的规格用材。

b. 各种板、连檐、瓦口用材的长短在安装工序前应留出适当余量。

c. 各种板、瓦口的加工要求尺寸准确、方正平直；连檐按尺下料，坡面角度均匀一致；各种指标符合国家标准规定。

d. 加工好的各种板、连檐、瓦口材要求分类码放待用。

③ 按各丈杆、各样板弹、划线

a. 板、连檐、瓦口弹、划线宜使用墨线。

b. 根据面宽分丈杆所示各开间中 ~ 中尺寸分别减去各梁除口子外的实际厚度，点划垫板盘（截）头线。

根据样板在加工好的规格材上摹划滴珠板、博缝板……轮廓线。

根据安装位置的实际尺寸量划“山花板、走马板、围脊板、椽中板、椽椀……”。

根据屋面实际尺寸和用瓦实样计算、摹划瓦口。

根据传统规矩、作法弹划出大小连檐、里口木断面及口子锯解线。

根据传统规矩、作法在各板上划出相应的榫卯线。

c. 各板轮廓线两面对应，不得“绞线”。

d. 各板盘（截）头线应有部分留存在成品板上备查。

e. 各板应将废线及时刮去，以免造成误差。

④ 榫卯加工、锯解成形

a. 各种板榫卯的加工，要求按线在榫卯线里、线外锯解，保证榫卯不亏不撑，松紧适度。

b. 各种板的外形加工要求折线面盘（截）头面方正平直无错台；曲线面方正平顺，曲度和缓，线条流畅。

c. 标写编号。各式垫板的标识编号应写在垫板向上的小面上；博缝等板可直接写在板向外一侧的大面上。

各种木作作法详见图 2-85 ~ 图 2-95。

（a）

（b）

图 2-85　木工操作——画线、标号

图 2-86　木工操作——锛

（a）

（b）

图 2-87　木工操作——砍

（a）

（b）

图 2-88　木工操作——锯

图 2-89　木工操作——凿

（a）

（b）

图 2-90　木工操作——刨

（a）

（b）

图 2-91　木工操作——钉

（a）

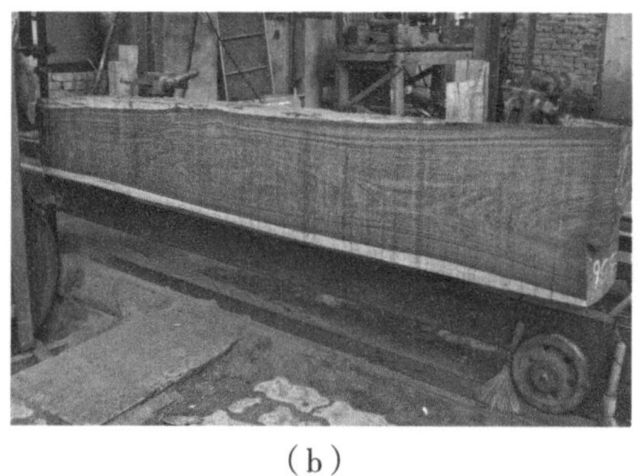
（b）

（c）

图 2-92　木工操作——大型跑车带锯开料、小型带锯加工

（a）

（b）

图 2-93　木工操作——机械旋床加工圆檩

图 2-94　木工操作——移动电刨加工规格材

图 2-95　木工操作——手提电刨加工规格材

二、立架安装

1. 大木安装的技术要求

① 大木的立架安装必须从建筑物的明间开始，按“先内后外，先下后上”的顺序进行施工。

② 遇有丁字、十字、拐角、卍字等组合形建筑物时，应从中心点或中心部分开始依次向外组装。

③ 大木构件必须按所标位置号入位安装，不得错位混装。

④ 大木立架安装必须在下架立架完成并经“核尺掩卡口、拨正吊直、支搭戗杆”工序后，方可进行上架木构件的立架安装。

⑤ 大木下架柱子安装时，柱脚十字中线对正柱顶石十字中线；拨正时，有“升（侧脚）”线的柱子依“升（侧脚）”线吊垂直、无“升（侧脚）”线的柱子依“中”线吊垂直。

⑥ 大木立架安装中，应严格控制大木构架的平面轴线、立面柱高、举架及掰升尺寸，随时校核尺寸，如有误差及时修正，避免影响下一构件的安装。

⑦ 大木立架安装，除构件老、仔角梁、由戗可辅以铁钉加固外，其余构件，除设计要求安装的加固铁件外，一律不得使用铁钉进行加固拉接。

⑧ 木构架的戗杆在支搭完后必须采用“打撞板”等方法作为技术措施，随时检查施工中戗杆是否有受撞击而造成木构架歪闪的情况，以便及时作出处理。

⑨ 大木立架安装中应特别注意不得损伤构件的榫头、角梁的檩椀等受力部位。

2. 大木安装的工序要求

运输码放──→制定整体安装顺序──→柱顶平面、标高尺寸复核──→支搭大木下架立架架子──→架子复验──→柱、枋到位──→下架安装──→尺寸校正（拨正吊直）──→背实榫卯涨眼、掩卡口──→支戗固定──→支搭大木上架立架架子──→安装位置水平、方正尺寸复验──→梁、枋、板、檩、瓜柱到位──→上架安装──→尺寸校正（拨正吊直）──→背实榫卯涨眼、掩卡口──→拉结固定──→擢檐──→钉椽望。

3. 大木安装的操作要求

（1）运输码放

① 将制作完成的大木构件分类运至安装现场。在运输当中注意成品保护，可采用木枋支顶或填充材料铺垫的措施，避免发生磕碰现象。特别要注意不得伤损柱子的榫头。

② 运至现场后的成品构件，应分类、分位置就近码放在相应部位，以方便安装。

（2）柱顶平面、标高尺寸复核

① 根据设计图纸对现场已安装完毕的柱顶石面宽、进深尺寸拉线进行核对，特别要注意的是建筑物最外圈柱子的掰升尺寸是否留出。

② 用仪器对现场已安装完毕的柱顶石进行标高的核对。

（3）支搭下架大木立架架子

① 在建筑物的每“间”内，顺建筑物纵向支搭平台架子，架子的边缘距柱子应留有一定的空间，原则上要求柱中两侧架子净空当在 1000 ~ 1500mm 左右，以方便搬运其他构件。

② 在每根柱子柱头四周的适当高度上应有架管或木枋支搭，以方便柱子的临时固定。

③ 平台架子的支搭高度应控制在：不影响檐枋（大小额枋）和随梁安装的高度；便于头层梁架安装的高度。

④ 各种架管、支撑及临时用作固定的枋子均不得影响大木构件的上下搬运和安装。

⑤ 平台架子应保证其稳定性和牢固性；除供构件上下搬运的洞口空间外，其余部分应满铺脚手板；平台架子支搭的各项技术指标应符合国家相关标准。

（4）立下架大木

① 安装工序：制定整体安装顺序──→大木立架架子复验──→柱、枋到位──→立架安装──→核尺掩“卡口”──→拨正吊直──→支搭戗杆

② 安装工艺要求

a. 制定整体安装顺序

ⅰ. 根据传统工艺顺序，建筑物的立架安装应从建筑物的明间开始。

ⅱ. 根据施工现场的实际情况及人力、运输、机械等诸因素的影响制定安装顺序，由明间向一侧或同时由明间向两侧延续安装。

b. 大木立架架子复验。在下架安装前，应对安装所用架子进行位置、高度及牢固程度的检查，合格后方可开始立架安装。

c. 柱、枋到位。将柱、枋运至相应的安装部位，以利于安装、不影响从事施工活动为宜。

d. 立架安装

ⅰ. 安装顺序：“由明向次，由内向外，先下后上”。立架安装自建筑物明间内柱（金柱、重檐金柱、里围金柱）开始，依次向前、后檐安装“外”柱；明间两柱间安装各式枋子（随梁）；安装两次、梢、尽间各柱、枋（随梁）。

ⅱ. 柱子各就各位，并用“浪荡绳”拴拢在大木立架架子上。

ⅲ. 各式枋、梁入位。

e. 核尺掩“卡口”。用建筑物面宽、进深分丈杆自明间起校核建筑物相应尺寸，如有误差，及时整修。校核无误后，柱、枋榫卯用木楔掩“卡口”。

f. 拨正吊直

ⅰ. 柱子拨正使下脚的四面中线与柱顶石上的中线相交吻合。

ⅱ. 有“升”的柱子依“升”线吊垂直，无“升”的柱子依“中”线吊垂直。

g. 支搭戗杆。在吊垂直的同时支搭柱子戗杆，横（面宽）向两柱之间支搭“龙（罗、摞）门”戗；纵（进深）向两柱之间支搭“迎门”戗；建筑物外圈柱子支搭“野”戗。

（5）支搭上架大木立架架子

① 在原平台架子上根据第二、三层梁的标高向上延续支搭上架立架架子。

② 上架立架架子的支搭高度应控制在：不影响金、脊等各枋及各檩安装的高度；便于各层梁架安装的高度。

③ 各种架管、支撑及临时用作固定的枋子均不得影响大木构件的上下搬运和安装。

④ 立架架子应保证其稳定性和牢固性；除供构件上下搬运的洞口空间外，其余部分应满铺脚手板；平台架子支搭的各项技术指标应符合国家相关标准。

（6）立上架大木

① 安装工序：安装位置水平、方正尺寸复验——►大木立架架子复验——►梁、枋、板、檩、瓜柱到位——►立架安装——►核尺吊正——►构件入位——►背实榫卯涨眼、卡口。

② 安装工艺要求

a. 安装位置水平、方正尺寸复验。安装前，应使用柱高分丈杆、进深分丈杆对已安装好柱子的柱头进行水平高程、平面尺寸的复核，尺寸无误后方可进行下一步的安装。

b. 上架大木立架架子复验。在上架安装前，要对架子的牢固程度进行检查，合格后方可开始立架安装。

c. 梁、枋、板、檩、瓜柱到位。将柱、枋、板、檩、瓜柱运至相应的安装部位，以利于安装、不影响从事施工活动为宜。

d. 立架安装。安装顺序为（以七开间七檩前后廊硬山建筑为例）：“由明向次，由内向外，先下后上”。

立架安装自建筑物明间向次、梢、尽间顺序开始，依次安装：五架梁、双步梁——►下金垫板——►校核尺寸——►下金檩——►校核尺寸——►背卡口——►三架梁、单步梁瓜柱（柁墩）——►上金檩枋——►三架梁、单步梁——►上金垫板——►上金檩——►校核尺寸——►背卡口——►角背——►脊瓜柱——►脊檩枋——►脊垫板——►校核尺寸——►脊檩——►校核尺寸——►背卡口；依次安装前后抱头梁——►檐垫板——►校核尺寸——►檐檩——►校核尺寸——►背卡口——►背涨眼。

大木安装顺序实操（以硬山七檩前后廊木构架模型，五、七檩前廊后无廊“檐平脊正”梁架及杂式六方亭木构架为例，详见图 2-96 ~ 图 2-132。

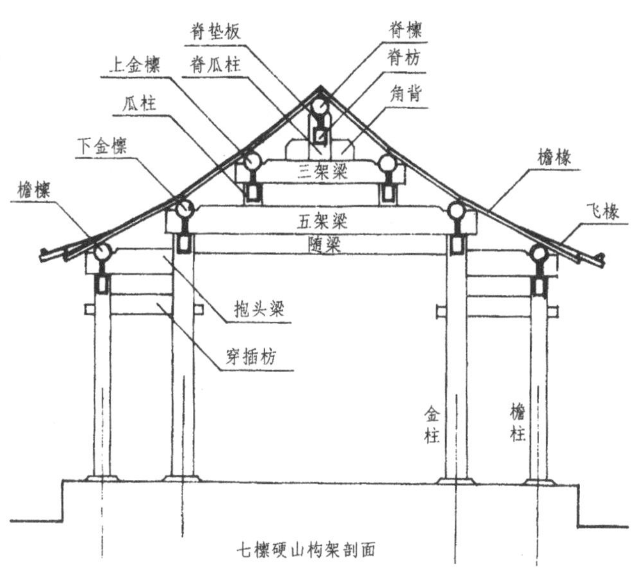

图 2-96　硬山七檩前后廊木构架

注：引自《中国古建筑木作营造技术》。

图 2-97　大木安装——构件到位

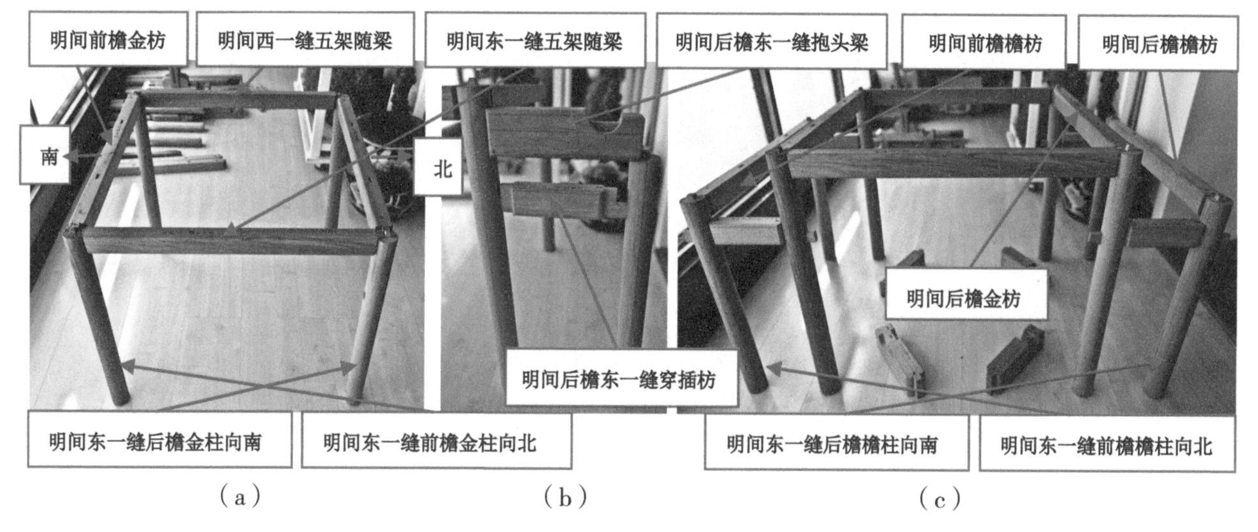

（a）　（b）　（c）

图 2-98　大木安装——下架安装："先内后外"

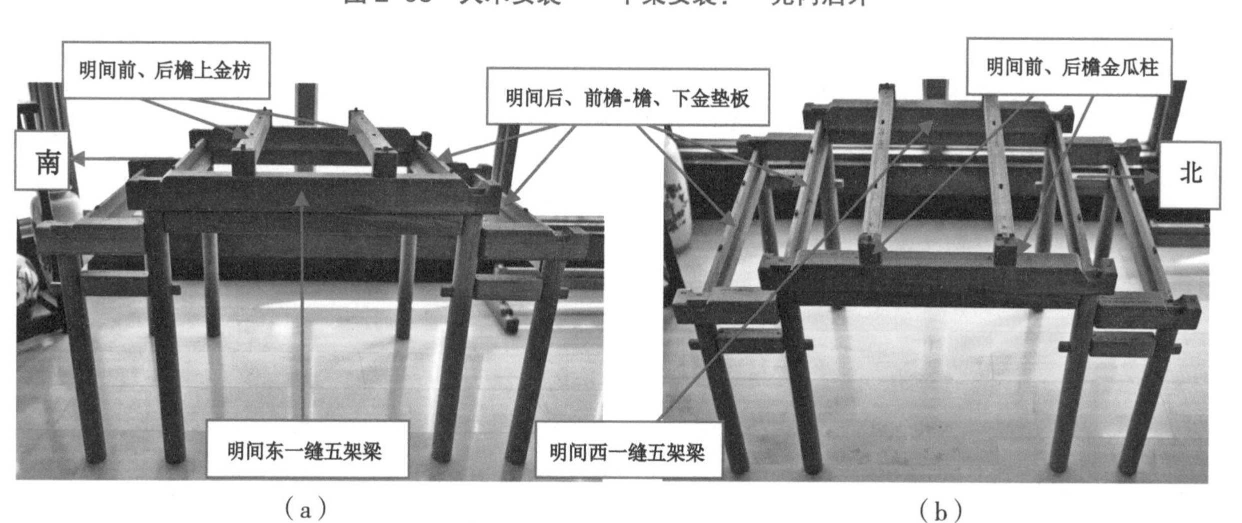

（a）　（b）

图 2-99　大木安装——上架安装："先下后上"（一）

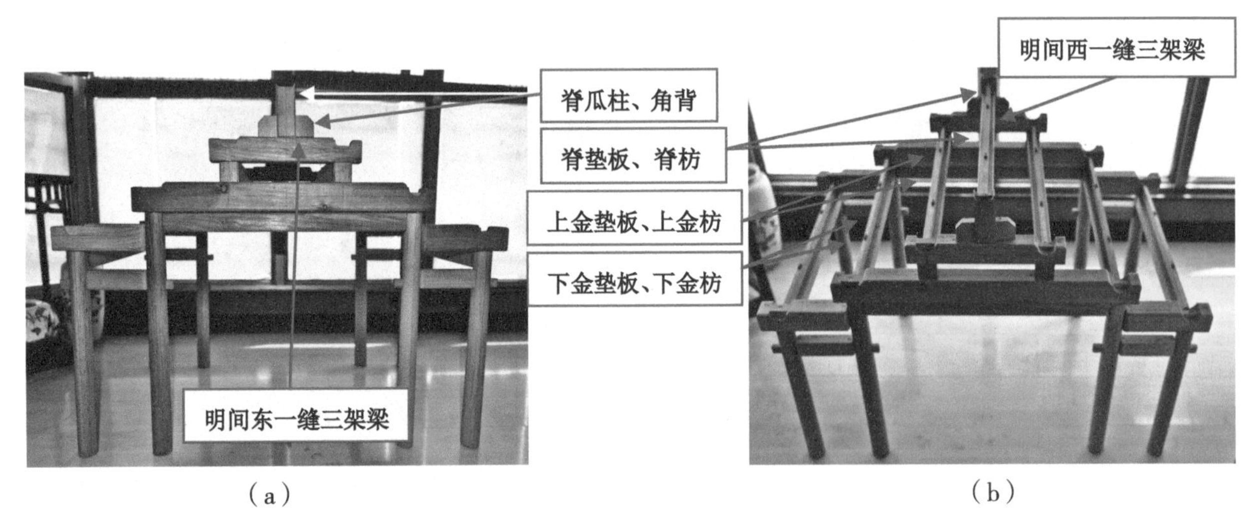

（a）　　（b）

图 2-100　大木安装——上架安装："先下后上"（二）

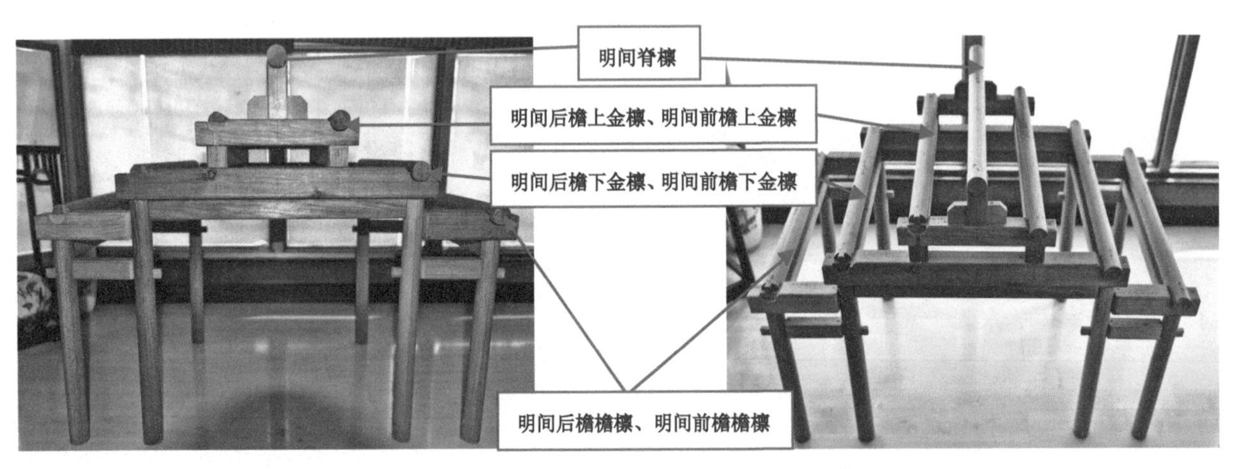

图 2-101　大木安装——上架安装："先下后上"（三）

（a）　　（b）

图 2-102　大木安装——上架安装："先下后上"（四）

图 2-103　大木安装——龙（摞、罗）门戗

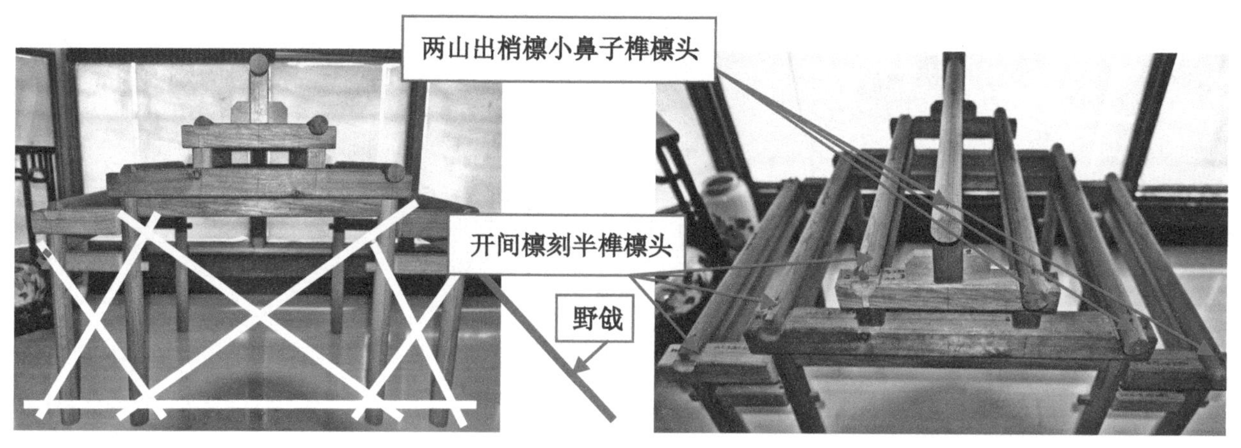

图 2-104　大木安装——迎门戗、野戗

图 2-105　大木安装——不同的檩端头作法

七檩前廊后无廊“檐平脊正”梁架安装演示

图 2-106　大木立架——成品到场

图 2-107　大木立架——支搭立架架子

（a）

（b）

图 2-108　大木立架——下架安装

（a）

（b）

图 2-109　大木立架——下架安装“檐、金柱，檐、金枋、穿插枋”

（a）

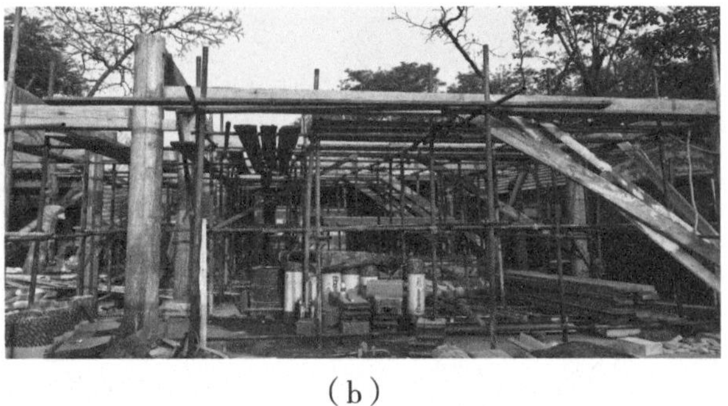

（b）

图 2-110　大木立架——下架安装“檐、金柱，檐、金枋、穿插枋、随梁”

图 2-111　大木立架——下架安装“后檐柱”

图 2-112　大木立架——下架安装“随梁”

图 2-113　大木立架——上架吊装“四架接尾梁”

图 2-114　大木立架——上架安装“六架接尾梁”

图 2-115　大木立架——上架安装“四架接尾梁”

图 2-116　大木立架——上架安装“脊瓜柱”

（a）

（b）

图 2-117　大木立架——上架“脊檩”安装

（a）

（b）

图 2-118　大木立架——上梁

（a）

（b）

（c）

图 2-119　大木立架——“大木不离中”与“线线相接”

（a）

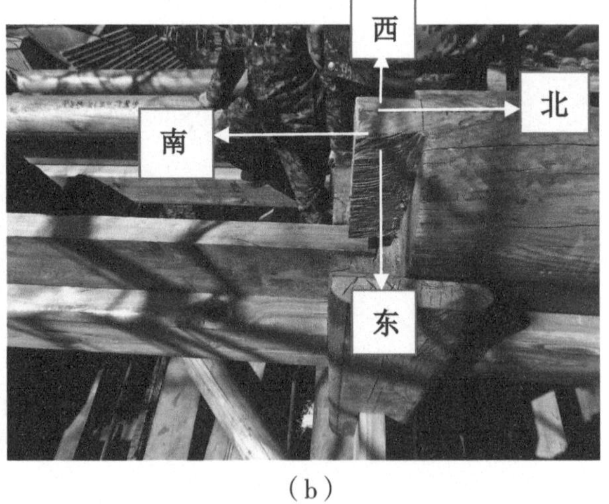

（b）

图 2-120　大木立架——“晒公不晒母”

图 2-121　大木立架——龙（摞、罗）门戗

图 2-122　大木立架——迎门戗

图 2-123　五檩前廊后无廊“檐平脊正”梁架

图 2-124　七檩前廊后无廊“檐平脊正”梁架

图 2-125　木基层安装——派点“椽花”

图 2-126　木基层安装——钉“檐椽”

图 2-127　木基层安装——钉“檐椽”

图 2-128　木基层安装——钉“脑椽、哑巴椽”

图 2-129　木基层安装——钉圆檐椽“椽椀”

图 2-130　木基层安装——大连檐“对接”

图 2-131　木基层安装——飞椽剔“闸档板”口子

图 2-132　木基层安装——铺钉望板“窜档”

杂式六方“半亭”梁架安装如图 2-133 ~ 图 2-146 所示。

（a）

（b）

图 2-133　杂式六方亭立架安装——构件加工

（a）

（b）

（c）

图 2-134　杂式六方亭——上架试装

图 2-135　杂式六方亭——木基层安装

图 2-136　杂式六方亭——翼角、翘飞安装

图 2-137　杂式六方亭——木作试装完工

图 2-138　杂式六方亭——构件启运

图 2-139　杂式六方亭——下架立柱

图 2-140　杂式六方亭——下架檐枋安装

图 2-141　杂式六方亭——上架角云、檐檩安装

图 2-142　杂式六方亭——趴梁、金檩、角梁安装

图 2-143　杂式六方亭——由戗、雷公柱安装

（a）　（b）

（c）　（d）

图 2-144　杂式六方亭——木基层安装

图 2-145　杂式六方亭——铜匾安装

图 2-146　杂式六方亭

七水、八木、十二种椽子

在本节开篇处曾提到古建有“七水、八木、九把尺”之说，“九把尺”在前面讲了，这里介绍一下“七水、八木”，还有木作中的“十二种椽子”。

1. 七水

七水指披水、散水、砸水、泛水、出水、回水、吃水。这属于瓦作知识，本书不作详解。

2. 八木

八木指过木、替木、枕头木、撑头木、菱角木（小型雀替，屏门上用）、踏脚木、沿边木、扶脊木，详见图 2-147 ~ 图 2-155。

3. 十二种椽子

十二种椽子指檐椽、花架椽、脑椽、飞椽、翼角椽、翘飞椽、罗锅椽、蜈蚣椽、板椽、哑巴椽、边椽、牛耳椽（还有一种椽子叫软椽子，是在钉脑椽之前固定脊瓜柱用的，现多不用了，故未列入椽子种类中），详见图 2-156 ~ 图 2-164。

（a） （b） （c） （d）

图 2-147 “八木”——扶脊木

（a）　（b）

图 2-148　“八木”——踏脚木

（a）　（b）

图 2-149　“八木”——替木

（a）　（b）

图 2-150　“八木”——枕头木

图 2-151　“八木”——沿边木

图 2-152　“八木”——过木

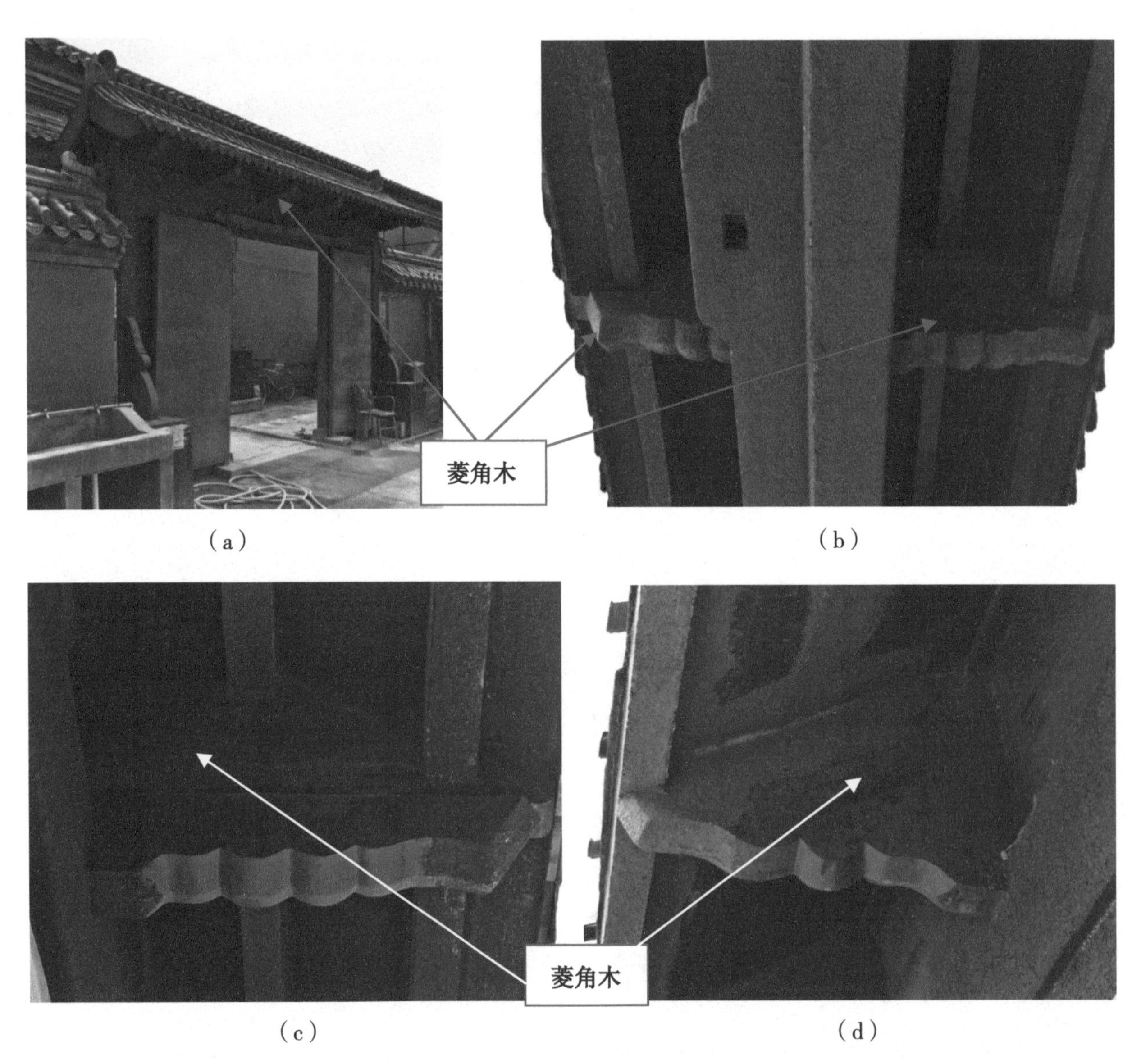

图 2-153 “八木”——菱角木

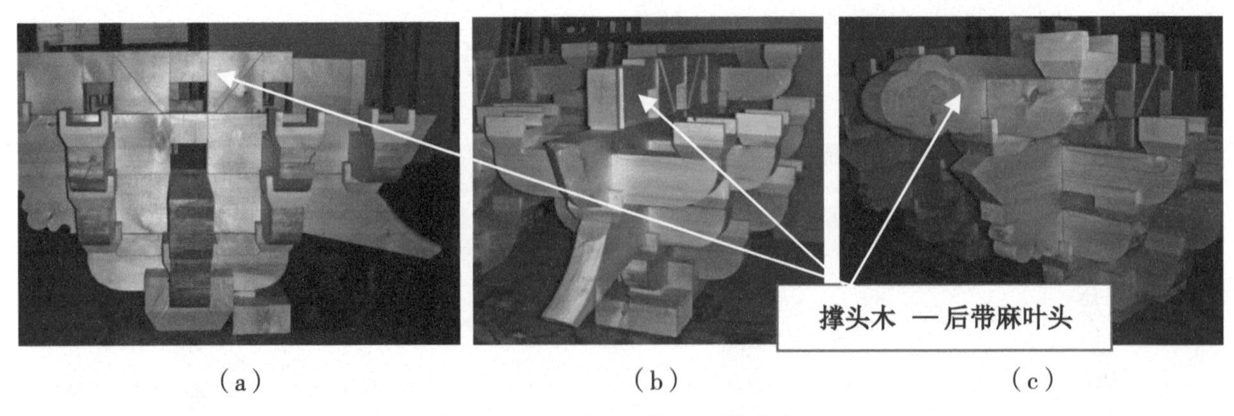

图 2-154 “八木”——撑头木

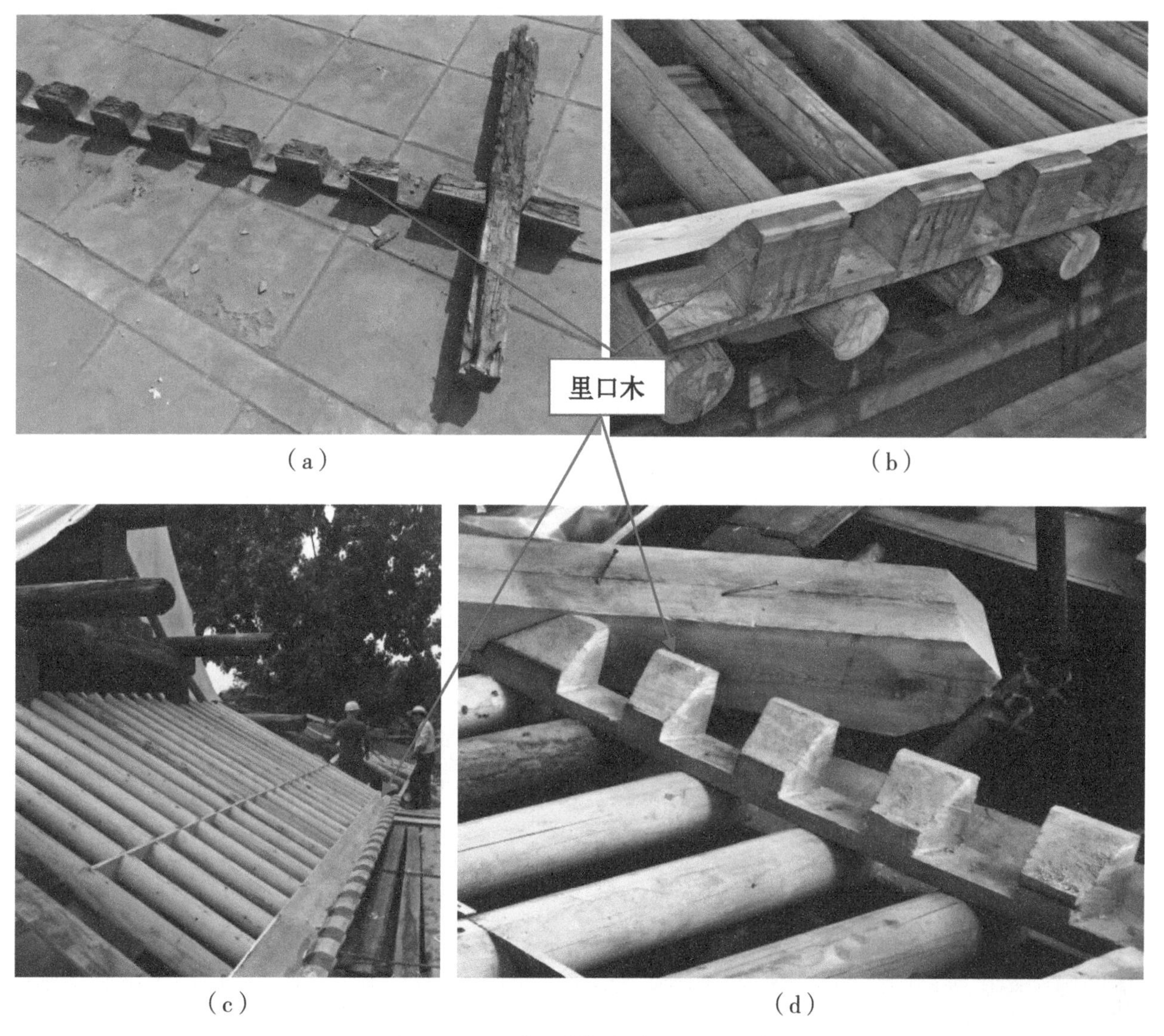

（a）　（b）

（c）　（d）

图 2-155　“八木”之外——里口木

（a）　（b）

图 2-156　“十二种椽子”——飞、檐、花架、脑、哑巴椽

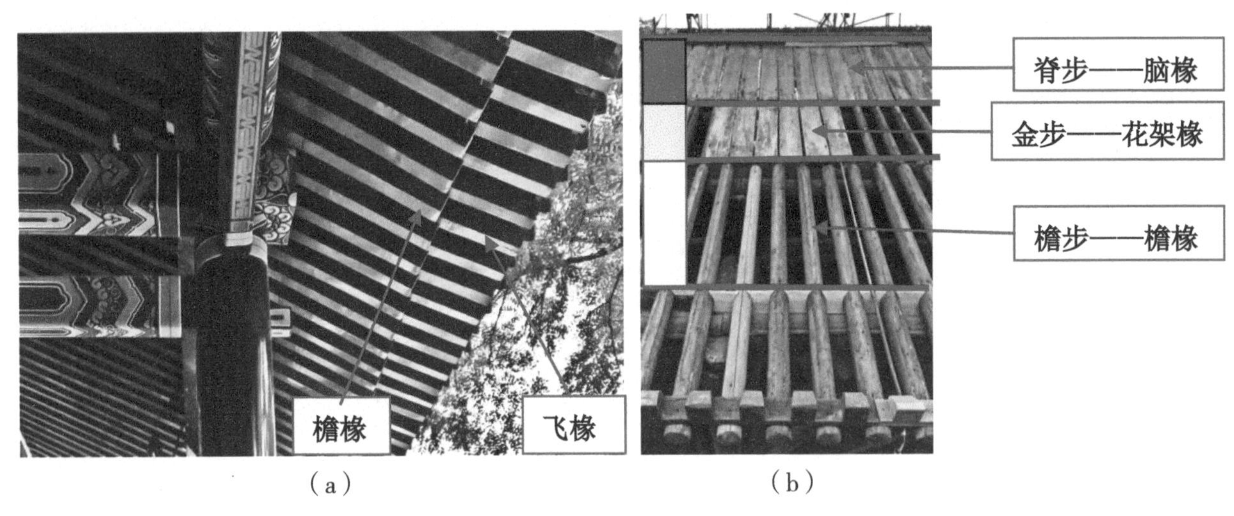

（a）（b）

图 2-157 “十二种椽子”——飞、檐、花架椽

（a）（b）

图 2-158 “十二种椽子”——蜈蚣椽

（a）（b）

图 2-159 “十二种椽子”——翘飞、翼角椽

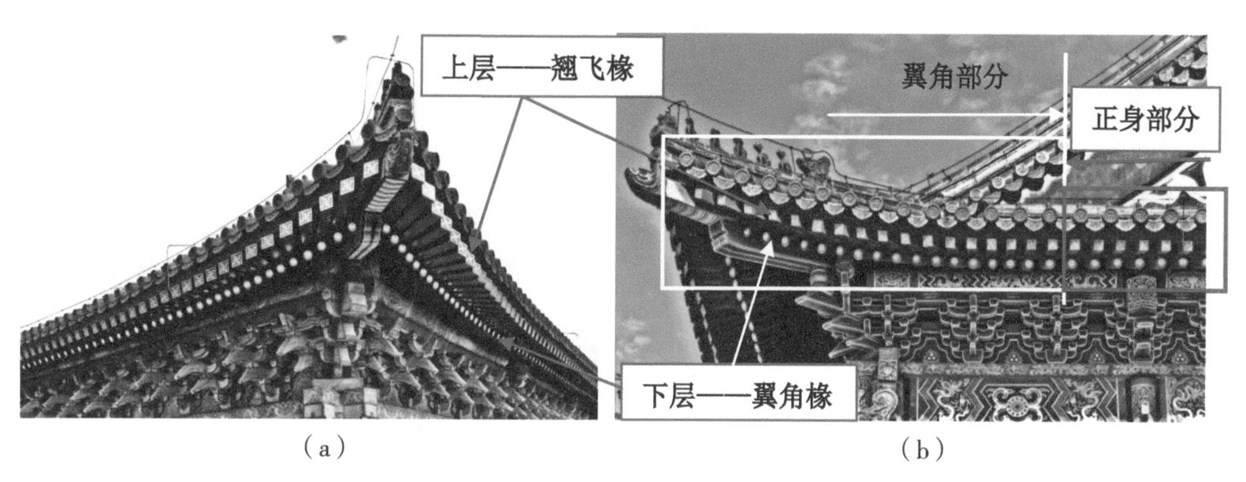

（a）　　（b）

图 2-160　“十二种椽子”——翘飞、翼角椽

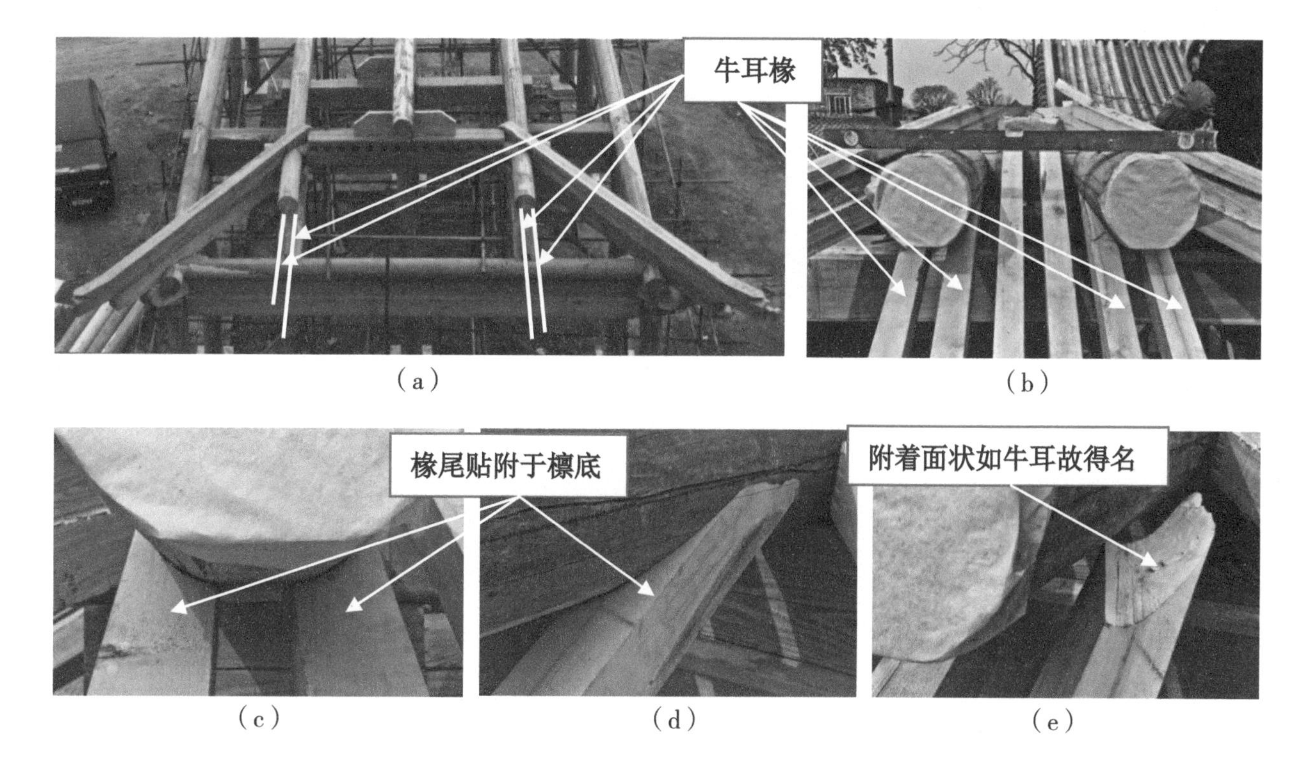

（a）　　（b）

（c）　　（d）　　（e）

图 2-161　“十二种椽子”——牛耳椽

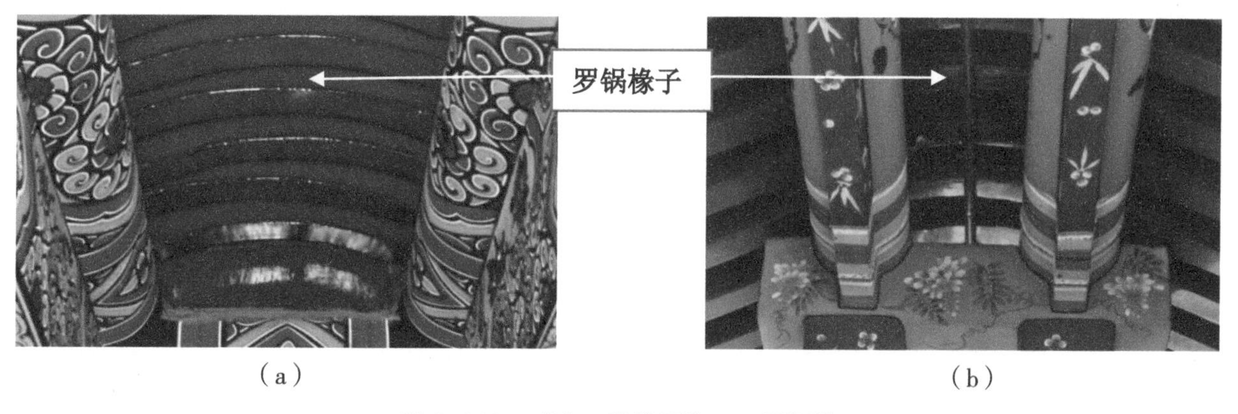

（a）　　（b）

图 2-162　“十二种椽子”——罗锅椽

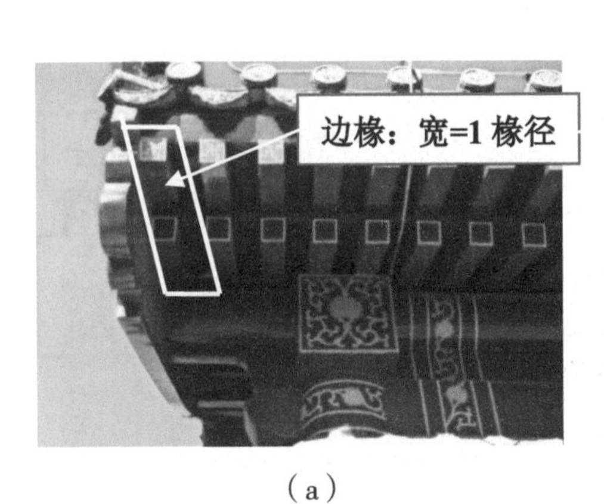

(a)

(b)

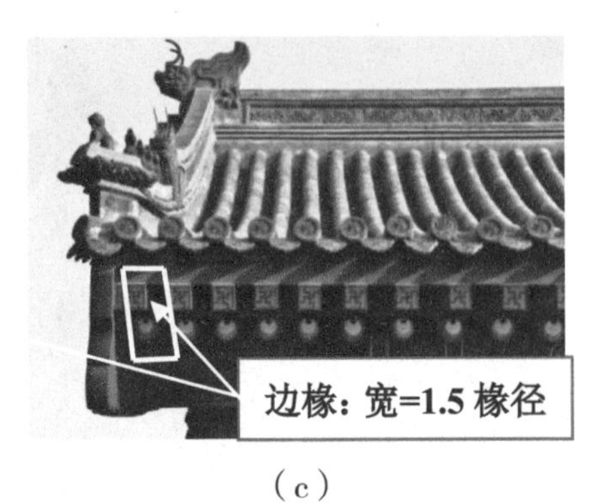

(c)

图 2-163 “十二种椽子”——边椽

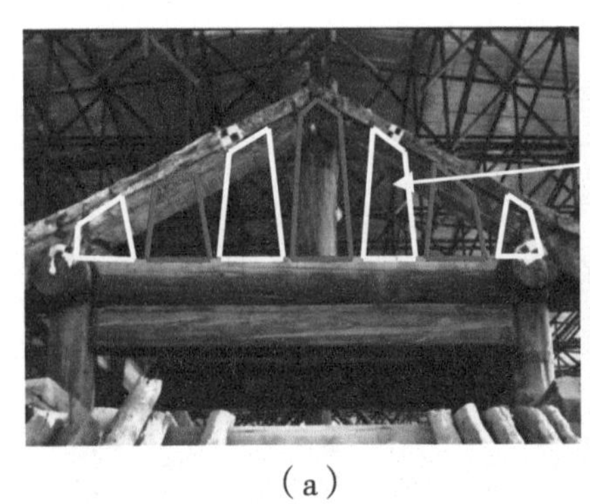

(a)

(b)

(c)

图 2-164 “十二种椽子”——板椽

第三章

中国传统木构建筑斗栱的基础知识

在中国传统木材建筑中斗栱自成体系，与它相关的制作、安装等活动都被归纳进“作”的范围，称“斗栱作”。本章以北京地区清官式建筑为例。

第一节　斗栱的起源

斗栱（汉称：欂栌）在汉代（公元前 206 年 ~ 公元后 220 年）已具雏形，虽无实物留存，但在保存下来的汉代石刻像中可以见到，见图 3-1 ~ 图 3-4。

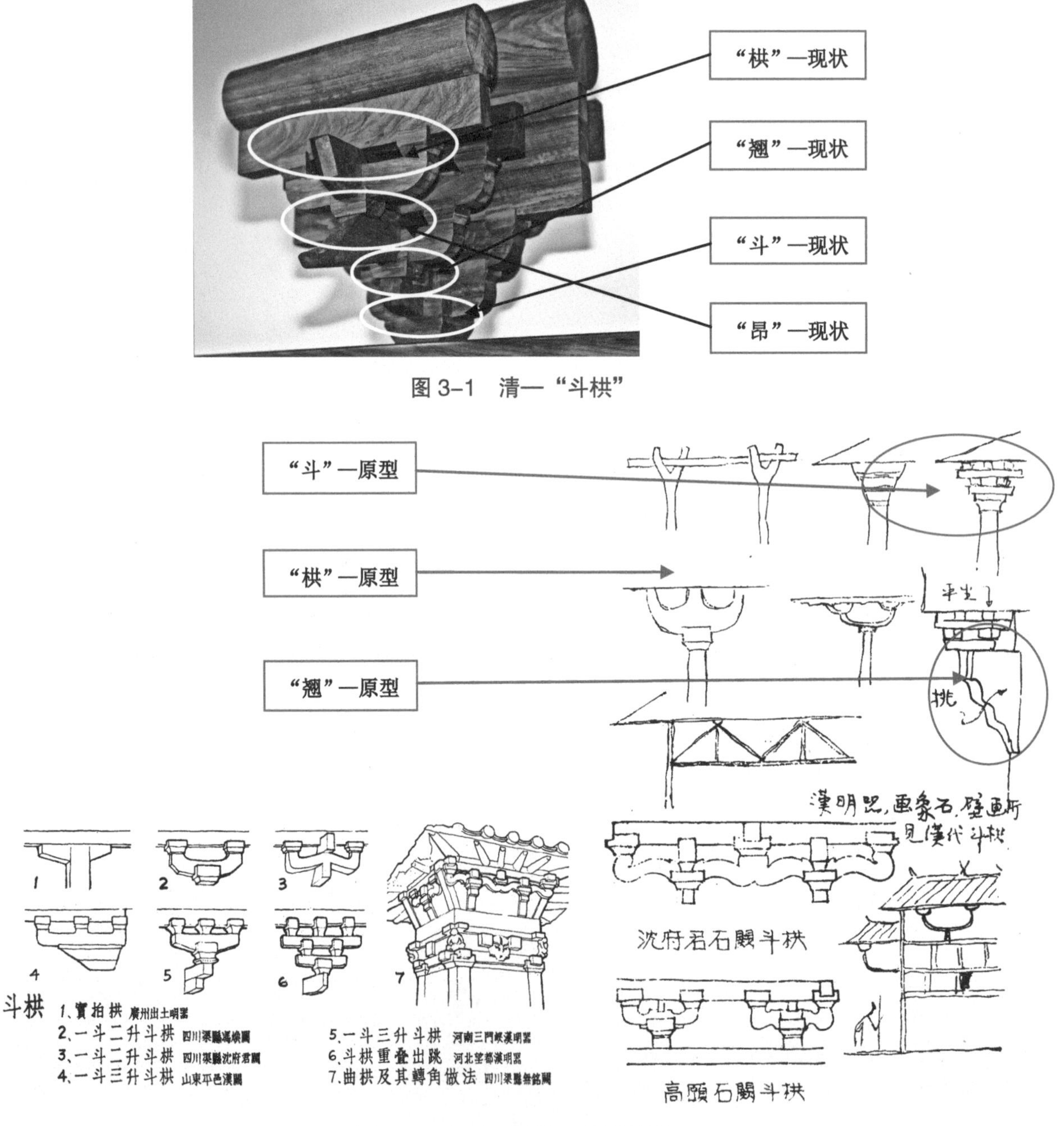

图 3-1　清一“斗栱”

图 3-2　汉代石刻像上斗栱的原型

注：引自《中国建筑类型及结构》、《中国古代建筑史》。

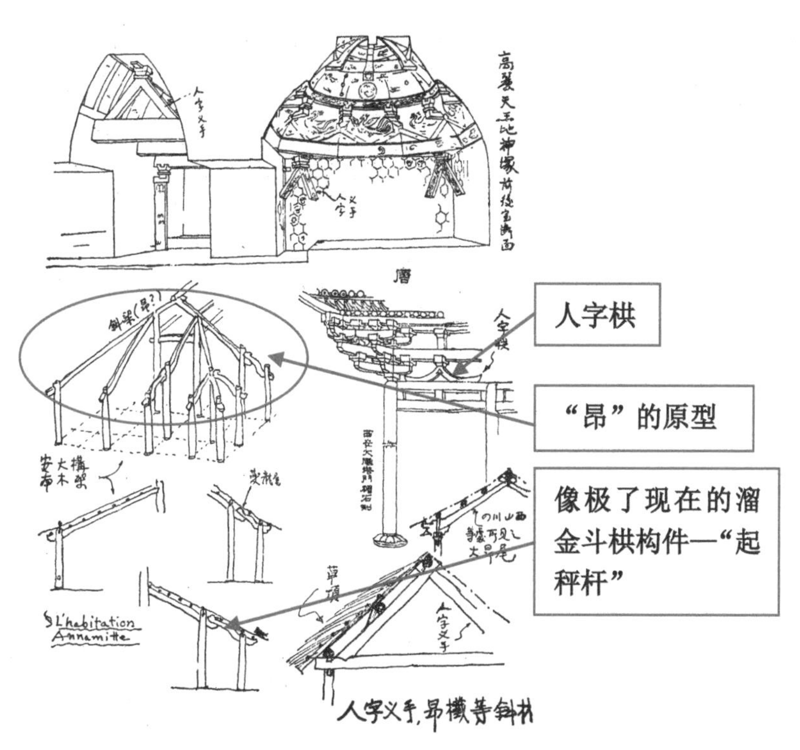

图 3-3 斗栱的原型

注：引自《中国建筑类型及结构》。

从以上图中我们可以看出，“斗”（汉称：栌）的原型是一块块垫木叠落在一起，自下而上由小渐大；“栱”［汉：直栱称欂（音：bo）；曲栱称栾］的原型是树杈、替木；而“昂”等悬挑出檐屋面的构件原型则是直通屋脊的斜梁（椽）或称之为大叉手屋架。（“昂”的解释源自于刘致平著《中国建筑类型及结构》，《中国古代建筑技术史》中对此持不同见解，本书不做探讨。）

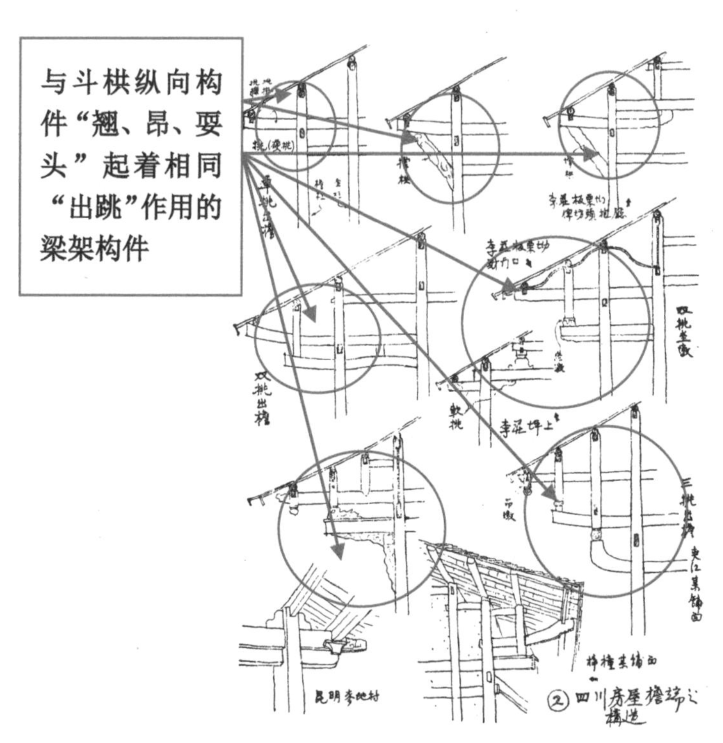

图 3-4 斗栱与梁架

注：引自《中国建筑类型及结构》。

通过这些的图我们能大致地梳理出这样一个脉络：柱、枋上的垫木进化为现今的斗、升；树杈、替木进化为现今的栱、枋；而斜梁（椽）等则进化为现今的昂；至于斗栱其他的纵向构件，如“翘”（宋称：华栱）等构件则与图 3-4 中的撑栱、软、硬挑异曲同工。在这些图中我们也能清楚地体会出斗栱最重要的“出跳”功能。

第二节　斗栱的发展与演变

在讲下面内容前，我们先从图 3-5 和图 3-6 中简单认识一下“斗栱”，还有所涉及的一些简单术语。

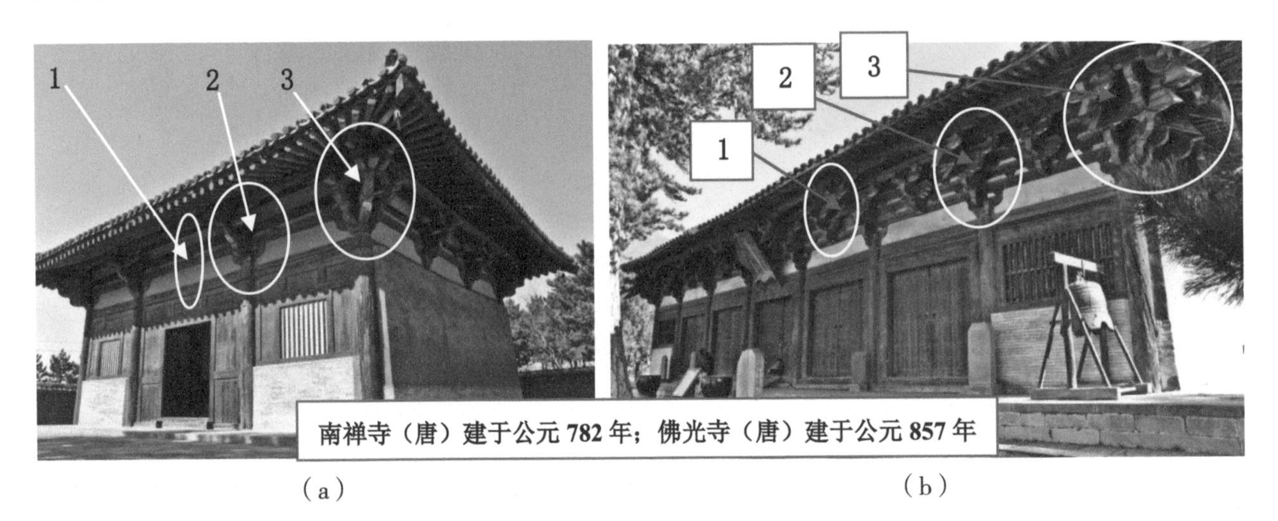

（a）　　（b）

图 3-5　斗栱——科属位置、名称（一）

1—补间铺作；2—柱头铺作；3—转角铺作

注：宋《营造法式》的叫法。

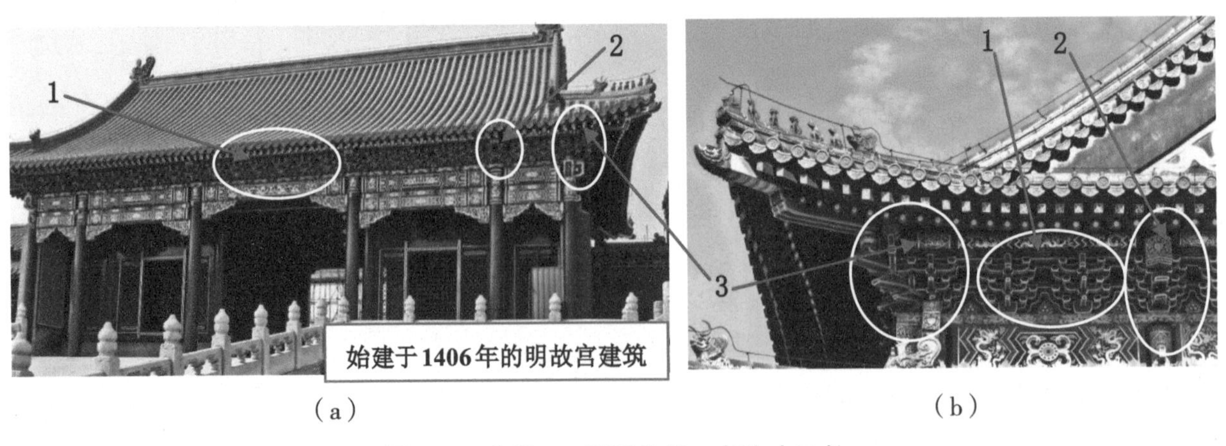

（a）　　（b）

图 3-6　斗栱——科属位置、名称（二）

1—平身科；2—柱头科；3—角科

注：清《工程做法》的叫法。

斗栱自汉代成型以来，历经三国、晋、南北朝、隋、唐、五代十国、宋、辽、金、元、明、清各朝计2000余年，在这漫长的过程中，斗栱由“唐”的雄伟简练到“宋、辽、金、元”的繁华富丽，到了“明清”，斗栱则变得愈加装饰化了，除去柱头和角科斗栱还具备一些结构功能外，数量明显增多的平身科斗栱的结构功能几近于无。

下面通过各朝代典型建筑实景照片的展示和分析，介绍一下“斗栱”的发展和演变（详见图3–7 ~图3–27），同时，我们试着从几个重点方面对斗栱的发展和演变进行总结。

① 斗栱的补间铺作由唐代南禅寺不出跺的“隐刻—影栱”装饰构件逐渐发展为清代出跺构件，做工由简渐繁。

② 斗栱的补间铺作由唐代佛光寺的纵向“出跺”构件与柱头铺作、转角铺作的纵向“出跺”构件厚度相同逐渐发展为清代纵向“出跺”构件的厚度减薄为柱头铺作、转角铺作的1/2 ~ 2/3，显见补间斗栱的受力在向柱头、转角铺作转移。

③ 斗栱的补间铺作由唐代南禅寺的明间“配置一朵”逐渐发展为清代明间配置“双、四、六、八攒……”，造型更为华丽繁复，装饰效果更为显著。

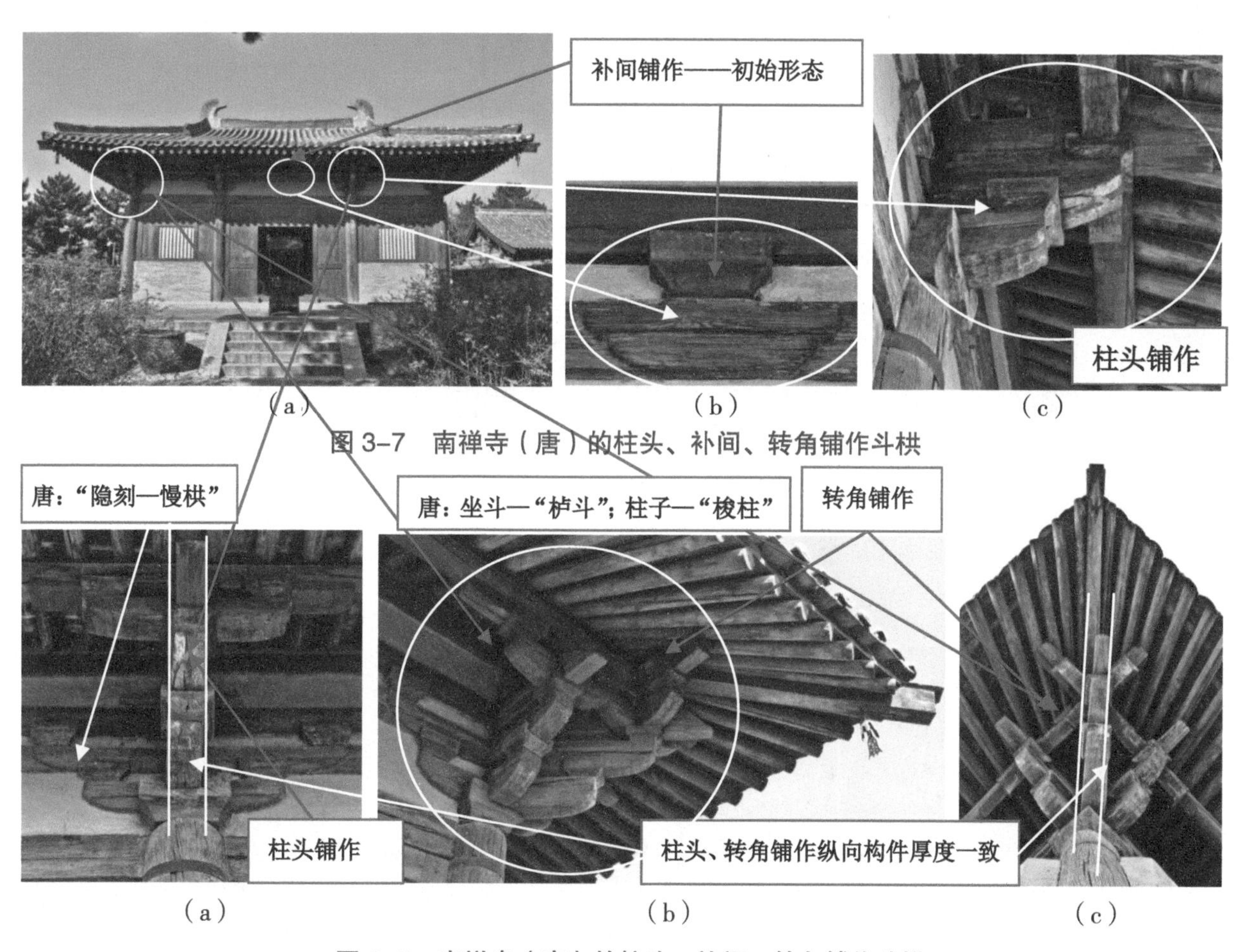

图3–7　南禅寺（唐）的柱头、补间、转角铺作斗栱

图3–8　南禅寺（唐）的柱头、补间、转角铺作斗栱

唐代斗栱以“影栱、人字栱、蜀柱”构成的补间铺作，不出跳，完全依靠柱头铺作、转角铺作支撑出跳屋檐；后，补间铺作逐渐开始出跳，虽不及柱头、转角铺作作用显著，也能起到辅助的功效。

（a）　　　　　　　　　　　　（b）

图 3-9　仿唐建筑补间铺作“蜀柱、人字栱”

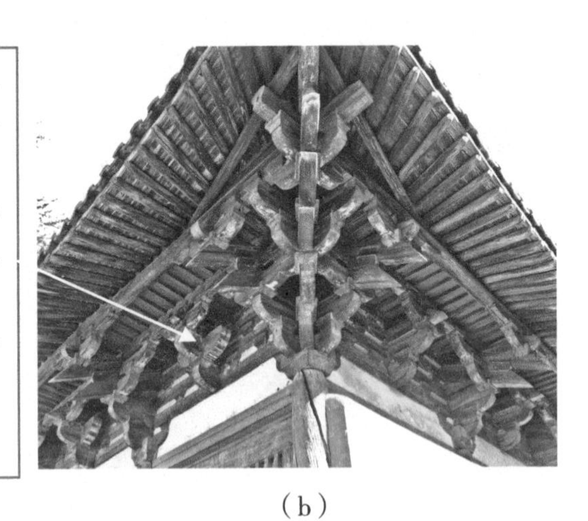

（a）　　　　　　　　　　　　（b）

图 3-10　佛光寺（唐）的柱头、补间铺作斗栱对比（一）

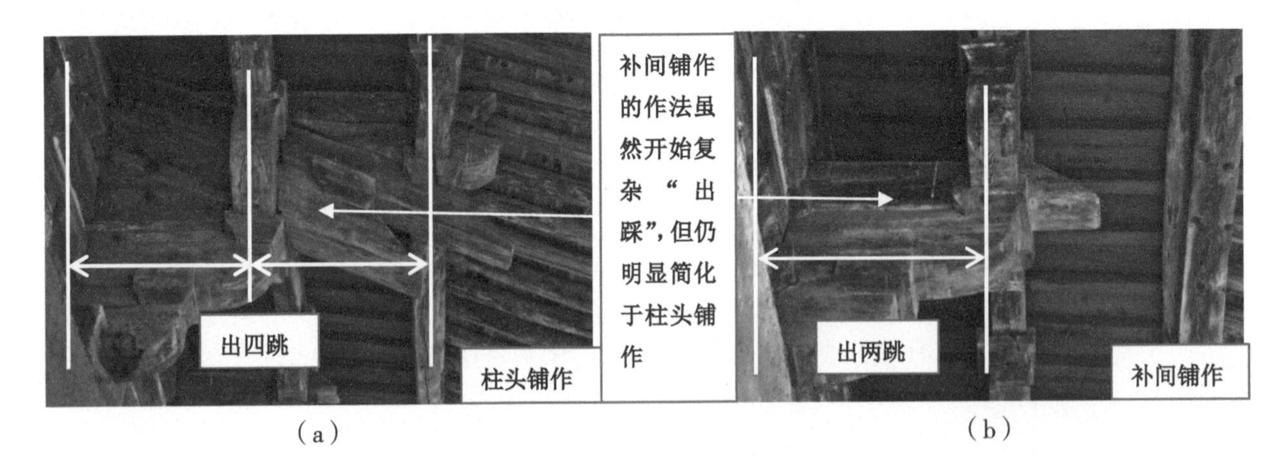

（a）　　　　　　　　　　　　（b）

图 3-11　佛光寺（唐）的柱头、补间铺作斗栱对比（二）

宋、辽、金代斗栱补间铺作出跳构件的尺寸、作法和柱头、转角铺作基本一致，能与柱头、转角铺作共同支撑出跳屋檐；开始出现“斜栱”这种繁杂、华丽作法的斗栱。

（a）　　　　（b）

图 3-12　晋祠圣母殿（宋）的柱头、补间、转角铺作斗栱

（a）　　　　（b）　　　　（c）

图 3-13　晋祠圣母殿（宋）的柱头、补间铺作斗栱

（a）　　　　（b）

图 3-14　晋祠圣母殿（宋）的转角铺作斗栱

图 3-15　朔州崇福寺观音殿（金）的柱头、转角、补间铺作斗栱

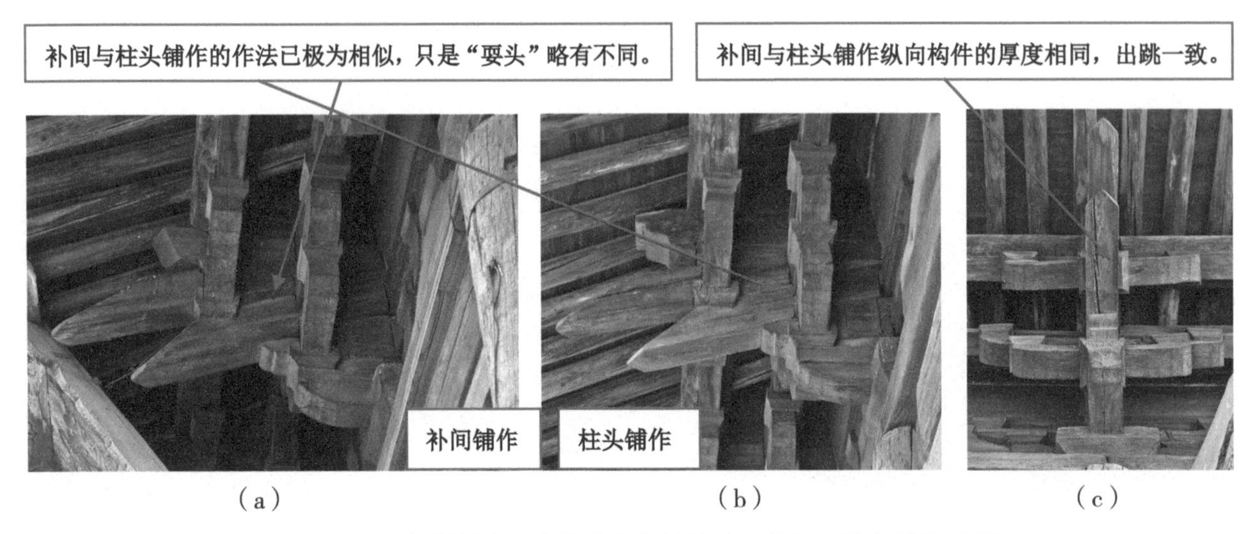

图 3-16　朔州崇福寺观音殿（金）的柱头、补间、转角铺作斗栱

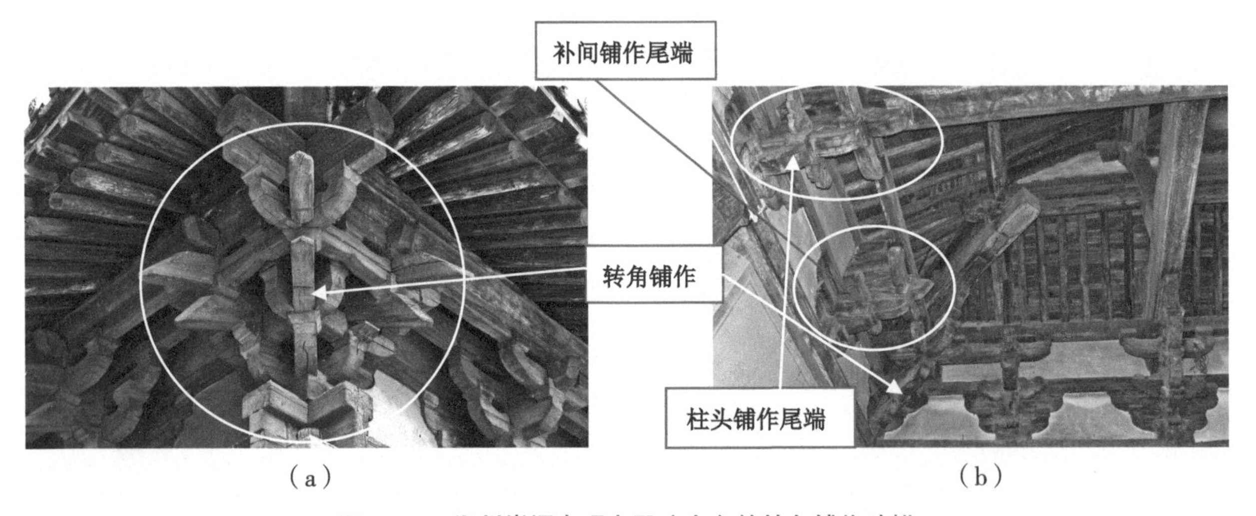

图 3-17　朔州崇福寺观音殿（金）的转角铺作斗栱

元代斗栱补间铺作的分布数量上有了增加，开始由疏朗往繁密转化；各铺作斗栱的雕饰及造型更为精美；辽代兴起的斜栱技术被发挥到了极致；在曲阳北岳庙德宁殿（元）柱头铺作中，开始出现纵向出跳构件“梁头”厚度不一的现象，但补间铺作纵向出跳构件的厚度仍与柱头、转角铺作的厚度一致。

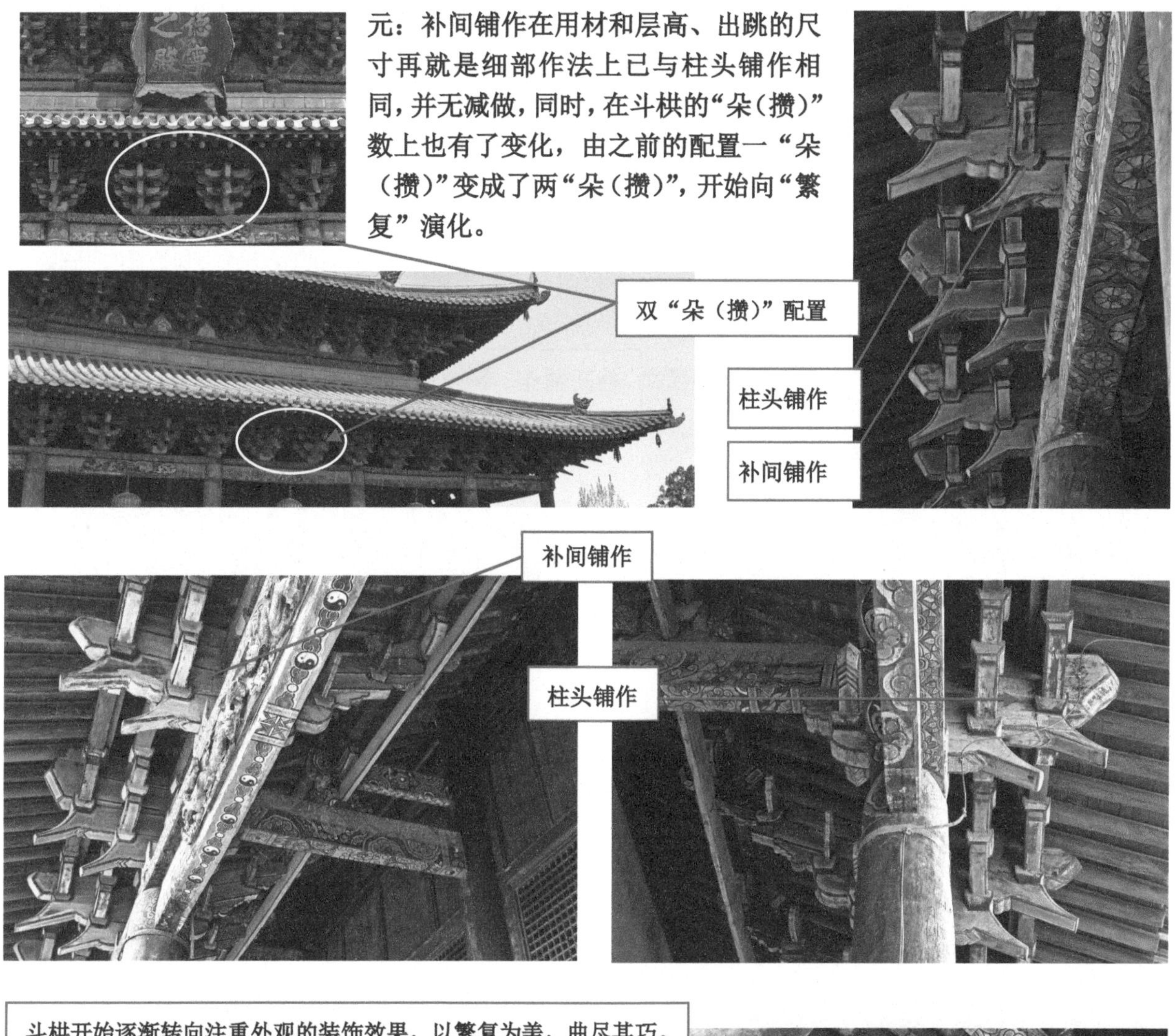

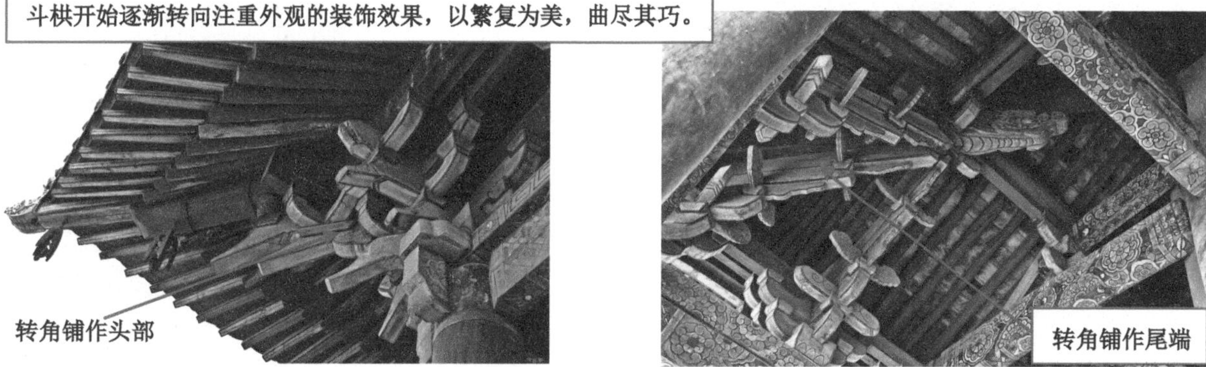

图 3–18　曲阳北岳庙德宁殿（元）的补间、柱头、转角铺作斗栱

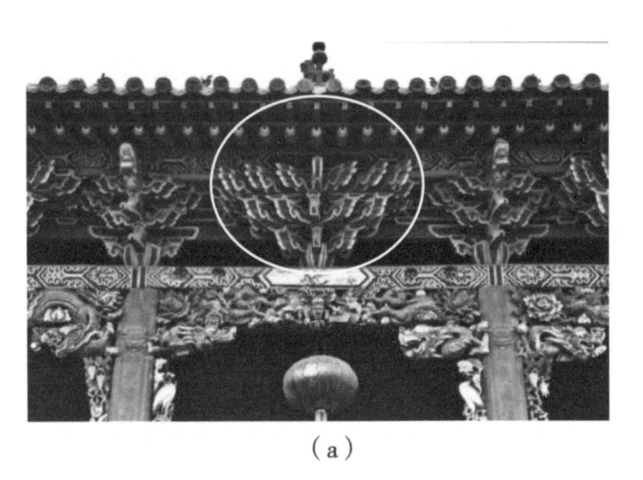
（a）

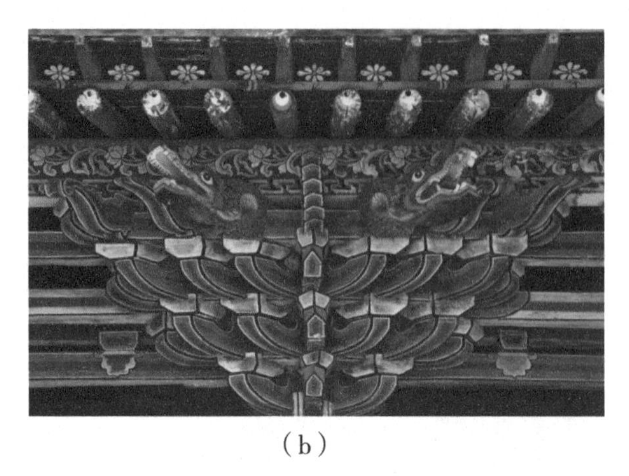
（b）

图 3-19　元～清代时期山西潞安府城隍庙、高平定林寺补间铺作——斜栱

注：辽、金、元代，山西“斗栱”的作法愈加复杂，创出了“斜栱”这种装饰效果极强、极为华丽繁复的斗栱。

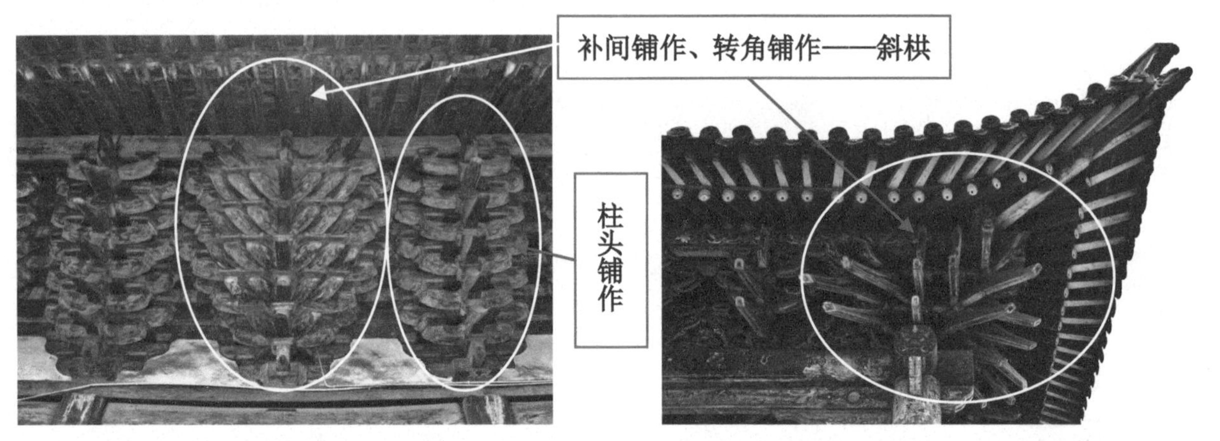

图 3-20　晋城玉皇观（元）斜栱

图 3-21　山西潞安府城隍庙转角铺作

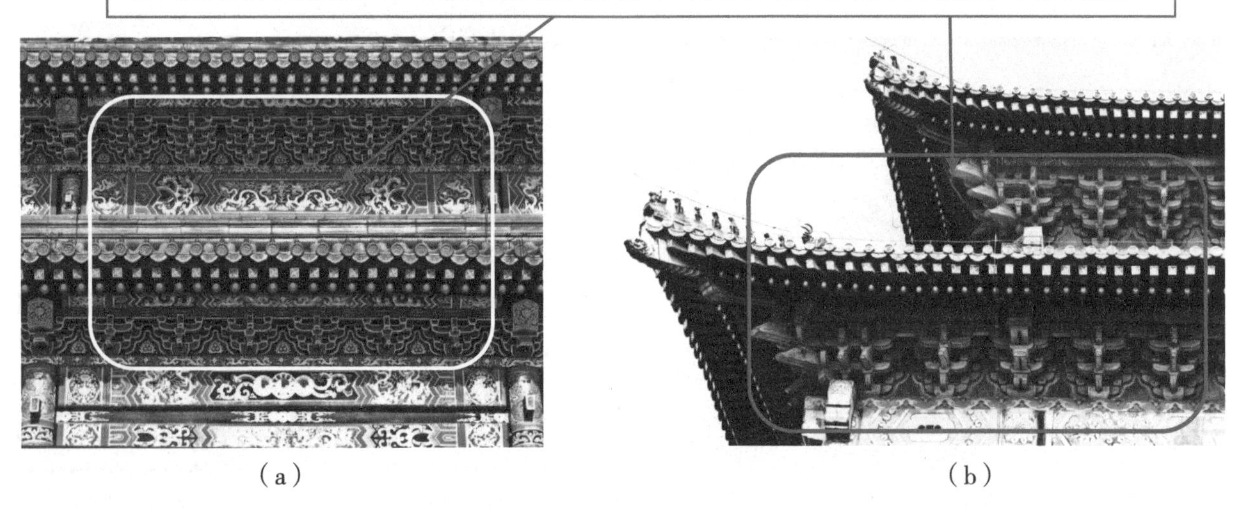

（a）　（b）

图 3-22　斗栱的演变——明、清平身科（补间铺作）、柱头科（柱头铺作）、角科斗栱（转角铺作）

明、清平身科（补间铺作）斗栱的装饰功能被进一步确立，攒（朵）数增加，变得更为繁密；纵向出跳构件的厚度减薄至柱头科（柱头铺作）、角科（转角铺作）相同构件的 1/2 ~ 2/3；甚至在明、清两代的斗栱中，也有着结构向装饰转化的明显倾向：笔者在 1989 年测绘“历代帝王庙——景德崇圣殿（始建于明嘉靖十年 ~ 1513 年）”时，就曾实测到景德崇圣殿下檐溜金斗栱与清式溜金斗栱明显的不同（详见图 3-26），尤其是上檐斗栱，虽然后尾为了与天花交圈，改做了斗栱的后尾，但为了保证其的结构功能仍保留了前朝斗栱中受力最直接的构件——“起秤杆”（详见图 3-27），这就与清代斗栱纯为了追求“整齐划一”的装饰效果而改变了原“起秤杆”的结构作法，有了较为明显的区别了。

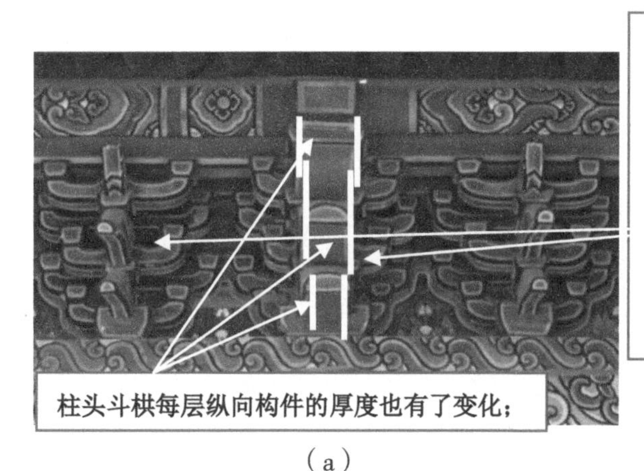

（a）

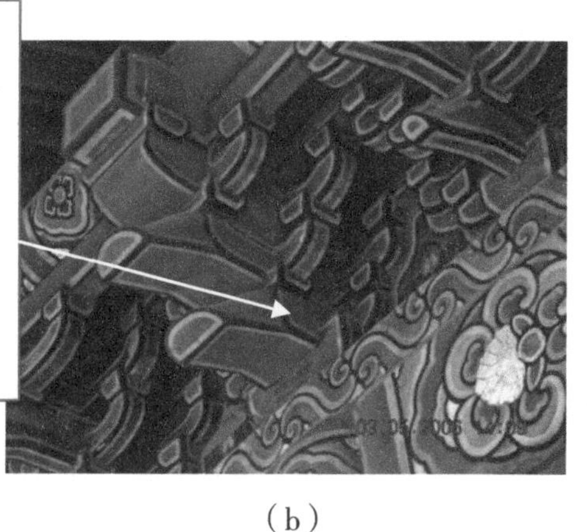

（b）

图 3-23　斗栱的演变（一）

注：各科属斗栱纵向构件的厚度开始有了变化；同科属斗栱纵向构件每层的厚度也有了变化。

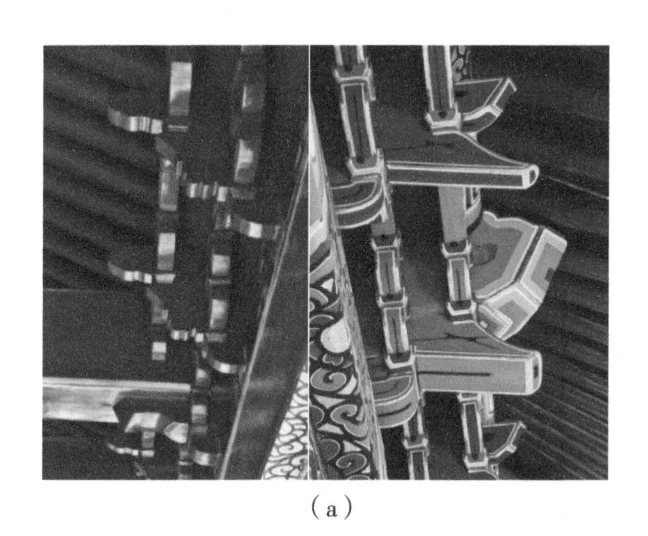

（a）

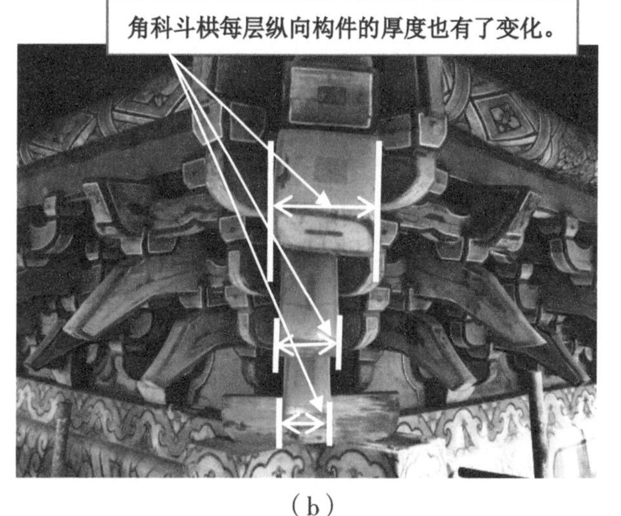

（b）

图 3-24　斗栱的演变（二）

注：各科属斗栱纵向构件的厚度开始有了变化；同科属斗栱每层纵向构件的厚度也有了变化。

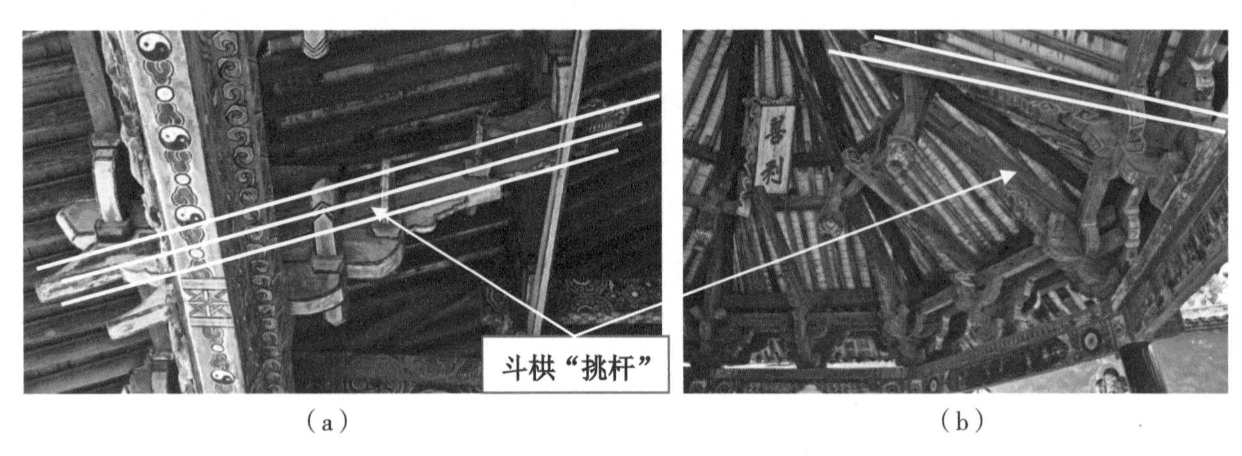

图 3-25　斗栱的演变——宋：补间铺作“挑杆”

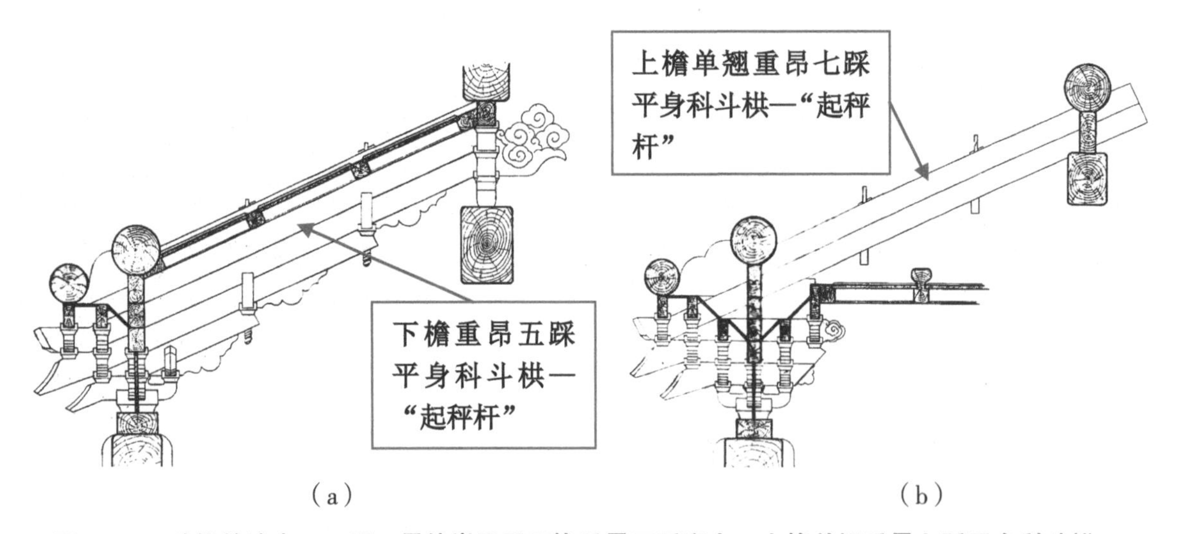

图 3-26　斗栱的演变——明：景德崇圣殿下檐重昂五踩溜金、上檐单翘重昂七踩平身科斗栱

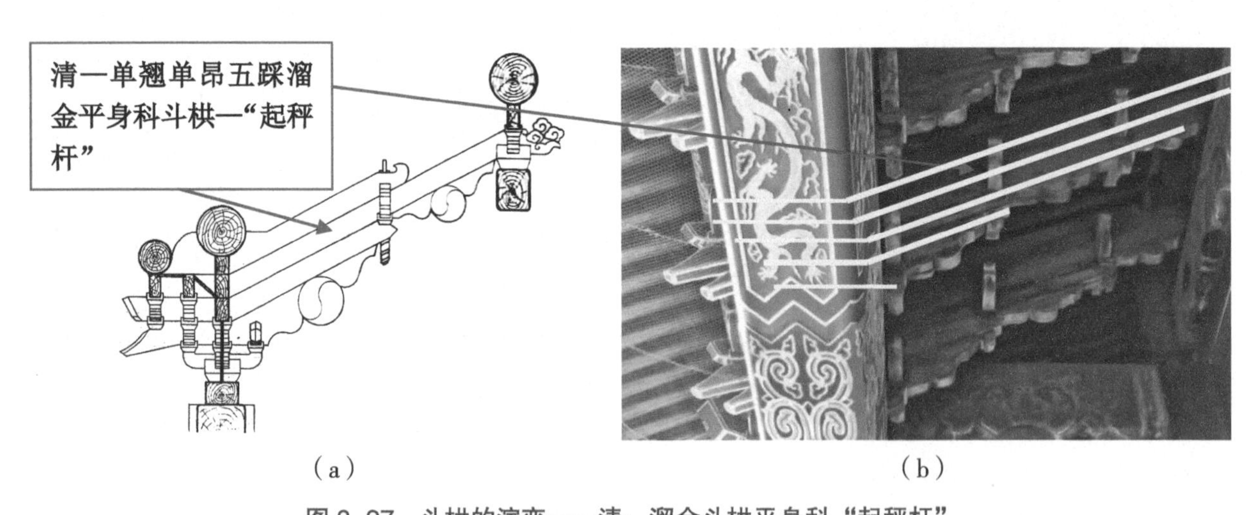

图 3-27　斗栱的演变——清：溜金斗栱平身科“起秤杆”

从以上图片的展示和分析中我们可以看出，建筑外檐不同科属的斗栱从唐代到清代演变的大致过程，而且在这个过程中变化最大的是“补间铺作”，也就是后来的“平身科”。

下面我们从几个方面把“补间铺作”演化到“平身科”的过程进行总结。

①“补间铺作”由唐代不出踩的“隐刻影栱、人字栱、蜀柱”装饰构件逐渐发展为出踩结构构件，分件配置与作法由简渐繁，直至与“柱头铺作”相当；此时的“补间铺作”，具备结构功能，与“柱头铺作”共同支撑出挑屋檐。

②“补间铺作”由唐代纵向“出踩”构件与柱头铺作、转角铺作的纵向“出踩”构件厚度相同逐渐发展为清“平身科”纵向“出踩”构件的厚度减薄为柱头科、角科的 1/2 ~ 2/3，显见平身科斗栱的受力在向柱头、角科斗栱转移，特别是构件“挑杆”演化为“起秤杆”的功能性变化，更显示出唐“补间铺作”注重结构向清“平身科”注重装饰的转化。

③“补间铺作”由唐代明间“配置一朵”逐渐发展为清代明间配置“双、四、六、八……攒”；还有，在其间出现的“斜栱”，使得“补间铺作”的造型更为华丽繁复，装饰效果更为显著。

通过以上总结我们能得出这样一个结论：斗栱是一个既有结构功能又有装饰功能的构件；唐宋时期的斗栱结构功能明显大于装饰功能；明代后，装饰功能逐渐要大于结构功能。

第三节　斗栱的构成、功能与作用

斗栱是安装在古建筑柱头、额枋之上，屋檐檩、椽之下的一个构造层，由多根纵横交错的构件组成为一组（宋称朵，清称攒）；按位置由多组不同种类的斗栱在古建筑柱头、额枋之上，屋檐檩、椽之下相互组合成为一个整体的构造层。这个整体的构造层——斗栱，是我国传统木结构建筑中所特有的一种构件，除去受我国文化影响较深的亚洲几个周边国家外，其他国家的建筑上是没有这个构件的。所以说斗栱是我国传统木结构建筑体系中的一个重要的组成部分。

本书以清五踩昂翘平身科斗栱（图 3-28 ~图 3-39）为例进行讲解。

一、斗栱的构成

斗栱由五部分构成：斗、栱、枋、昂、其他类构件。

斗是栱枋之间的斗形垫木，起传递荷载及装饰作用，如坐斗、十八斗、槽升子、三才升。

栱是斗栱中的横向构件，形似人双手托举，起传递荷载及装饰作用，如正心瓜栱、正心万栱、单材瓜栱、单材万栱、厢栱。

枋是斗栱中的横向构件，起传递荷载及相互拉结作用，如正心枋、里、外拽架枋、挑檐枋、井口枋。

昂是斗栱中的纵向构件，起加大屋檐出挑、传递荷载及装饰作用，如翘、昂、蚂蚱头（耍头）、撑头木、桁椀。

其他类构件，包括挑檐桁、正心桁、盖斗板、斜斗板、垫栱板。

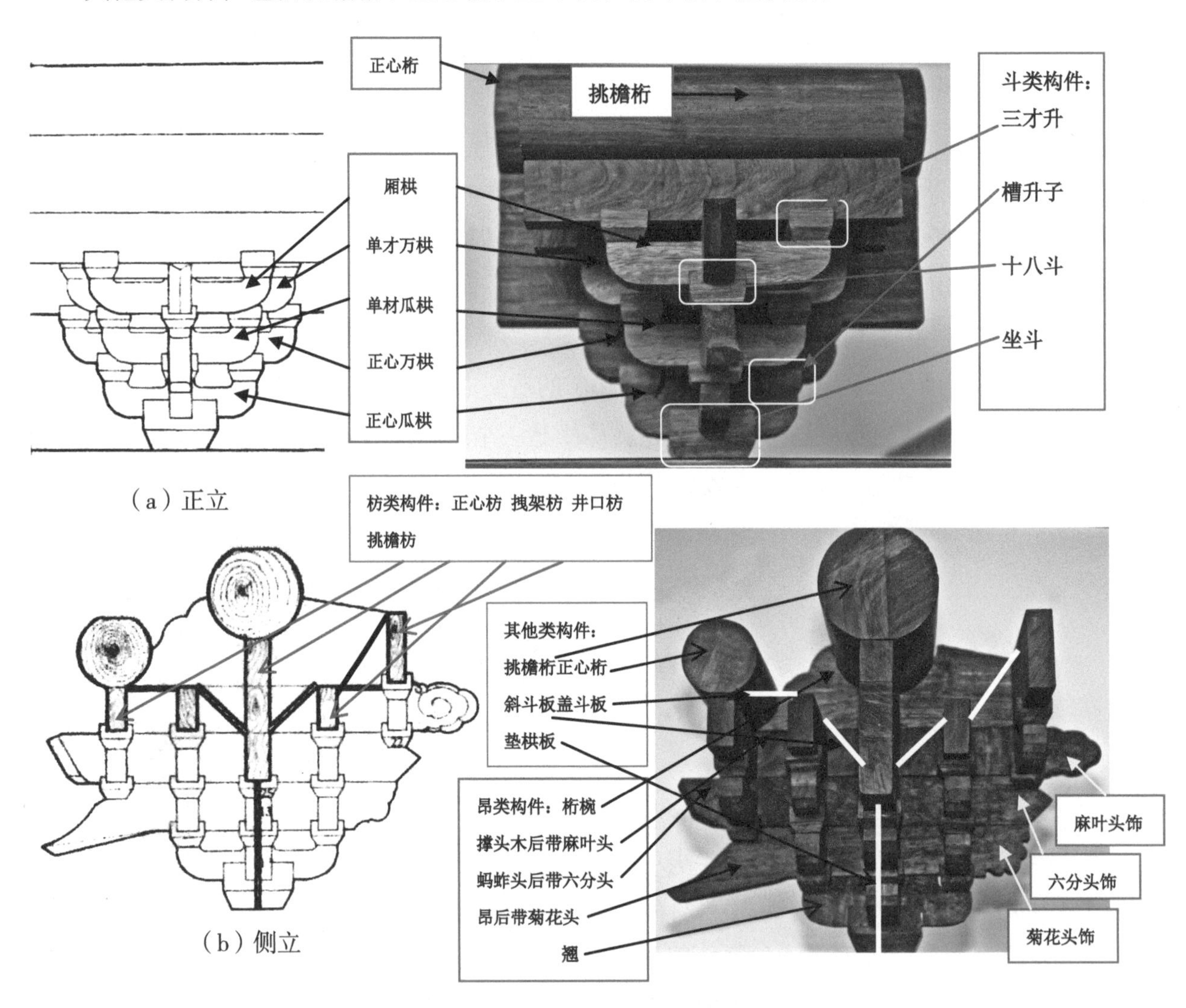

（a）正立

（b）侧立

（c）轴测

图 3-28 清五踩昂翘平身科斗栱

注：引自《中国古代建筑技术史》。

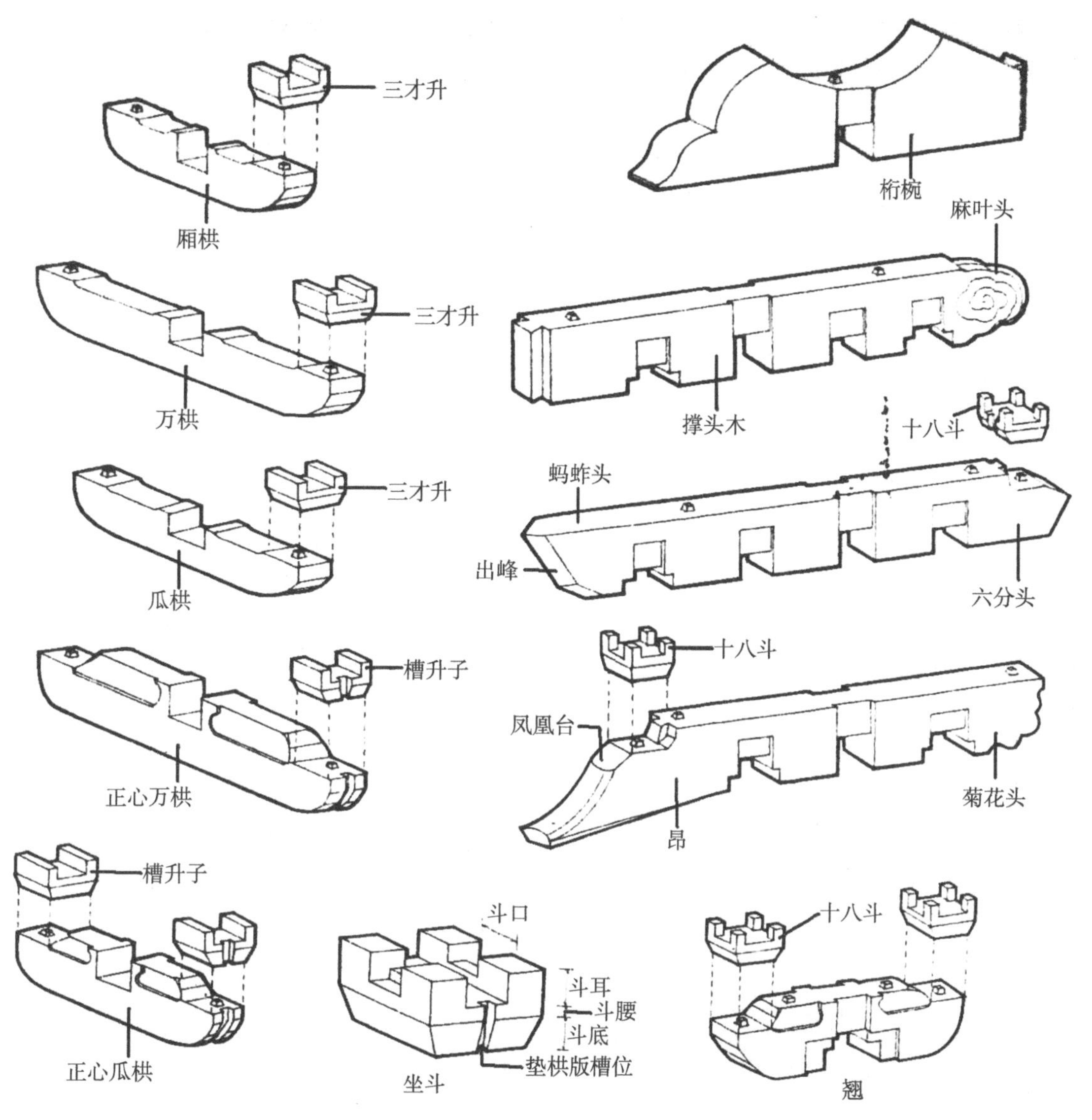

图 3-29　清：五踩昂翘平身科斗栱分件

注：引自《中国古代建筑技术史》。

图 3-30　斗栱分件——坐斗

图 3-31　斗栱分件——三才升

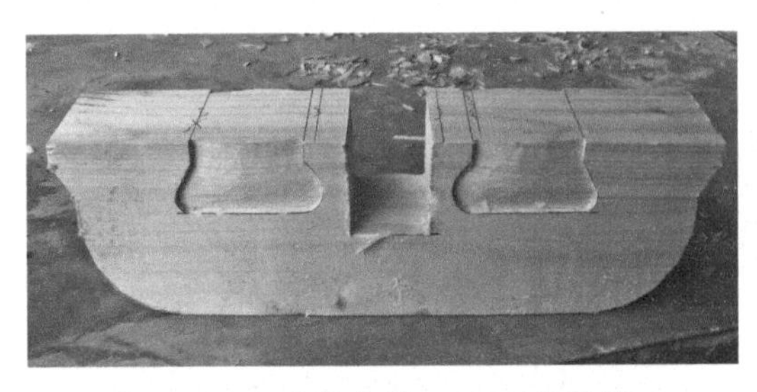

图 3-32　斗栱分件——正心瓜栱

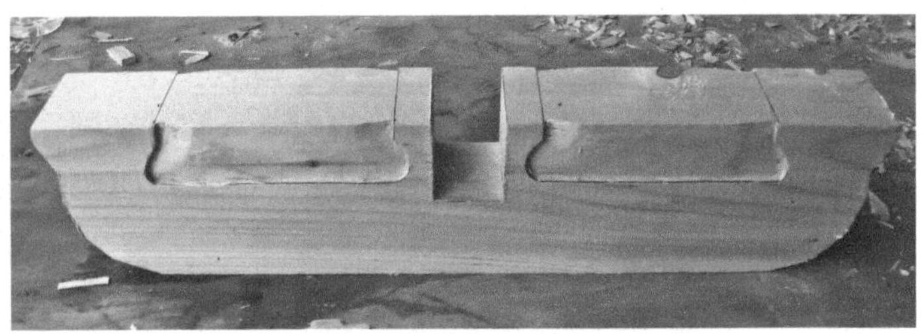

图 3-33　斗栱构分件——正心万栱

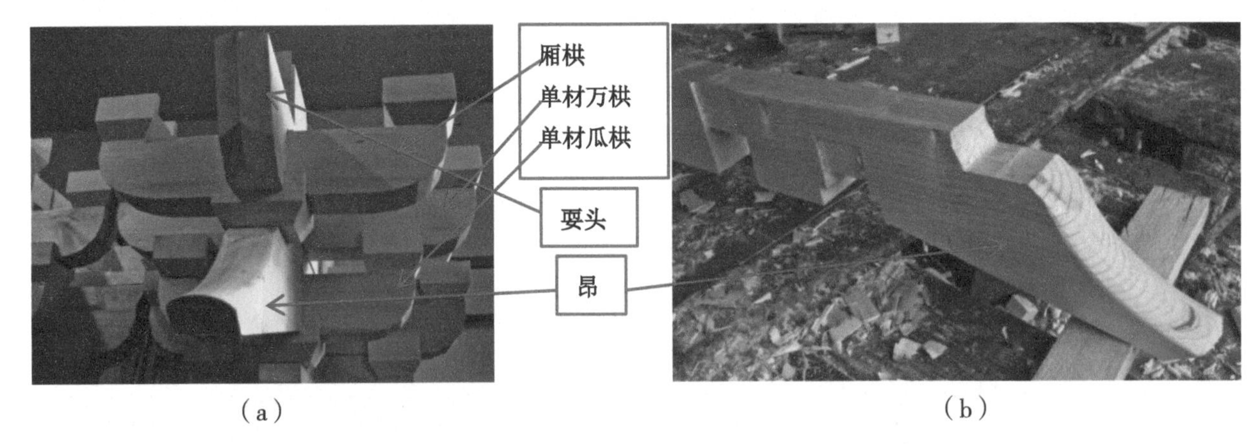

图 3-34　斗栱分件——昂、耍头、瓜栱、万栱、厢栱

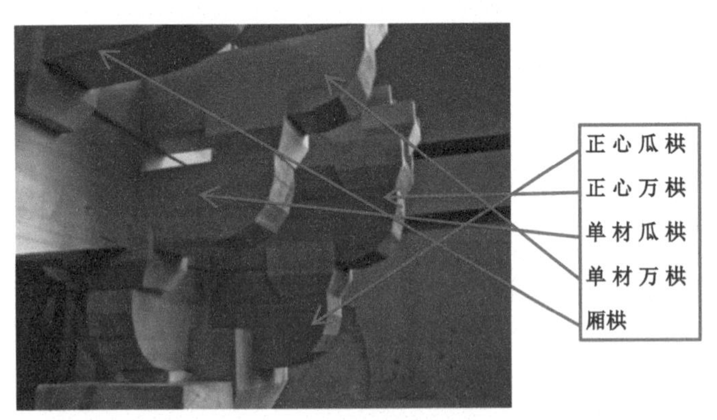

图 3-35　斗栱分件——正心瓜栱、正心万栱、单材瓜栱、单材万栱、厢栱

图 3-36　斗栱分件：瓜、万、厢栱区别——“栱瓣”万三、瓜四、厢栱五

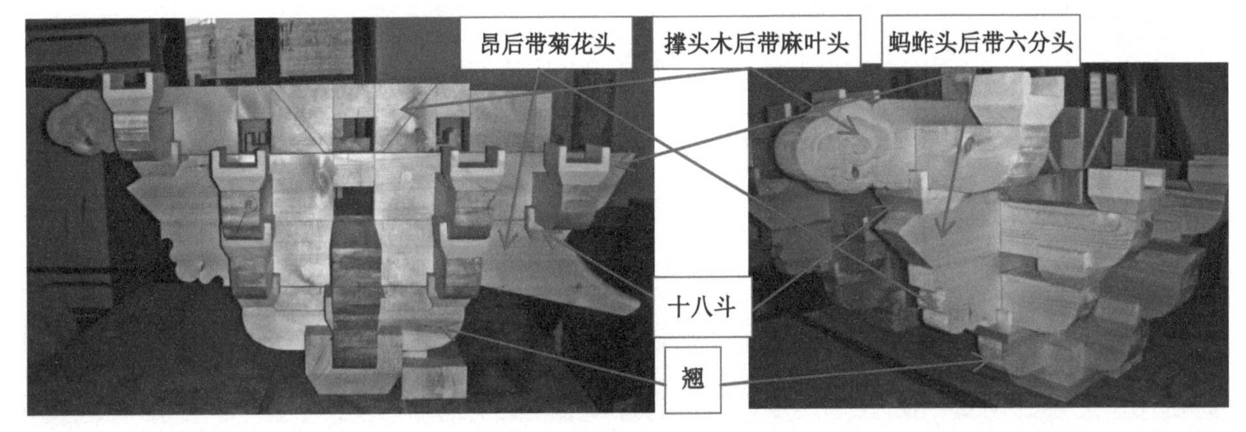

图 3-37　斗栱分件——纵向构件

图 3-38　斗栱分件——纵向“昂”类构件后尾

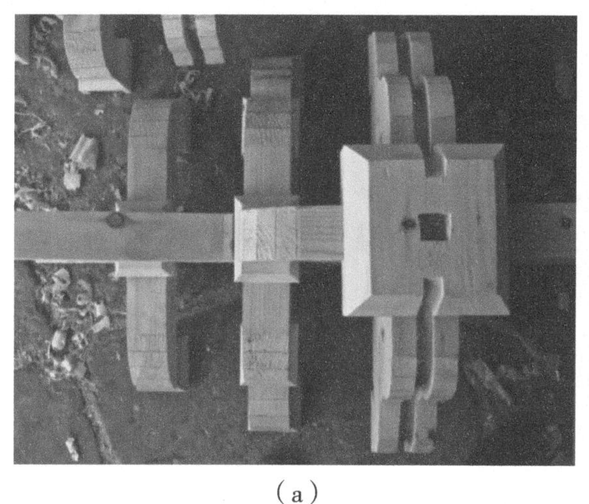
(a)

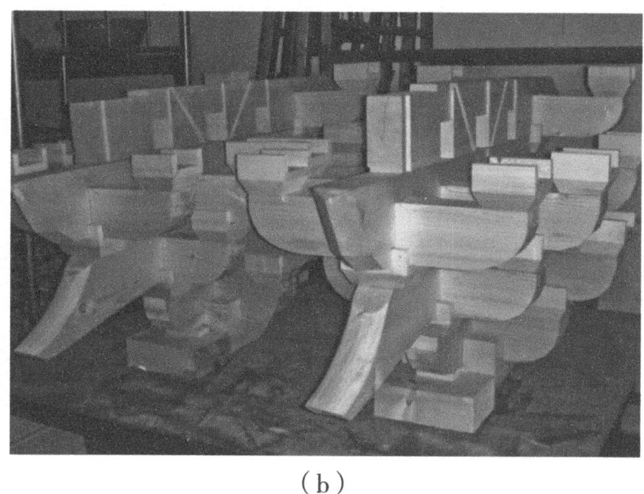
(b)

图 3-39 清：五踩昂翘平身科斗栱——组装中

二、斗栱的功能与作用

斗栱的功能与作用归纳起来有以下几点。

① 在大型或较大型建筑（大式建筑及部分杂式建筑）中是柱子与木构架（下架与上架）之间的承接过渡部分，将所承受的木梁架、屋面的荷载传递到柱子，再由柱子传递到基础，具有承上启下、传递荷载的功能。如图 3-40 所示。

(a)

(b)

图 3-40 斗栱功能与作用——传递荷载

② 用于建筑物屋檐下，向外出跳，可以使出檐更加深远，而深远的出檐对保护建筑物的柱础、墙身、台明等免受雨水侵蚀有着重要的作用，详见图 3-41。

(a) (b)

(c) (d) (e)

图 3-41 斗栱功能与作用——加大屋檐的出挑

③ 用于向室内两端挑出，能起到缩短梁枋净跨度，分散梁枋节点处剪力的作用，详见图 3-42。

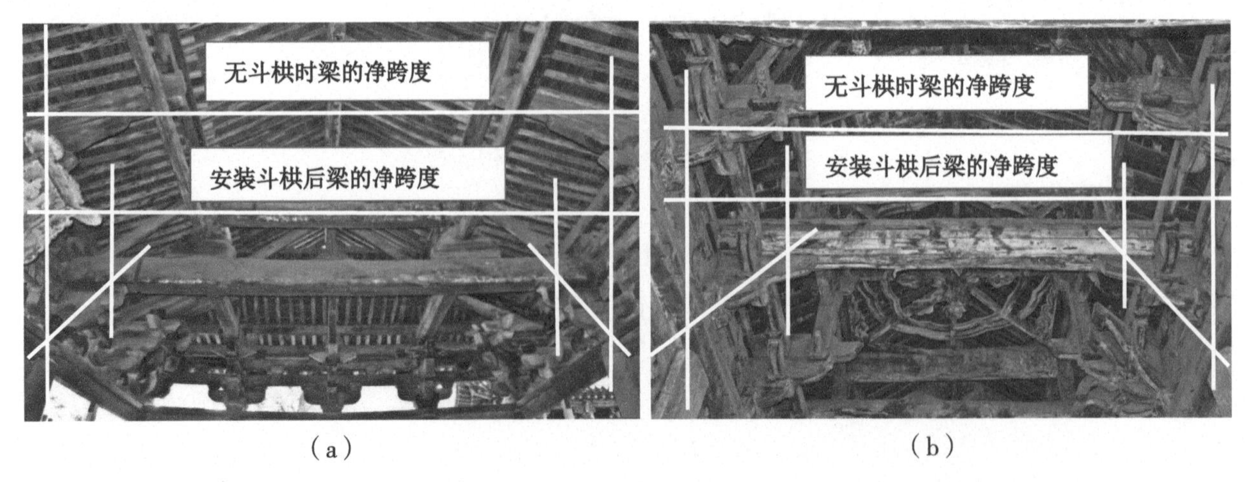

(a) (b)

图 3-42 斗栱功能与作用——缩短梁枋净跨度，分散梁枋节点处剪力

④ 用在屋檐下（包括室内梁架之下），在建筑物上下架构架之间形成一层由纵横构件、方形升斗组合形成的整体构架，这个整体构架穿插交错、层层叠落，相互之间都是榫卯连接——也就是柔性连接，这种连接有着一定的弹性，所以，这个整体的斗栱层就像在上下架之间安装了一个巨大的弹簧垫层，这个垫层足以把来自于地震的横纵震波、来自于风的外力破坏化解、吸收至最低，这也就是我国和日本等这样多地震的国家能有 1000 多年前的建筑留存至今的原因，详见图 3-43。

（a）

（b）

图 3-43　斗栱功能与作用——形成吸收横纵震波的空间网架

⑤ 经过造型加工和彩画饰金的斗栱对整个建筑物的色彩搭配、造型雄奇起到了锦上添花的作用，详见图 3-44 ~ 图 3-47。

（a）

（b）

图 3-44　斗栱功能与作用——装饰功能（唐、宋）

（a）

（b）

图 3-45　斗栱功能与作用——装饰功能（辽、金）

（a）　　　　　　　　（b）

图 3-46　斗栱功能与作用——装饰功能（宋、金、元）

（a）　　　　　　　　（b）

图 3-47　斗栱功能与作用——装饰功能（明、清）

⑥ 表示出建筑物的等级，详见图 3-48 ~ 图 3-54。

（a）　　　　　　　　（b）

图 3-48　北京现存明、清建筑中等级最高的两座建筑之一的太庙“享殿”

（a）

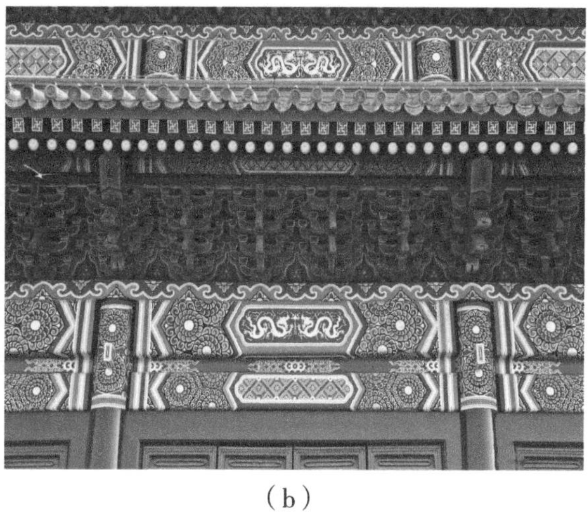

（b）

图 3–49　太庙“享殿”下檐：单翘重昂七踩斗栱

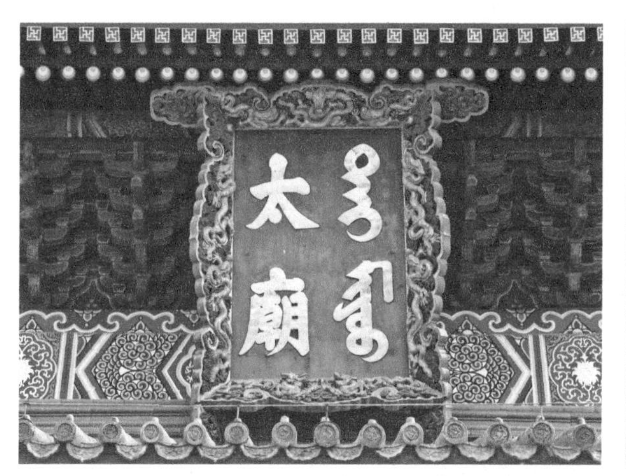

图 3–50　太庙“享殿”上檐：重翘重昂九踩斗栱

图 3–51　太庙“享殿” 西配殿

（a）

（b）

图 3–52　太庙“享殿—西配殿”：重翘五踩斗栱

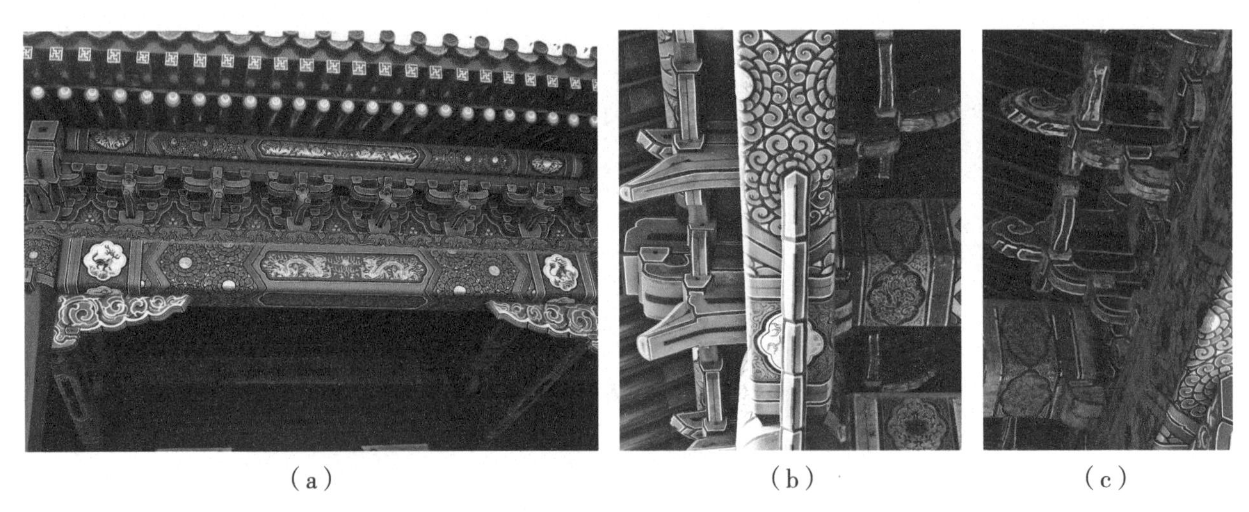

（a）　（b）　（c）

图 3-53　大门——单昂三踩斗栱（后尾变通作法）

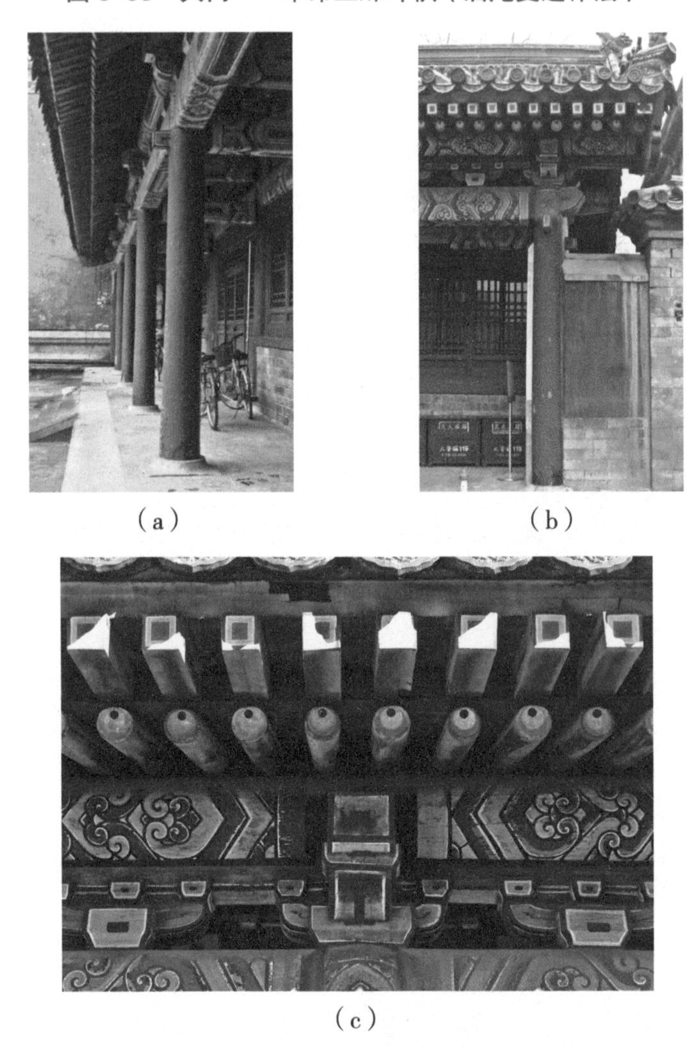

（a）　（b）

（c）

图 3-54　配房——一斗三升不出踩斗栱

以上图片形象地反映出斗栱作为建筑构件的传递荷载、加大屋檐出挑、缩短梁枋跨度、吸收横纵震波、美化立面造型和彰显建筑等级的六大作用，同时，也说明斗栱是一个在建筑中既起着结构作用又起着装饰作用重要的建筑构件。

第四节 斗栱的种类与区分

一、斗栱的种类

斗栱分两大类，即外檐斗栱和内檐斗栱。

1. 外檐斗栱

外檐斗栱是位置处于建筑物室外及室内外分隔部位的斗栱，如图 3-55 所示。

（1）外檐斗栱的科属

根据坐落的部位区分，外檐斗栱分为平身科、柱头科、角科，如图 3-56 所示。

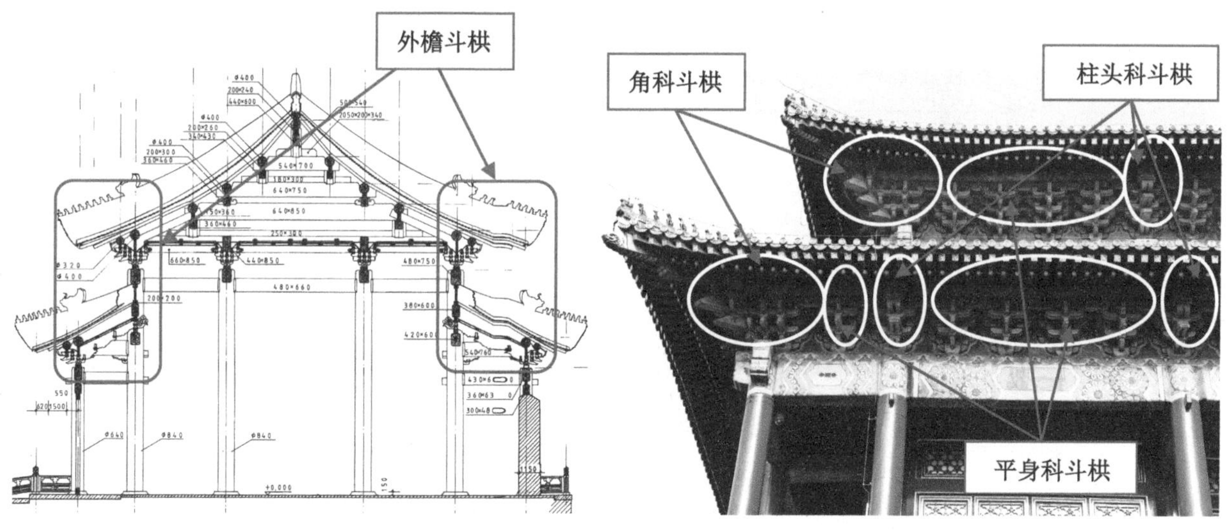

图 3-55 外檐斗栱

图 3-56 斗栱的科属——平身科、柱头科、角科

（2）外檐斗栱的品种

外檐斗栱包括昂翘斗栱、溜金斗栱、平坐斗栱、一斗三升及麻叶类斗栱、牌楼斗栱，如图 3-57 ~ 图 3-61 所示。

（3）外檐斗栱的等级

① 昂翘、溜金、牌楼斗栱的等级，由低至高顺序排列为：a. 单昂三踩；b. 单翘单昂五踩；c. 重昂五踩；d. 单翘重昂七踩；e. 单翘三昂九踩；f. 重翘三昂十一踩，如图 3-62 ~ 图 3-66 所示。

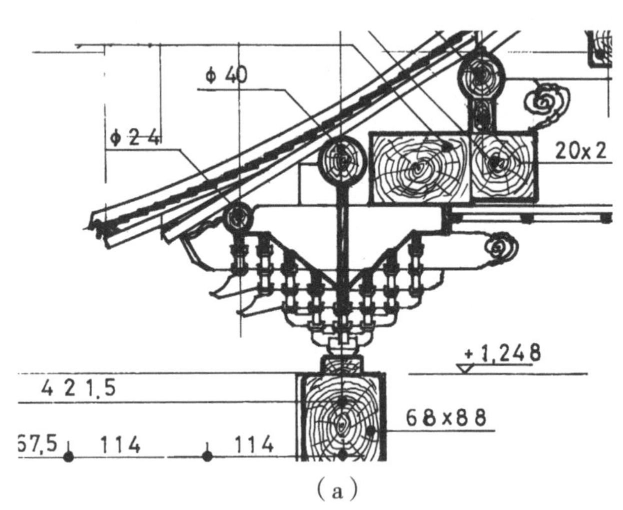

(a)

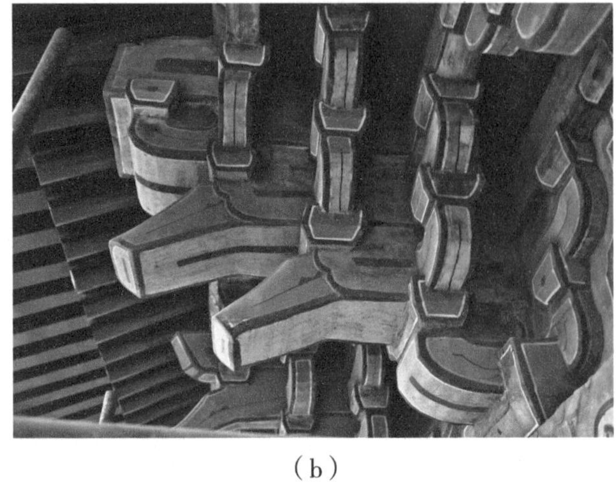
(b)

图 3-57　昂翘斗栱

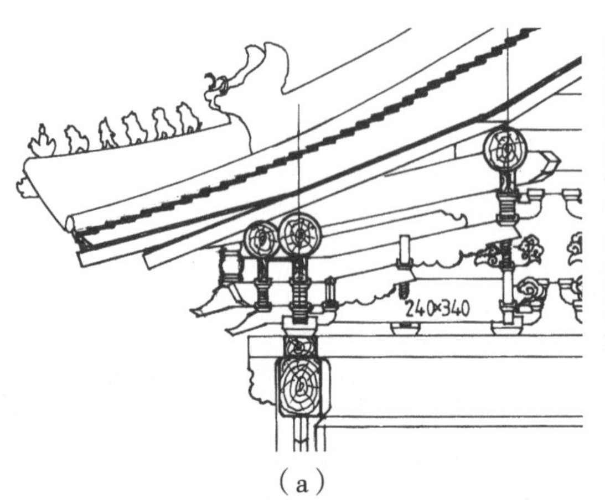

(a)

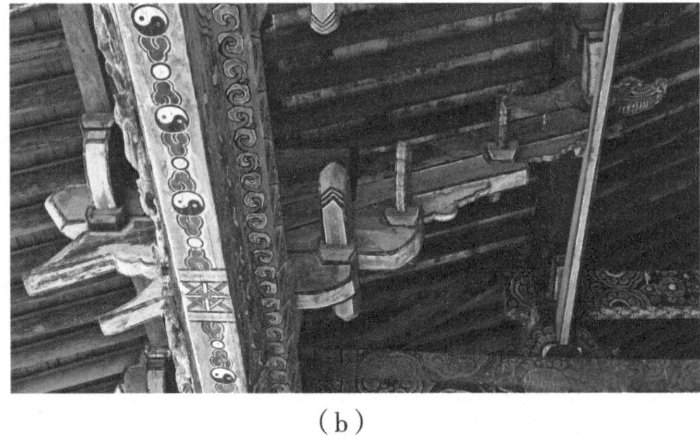
(b)

图 3-58　溜金斗栱

(a)

(b)

(c)

图 3-59　平坐斗栱

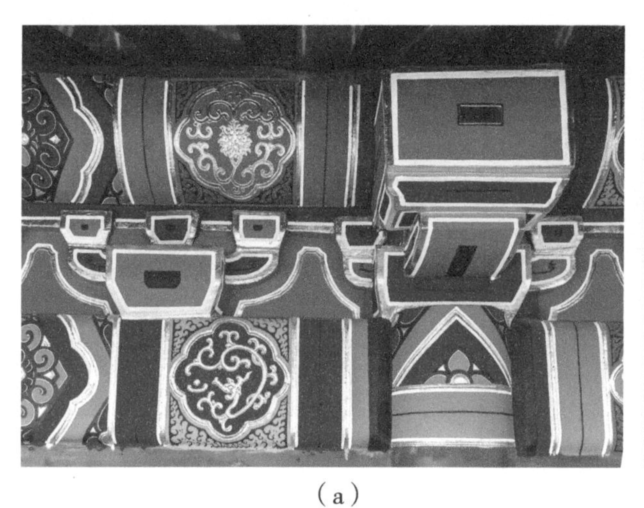

（a）

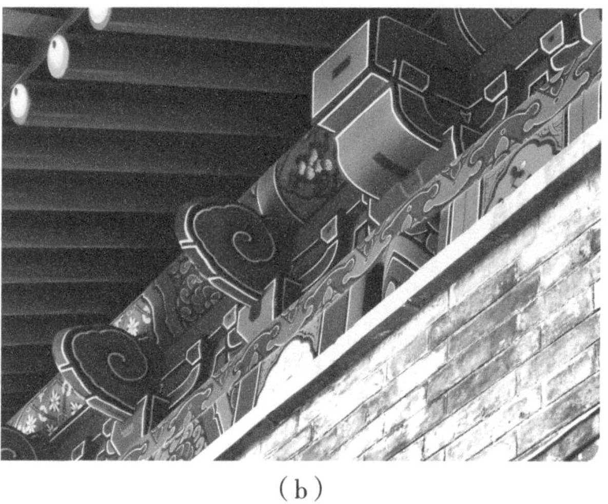

（b）

图 3-60　一斗三升、一斗二升交麻叶斗栱

（a）

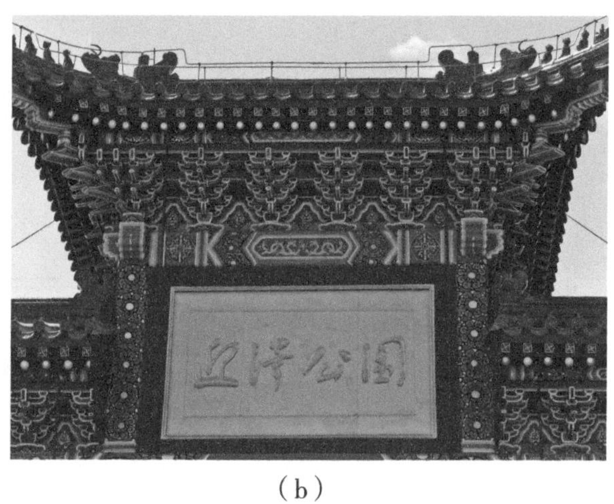

（b）

图 3-61　牌楼斗栱

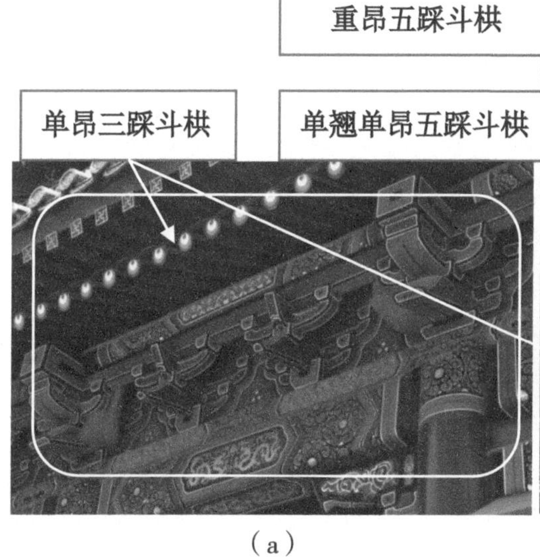

（a）

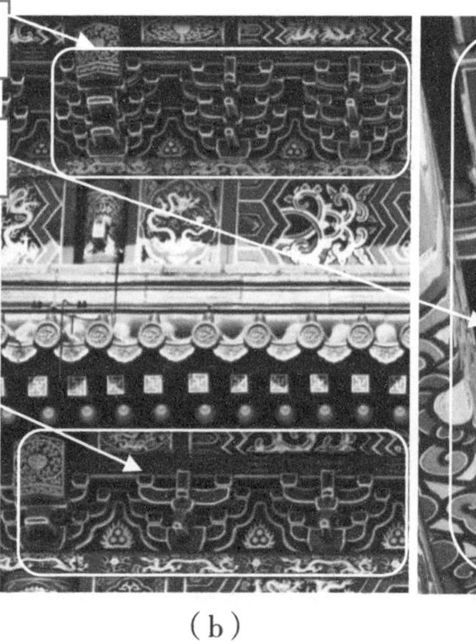

（b）

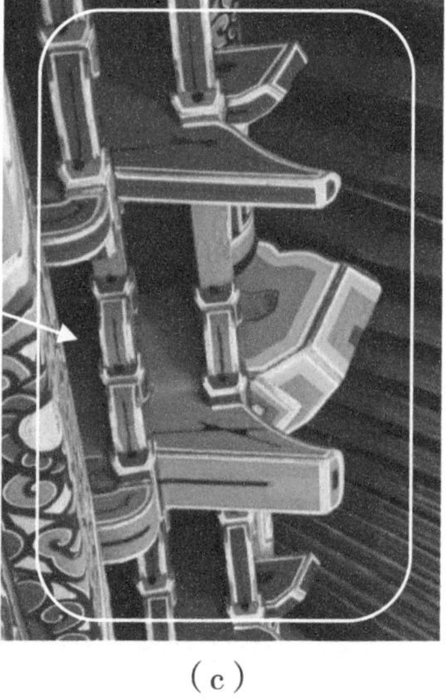

（c）

图 3-62　三踩、五踩昂翘斗栱

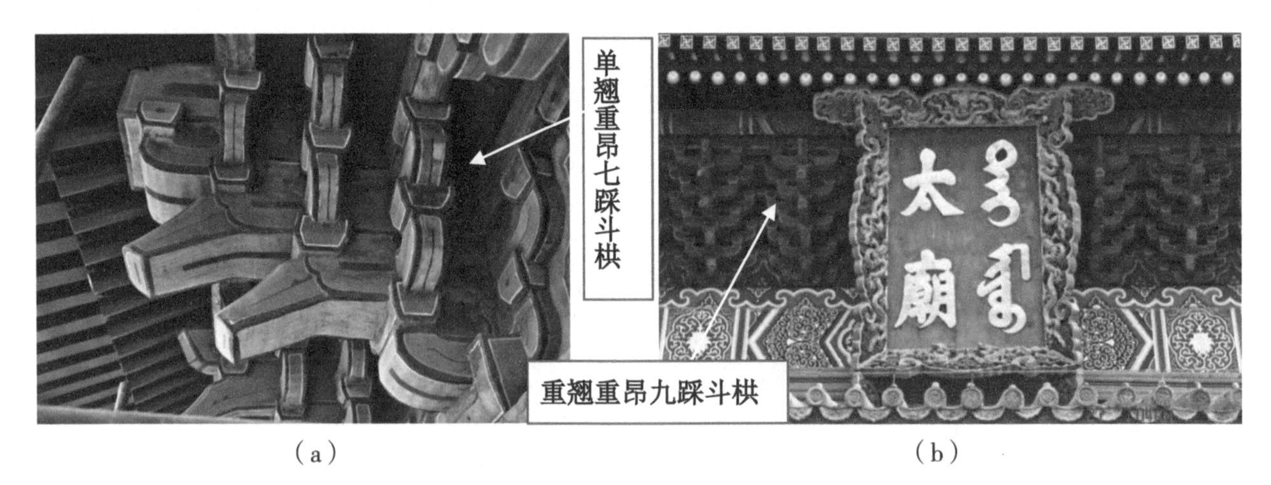

（a）　　（b）

图 3-63　七踩、九踩昂翘斗栱

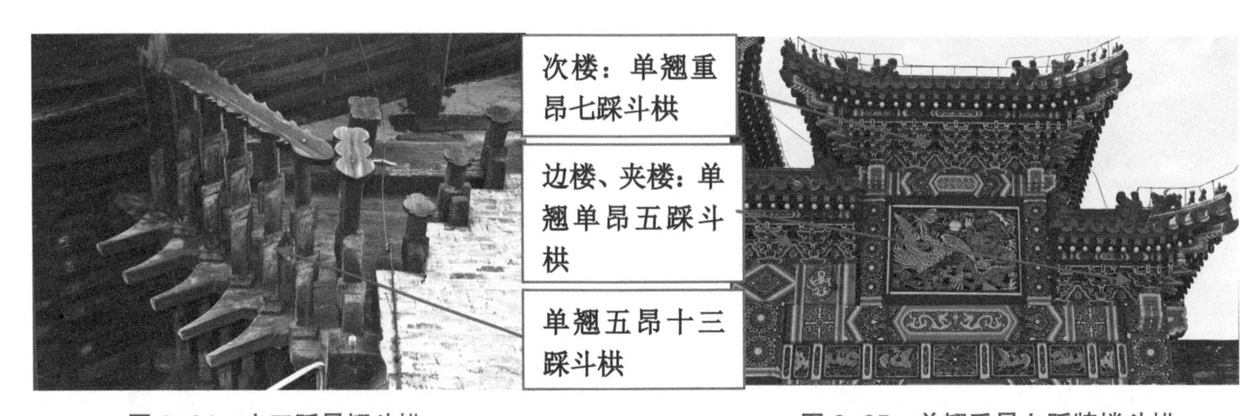

图 3-64　十三踩昂翘斗栱

图 3-65　单翘重昂七踩牌楼斗栱

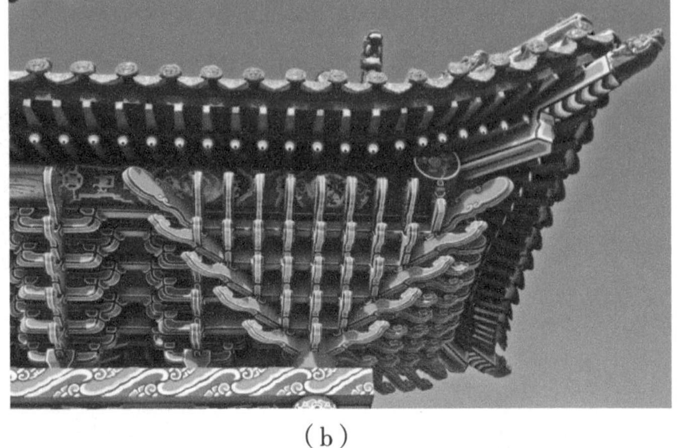

（a）　　（b）

图 3-66　四昂九踩牌楼斗栱

② 平坐斗栱的等级，由低至高顺序排列为：a. 单翘三踩；b. 重翘五踩；c. 三翘七踩；d. 四翘九踩，如图 3-67 和图 3-68 所示。

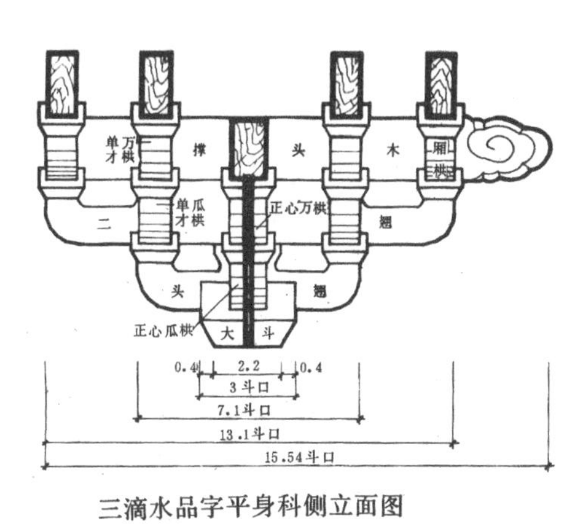

图 3-67　重翘五踩平坐斗栱

图 3-68　三翘七踩平坐斗栱

③ 一斗三升及麻叶类（不出踩）斗栱的等级，由低至高顺序排列为一斗三升、一斗二升交麻叶和单翘云栱交麻叶，如图 3-69 ~ 图 3-72 所示。

图 3-69　一斗三升斗栱

图 3-70　一斗二升交麻叶斗栱

图 3-71　一斗二升交麻叶后出踩斗栱

图 3-72　单翘云栱交麻叶斗栱

（4）外檐斗栱的配置

外檐斗栱的配置各有不同，反映在纵向构件上是构件“翘”和“昂”数量的选择，比如：“单翘单昂”五踩可以改为“重昂”五踩；“重翘重昂”九踩可以改为“单翘三昂”九踩……而昂嘴亦可由普通 “猪栱嘴”更改为“云头”或其他吉祥纹样。这全凭“权衡”规定中等级的概念和建造方的喜好而定。在通常观念上人们认为“翘”的等级和造型美感都要略逊于“昂”，而造型更为华丽美观的“昂嘴”造型，显然要更容易受到人们的喜爱。反映在横向构件上是构件“栱”的式样选择，是选择普通的“瓜、万、厢栱”还是选择造型更为漂亮的“麻叶云栱”“三幅云栱”等。这和选择纵向构件一样，也全凭“权衡”规定中等级的概念和建造方的喜好而定，在“权衡”规定中，没有更为详细的具体规定。外檐斗栱的配置见图 3–73 和图 3–74。

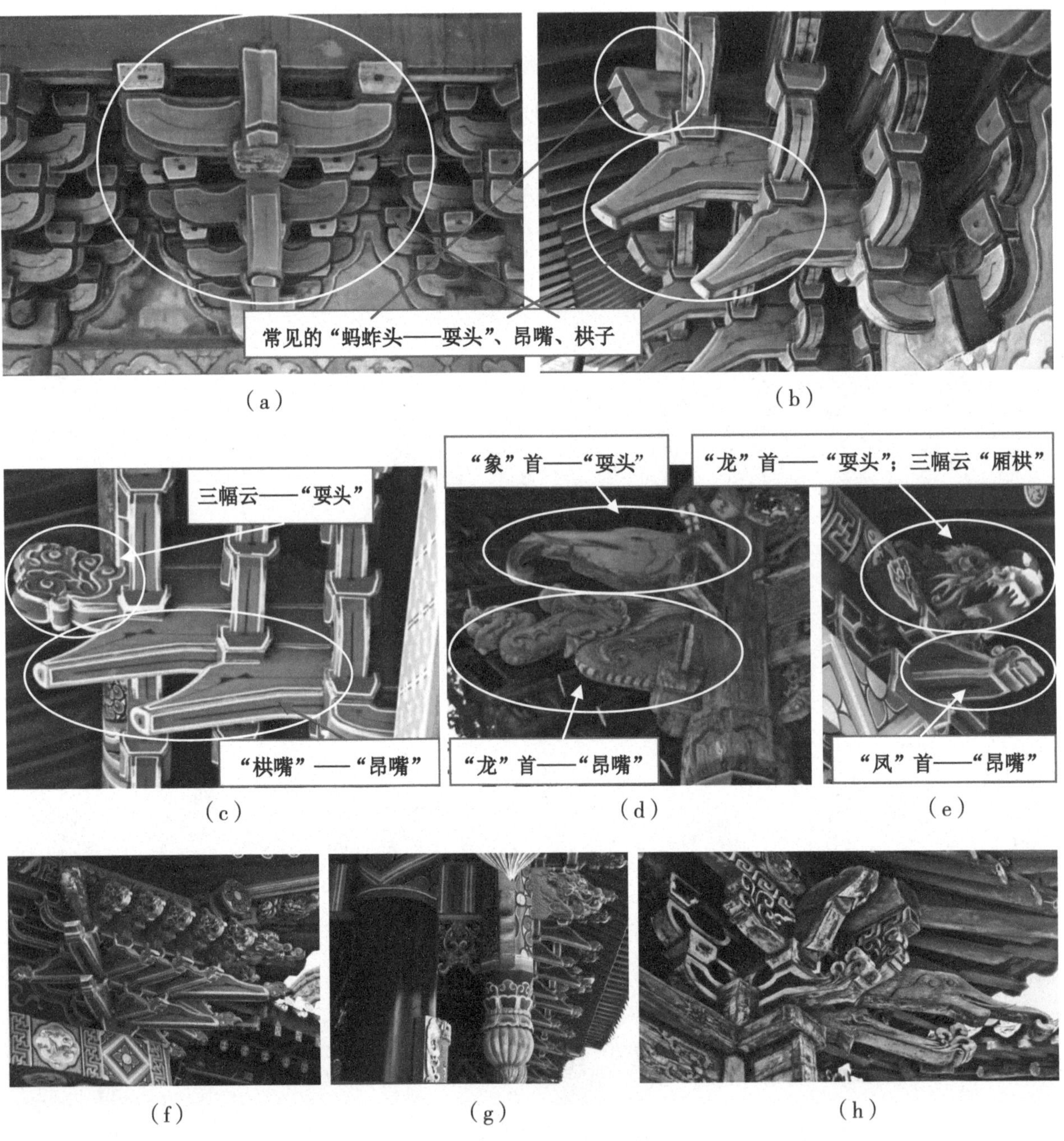

图 3–73 外檐斗栱的配置——各种昂嘴、耍头、栱子

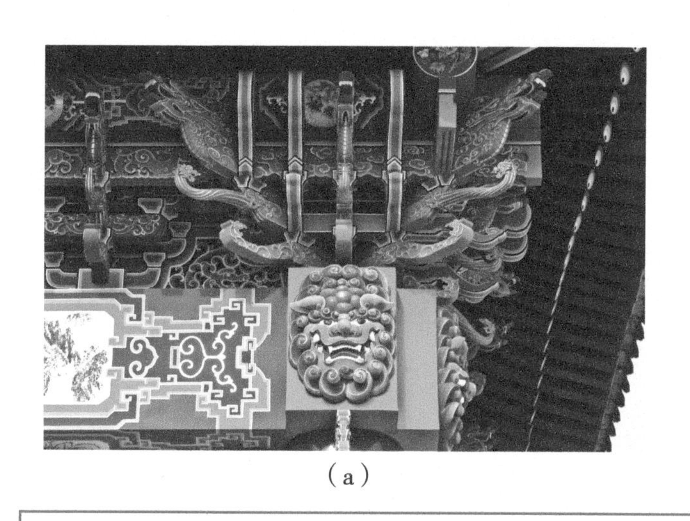

（a）

（b）　　　　（c）

单翘云栱交麻叶一重栱斗栱

（d）

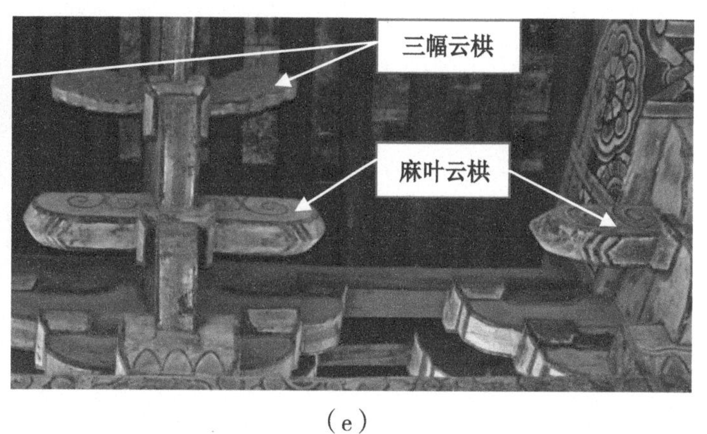

（e）

图 3-74　各种昂头、耍头、栱子

2. 内檐斗栱

内檐斗栱是位置处于建筑物室内的斗栱。

（1）内檐斗栱的科属

根据坐落的部位区分，内檐斗栱分为平身科、柱头科和角科，如图 3-75 ~ 图 3-78 所示。

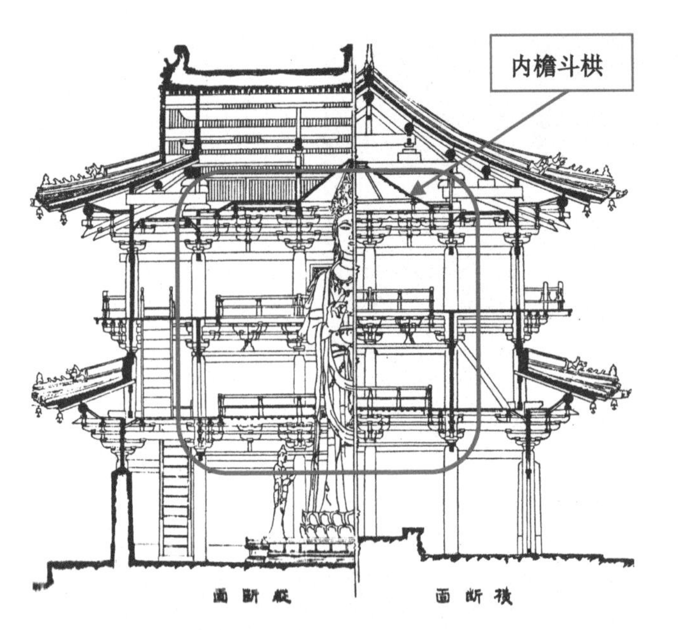

图 3-75　内檐斗栱

柱头科斗栱

平身科斗栱

图 3-76　内檐斗栱的科属——平身科、柱头科、角科

（a）

（b）

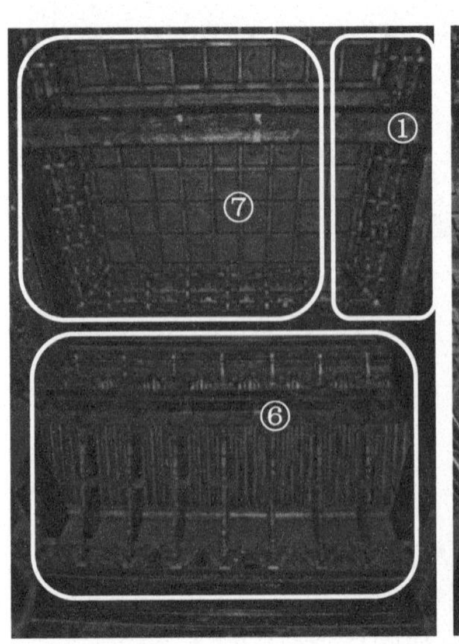

（c）

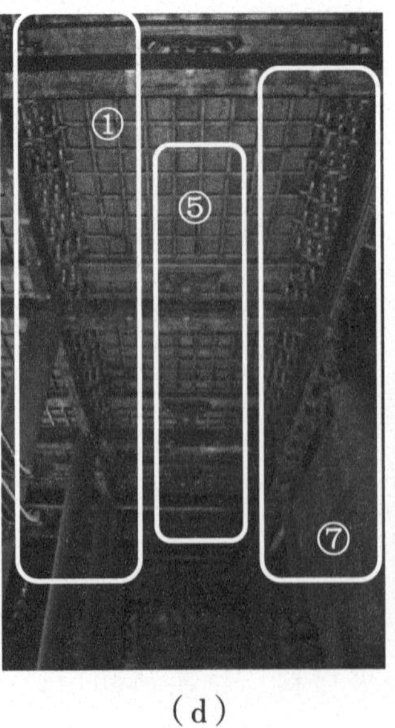

（d）

①内檐品字斗栱　⑤内檐隔架斗栱
②内檐品字平身科斗栱　⑥外檐下檐斗栱后尾
③内檐品字柱头科斗栱　⑦外檐上檐斗栱后尾
④内檐品字角科斗栱

（e）

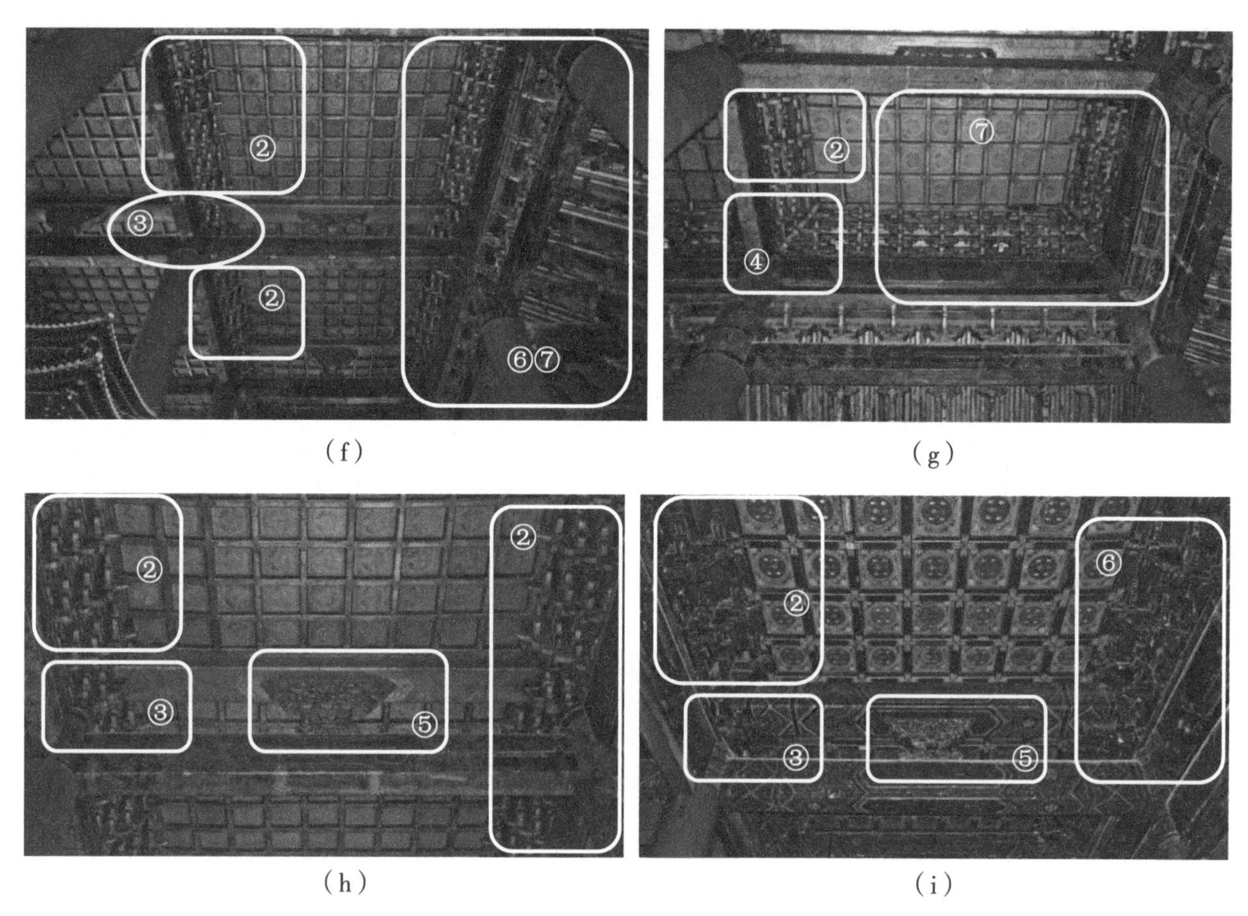

图 3-77　内檐斗栱的科属——平身科、柱头科、角科（故宫奉先殿实例）

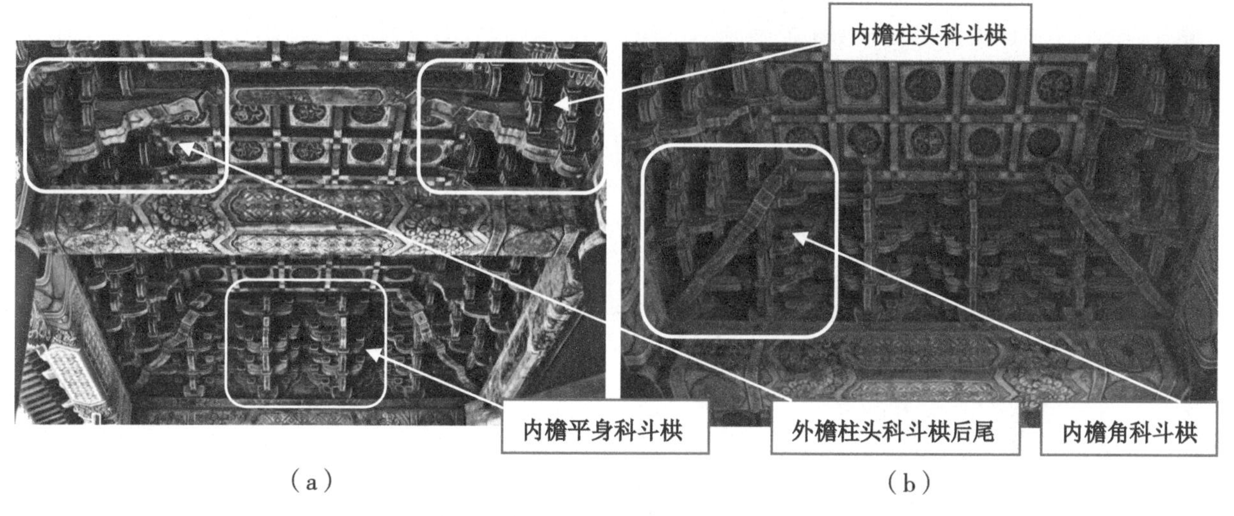

图 3-78　内檐斗栱的科属——平身科、柱头科、角科

（2）内檐斗栱的品种

内檐斗栱包括品字斗栱、隔架斗栱和藻井斗栱，详见图 3-79。

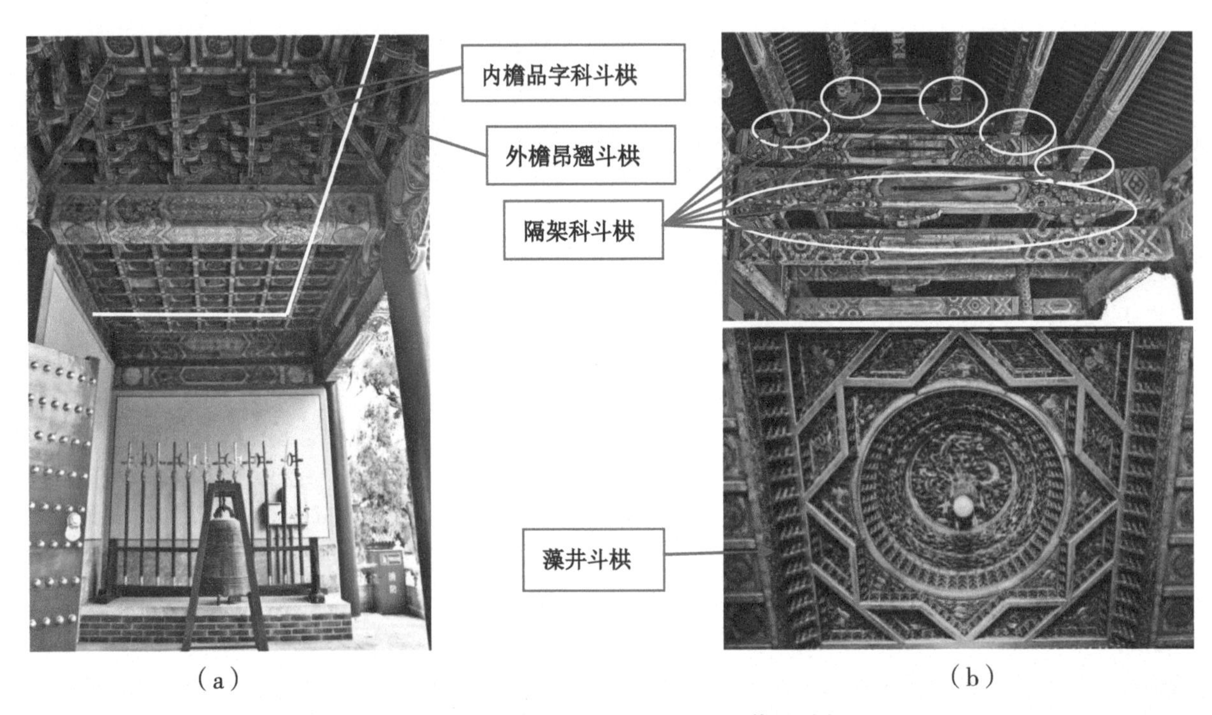

（a）　　　　　　　　　　　　（b）

图 3-79　品字斗栱、隔架斗栱、藻井斗栱

（3）内檐斗栱的等级

① 品字斗栱的等级，由低至高顺序排列为三踩品字科、五踩品字科、七踩品字科和九踩品字科，详见图 3-80。

图 3-80　七踩品字科斗栱

（a）

（b）

图 3-81　内檐斗栱的等级——一斗三升荷叶雀替隔架斗栱

② 隔架斗栱的等级，由低至高顺序排列为：a. 一斗三升单栱荷叶雀替隔架斗栱；b. 一斗二升重栱荷叶雀替隔架斗栱；c. 十字隔架斗栱，详见图 3-81 和图 3-82。

（a）　　　　（b）

图 3-82　十字隔架斗栱、捧梁云

③ 藻井斗栱的等级，由低至高顺序排列为：a. 单翘三踩；b. 重翘五踩；c. 三翘七踩；d. 四翘九踩，详见图 3-83 ～图 3-85。

（a）　　　　（b）

图 3-83　重翘五踩、三翘七踩藻井斗栱

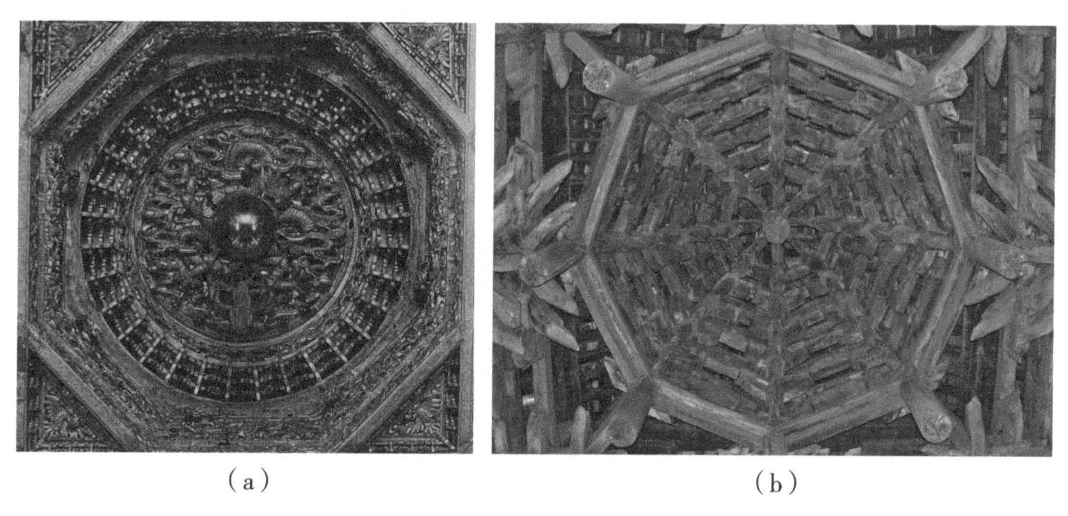

（a）　　　　（b）

图 3-84　三翘七踩、五翘十一踩藻井斗栱

（4）内檐斗栱的配置

内檐斗栱的配置也各有不同，在品字科斗栱中，由于位置与外檐斗栱等高，需要与外檐斗栱交圈，所以配置要与外檐斗栱的后尾分件相同。在昂翘斗栱的纵向分件中，通常是“翘、菊花头、六分头、麻叶头”配置，而在横向分件中，通常是“瓜、万、厢栱”配置；在藻井斗栱中，纵向分件中，通常是“单、重、三、四、五……翘”配置；在隔架斗栱中，则根据梁架之间的空当高度“荷叶墩、单栱、重栱、雀替”按需配置。

上述内檐斗栱的分件配搭，也和外檐斗栱一样，凭“权衡”规定中等级的概念和建造方的喜好而定，在“权衡”规定中，没有更为详细的具体规定，见图 3-80 和图 3-81。

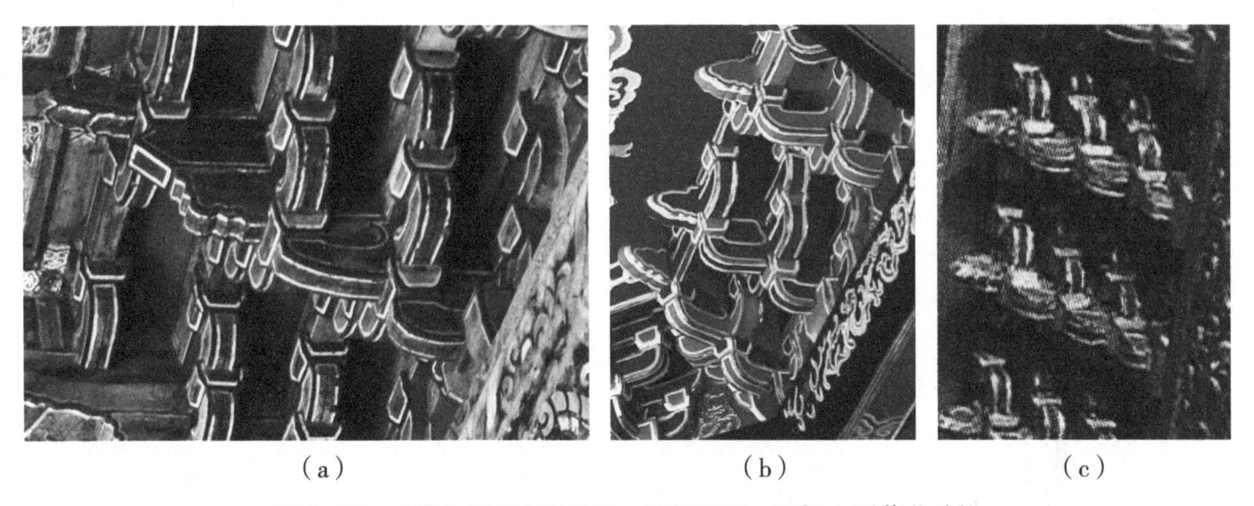

（a）（b）（c）

图 3-85　重翘七踩品字科斗栱、重翘五踩、三翘七踩藻井斗栱

第五节　权衡尺寸

前面介绍讲了关于模数与权衡制度的一些知识，我们知道了在清式建筑中，不论是什么形式，它的外形尺度、构件的大小都来自于这个制度，在清官式、大式建筑权衡制度中，这个模数称为“斗口”。根据斗口可以计算出中国传统建筑中带斗栱的清官式、大式建筑中各部位及各构件的详细尺寸。

一、“斗口”特指的部位

“斗口”源自于斗栱，它是平身科斗栱构件“坐斗”的正面刻口，专称“斗口”，而刻口的宽度尺寸设定为“1”，称“1 斗口”，这个“1 斗口”就是清带斗栱大式建筑中所有尺寸的模数单位。这里需要特别强调的是：在明清作法中的“斗口”特指平身科斗栱坐斗的正面刻口，其他柱头科和角科坐斗的正面刻口都不算是“斗口”，只能算是“刻口”，这些“刻口”的尺寸与平身科斗栱坐斗的正面刻口的尺寸是不一样的，详见图 3-86。

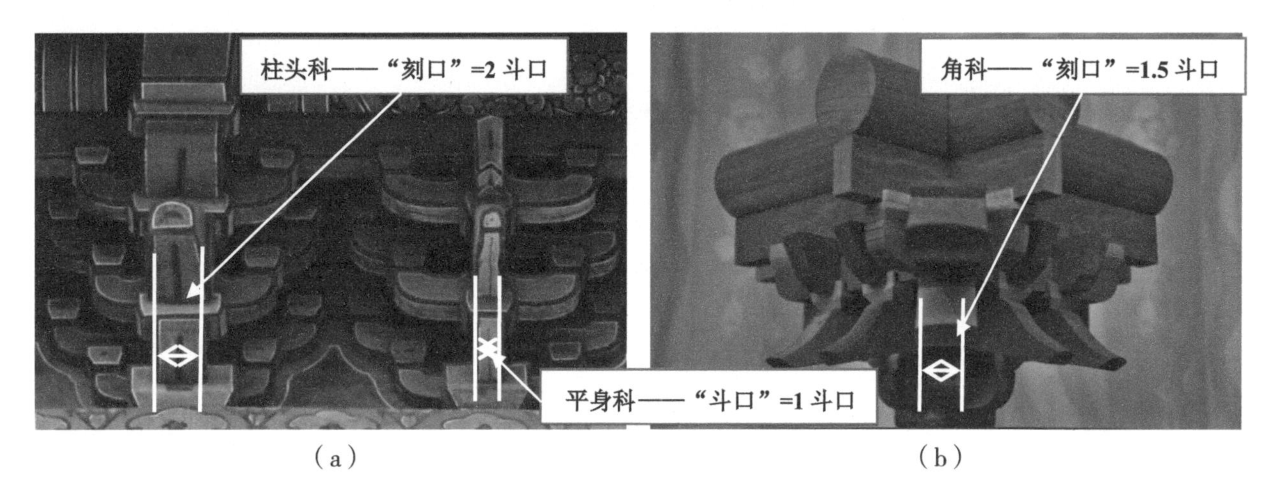

（a）　　（b）

图 3-86　权衡尺寸——“斗口”与“刻口”

二、“斗口”的等级规定

清代官方将中国传统清式建筑中官式、大式建筑划分为十一个等（材）级：6 寸、5.5 寸、5 寸、4.5 寸、4 寸、3.5 寸、3 寸、2.5 寸、2 寸、1.5 寸、1 寸，每半寸为一个等级。在这个规定中，根据建筑物的形式、等级、规模确定了相应的“斗口”尺寸，而这个“斗口”尺寸则框定了与建筑物的形式、等级、规模相对应的各部位尺寸及木构件的断面大小。表 3-1 是大小式建筑结构做法对照。

表 3-1　大小式建筑结构做法对照

建筑分类	结构做法				附注
	屋顶形制	出廊	斗科	斗口材分（营造尺）	
大木大式建筑	九檩单檐庑殿	周围廊	单翘重昂	二寸五分	
	九檩歇山转角	前后廊	单翘单昂	三寸	
	七檩歇山转角	周围廊	斗口重昂	二寸五分	
	九檩楼房（硬山造）	前后廊			
	七檩转角房				
	六檩转角房	前出廊			
	九檩大木（硬山或悬山造）				室内隔井天花宽布瓦

续表

建筑分类	结构做法				附注
	屋顶形制	出廊	斗科	斗口材分（营造尺）	
	八檩卷棚（硬山或悬山造）	前出廊			瓫布瓦
	七檩大木（硬山造）	前后廊			两山山柱式做法 瓫布瓦
	六檩大木（硬山或悬山造）	前出廊			两山山柱式做法 瓫布瓦
	五檩大木（硬山或悬山造）				两山山柱式做法 瓫布瓦
	四檩卷棚（硬山或悬山造）				瓫布瓦
	五檩川堂（随前后房掖山或歇山造）				瓫布瓦
	七檩三滴水歇山正楼	下檐：周围廊 平台：周围廊	下檐：斗口单昂 平台：五材品字科	四寸 四寸	用于城门正楼平台以上重檐造，连下檐合计三重檐室内上顶海墁天花
			中覆檐：斗口单昂 上覆檐：斗口重昂	四寸 四寸五分	
	七檩重檐歇山转角楼前接檐一檩转角雨搭，雨搭前接檐三檩转角庑座		下檐：一斗三升 上檐：单翘单昂	四寸 四寸	用于城角楼
	七檩歇山箭楼前接檐二檩雨搭，雨搭前接檐四檩庑座		下檐：一斗三升 上檐：斗口单昂	四寸 四寸	用于瓮城正门楼
	五檩歇山转角闸楼				用于瓮城侧门楼 中柱式做法
	五檩硬山闸楼				用于瓮城侧门楼

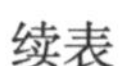

续表

建筑分类	结构做法				附注
	屋顶形制	出廊	斗科	斗口材分（营造尺）	
	十一檩挑山仓房				用于粮仓
	七檩硬山封护檐库房				
	三檩垂花门（悬山造）		（檩缝）一斗三升	一寸五分	中柱式做法
	方亭大木（四角攒尖方亭）		斗科		
	圆亭大木（六柱圆亭）		斗科		

注：引自《工程做法注释》（故宫博物院古建部王璞子著）。

三、斗栱的权衡尺度

在斗口尺寸确定之后，作为整体建筑一部分的斗栱，在分布配置、形制等级、整体尺度、构件大小、样式选择、变通搭配等中，也有着一套完整的权衡制度。

1. 攒数

攒是斗栱的计量单位：以坐斗为中心，由横纵穿插、层层叠落的单体构件构成的整体组合单位。

在建筑物当中，斗栱的分布排列是有章可循的，除在柱头部位安放柱头、角科斗栱外，在两柱之间还要安放若干攒平身科斗栱，在“权衡”规定中，建筑物面宽的明间按双数安放平身科斗栱，视建筑物的规模，分别安放四、六或八攒……；在相邻的次间，递减一攒；梢间再递减一攒；廊间安放一攒；建筑物进深的明间根据建筑物的形式按单或双数安放平身科斗栱，攒数根据建筑物进深尺寸定，以攒当尽量接近面宽攒当为宜；廊间安放一攒。

这里需要说明的是，以上“攒数”的规定是指在通常的情况下是这样，一旦建筑物的实际情况有了特殊的变化，还是可以做出相应的变通决定，但“明间双攒”的规定还是不能变动的。建筑物面宽和进深斗栱攒数的配置分别见图 3-87 和图 3-88。

2. 攒当

攒当是相邻两攒斗栱中 ~ 中的距离。

（a）　　（b）

图 3-87　建筑物面宽斗栱攒数的配置

（a）　　（b）

图 3-88　建筑物进深斗栱攒数的配置

（1）攒当的尺寸规定：在“权衡”规定中，攒当的尺寸根据斗栱的种类分别规定为：

一斗三升及麻叶类斗栱，8 斗口；

昂翘、溜金、平坐、品字科、牌楼斗栱，11 斗口；

城阙、角楼（高台建筑口分较其他建筑要大）的斗栱，12 斗口，详见图 3-89 ~ 图 3-91。

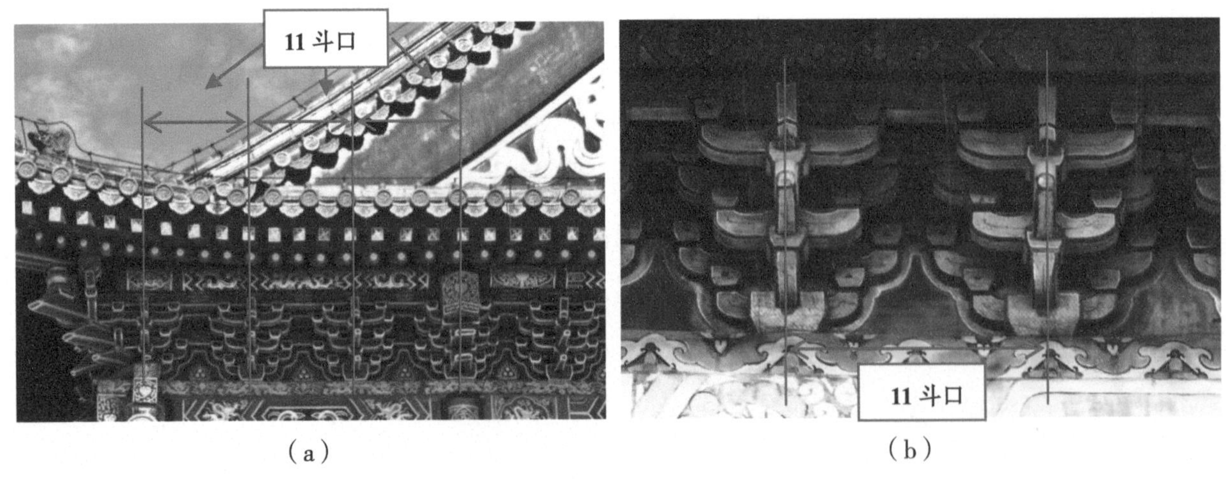

（a）　　（b）

图 3-89　昂翘、溜金、平坐、品字科、牌楼斗栱的“攒当”

（a）　　　　　　　　　　　　　　（b）

图 3-90　一斗三升及麻叶类斗栱的“攒当”

（a）　　　　　　　　　　　　　　（b）

图 3-91　高台、城阙建筑斗栱的“攒当”

（2）攒当尺寸的由来

斗栱的攒当尺寸是根据斗栱中横向栱子的长度计算出来的。在昂翘、溜金、平坐、品字科、牌楼斗栱中，横向栱子都是双层配置，瓜栱、万栱，瓜栱短，万栱长，万栱的栱长尺寸 9.2 斗口，加上升子的斗耳各 0.2 斗口，总长就到了 9.6 斗口，再加上升子与升子之间还要留出一个升子的空当 1.4 斗口，正好就是 11 斗口了。在一斗三升及麻叶类斗栱中，它们的横向栱子是单层配置，仅有瓜栱，而瓜栱的栱长是 6.2 斗口，加上斗耳、空当是 8 斗口。而高台、城阙建筑，由于位置高、距离远，攒当尺寸适当加大从视觉上考虑会舒服一些，所以就变成了 12 斗口。这就是攒当尺寸的由来，详见图 3-92。

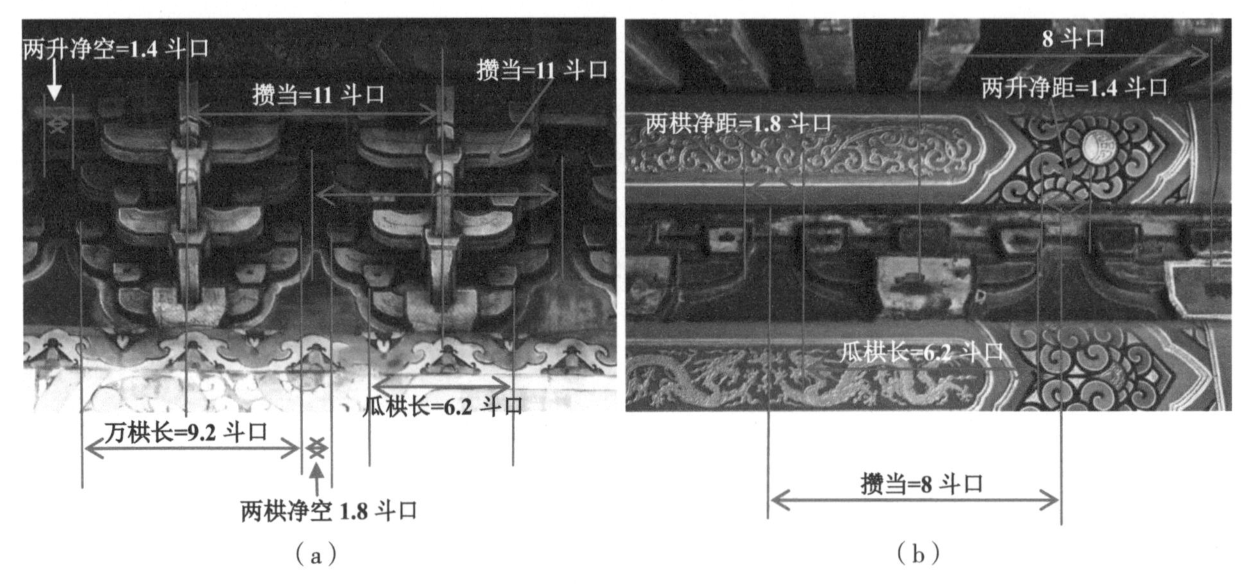

（a）　　（b）

图 3-92　“攒当”尺寸的由来

（3）攒当尺寸的变通

由于在实际当中，建筑物的平面尺寸受到多方面（如使用要求、地盘大小、材料长短、业主的喜好、整数尺寸等）的影响，这就造成了实际的攒当尺寸与权衡尺寸的误差，这也是我们在现存建筑物的斗栱攒当中，很少能有与“权衡”尺寸分毫不差的原因。

为了解决这些矛盾，古人想出了很多非常切实可行的变通办法，下面就介绍这几种变通的方法。

① 斗栱的攒数不变，栱长不变，斗栱的攒当尺寸根据实际尺寸有多少算多少。

这种方法的优点是简单易行；缺点是美观不足。以建筑物明间为例：受到斗栱攒数权衡规定的制约，斗栱的攒数不能随意地做增减，如果明间的面宽尺寸过大，那么，均分到每个攒当的尺寸就会大于规定的 11 斗口，反之，就会小于 11 斗口，这时，如果斗栱的栱长不做变化的话，两栱之间的空当——也就是油作称作“灶火门”的部位势必要加大或减小，特别是在尺寸过小的情况时，瓜栱两端置放的槽升子会挨得很紧，让人有一种很局促的感觉，略显出少许比例失调。这种变通方法见图 3-93。

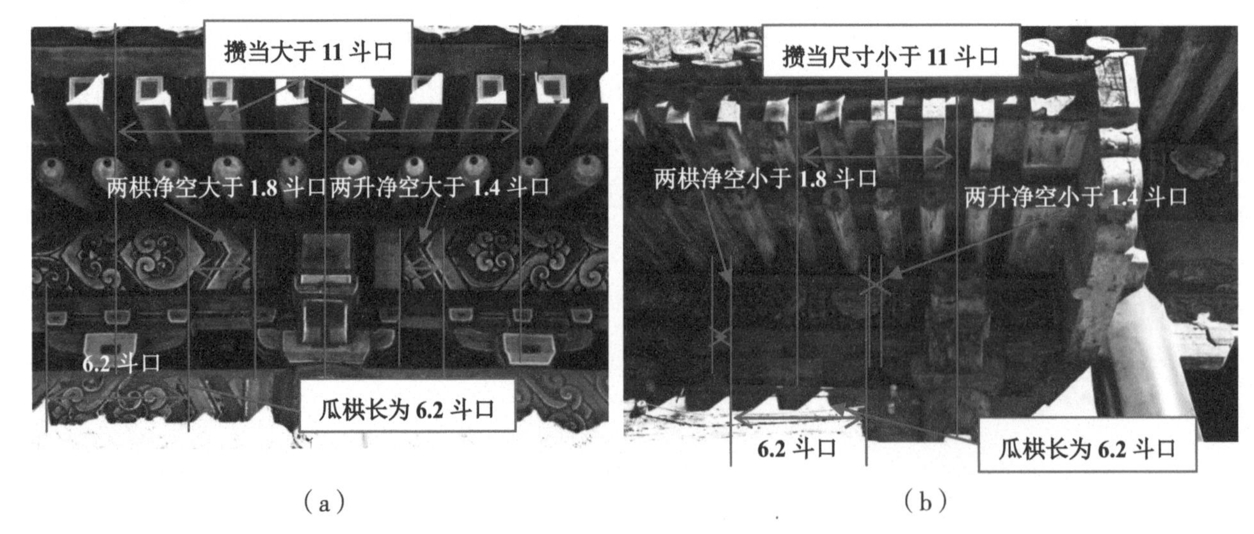

（a）　　（b）

图 3-93　攒当尺寸的变通方法（一）

② 斗栱的攒数不变，斗栱的栱长和攒当根据开间的实际尺寸按比例做相应的调整。

这种方法的优点是比例协调美观；缺点是尺寸的计算较为复杂。按照权衡规定的攒数布置斗栱，如果攒当的尺寸大于或小于 11 斗口，那就把这个尺寸折合成 11 斗口，然后按权衡的尺度规定分摊到斗栱各构件当中，这样，栱长和空当同时做出了增或减的调整，这就保证了斗栱分布的比例协调与美观，详见图 3–94。

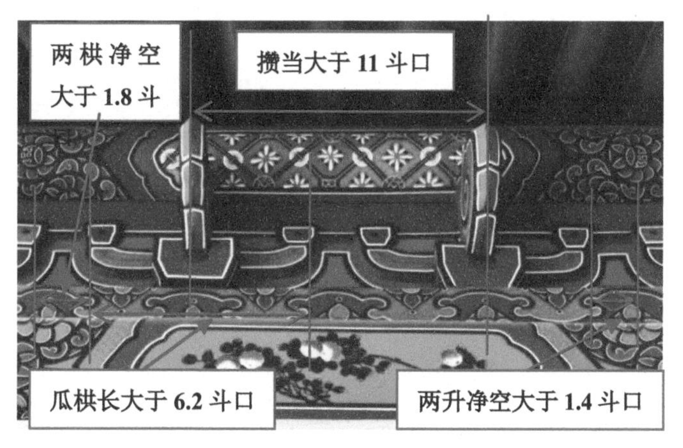

图 3–94　攒当尺寸的变通方法（二）

③ 斗栱的栱长和攒当不变，斗栱的攒数做改变。这种方法主要用在建筑物有角科斗栱的尽端开间。

这种方法的优点非常明显，在斗栱所有的尺寸都不做变动的情况下，在角科斗栱的正心位置向里侧做角科斗栱的连体部分叫“连瓣斗栱”，也就是在角科斗栱中加出 1 道或 2 道纵向构件，人为地加大角科斗栱的长度，用来调整攒当尺寸；在攒当调整的同时，由于增加了角科斗栱中的纵向构件，使建筑物转角部分斗栱的受力更为合理，最大程度上避免了角科斗栱压沉劈裂，坏损程度甚于其他科斗栱的通病，只是在造价上有所加大。详见图 3–95。

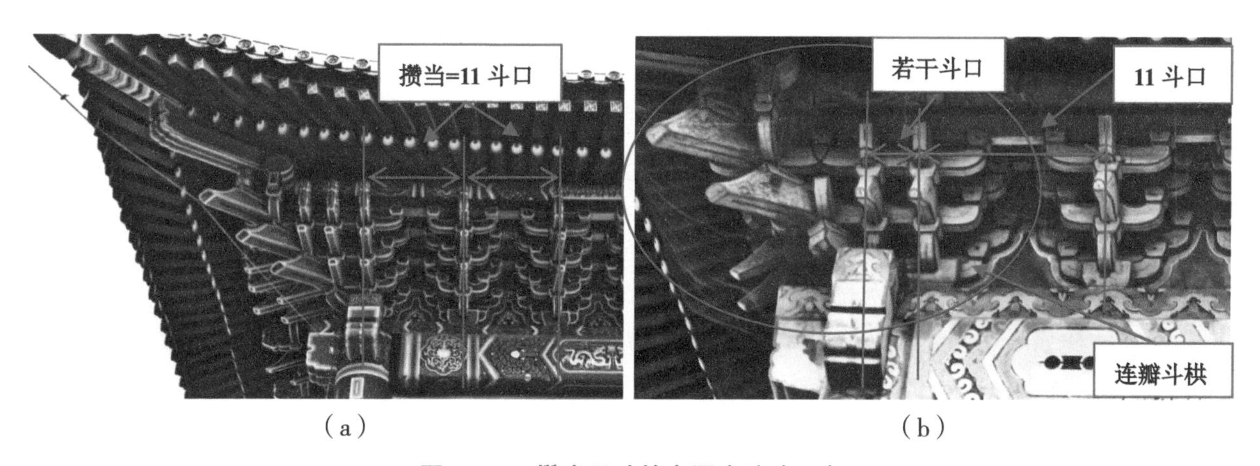

（a）　（b）

图 3–95　攒当尺寸的变通方法（三）

3. 拽架

斗栱前后相邻两栱中 ~ 中的距离（出跳）称拽架（1 拽架）。

（1）拽架的尺寸——三斗口

在清作法中，拽架的尺寸等于三斗口，且每一拽架的尺寸都相同，不管是第一跳还是第二跳、第三跳……这与宋《营造法式》中的规定有一些不同。在明式斗栱当中，也有第一跳尺寸与第二跳或第三跳尺寸不同的现象存在，对于这个问题，我们这里不做探讨，只是告诉大家：清式斗栱的拽架尺寸均是三斗口，明式和宋、唐斗栱的拽架尺寸有全是三斗口的，也有不同的，详见图 3-96 和图 3-97。

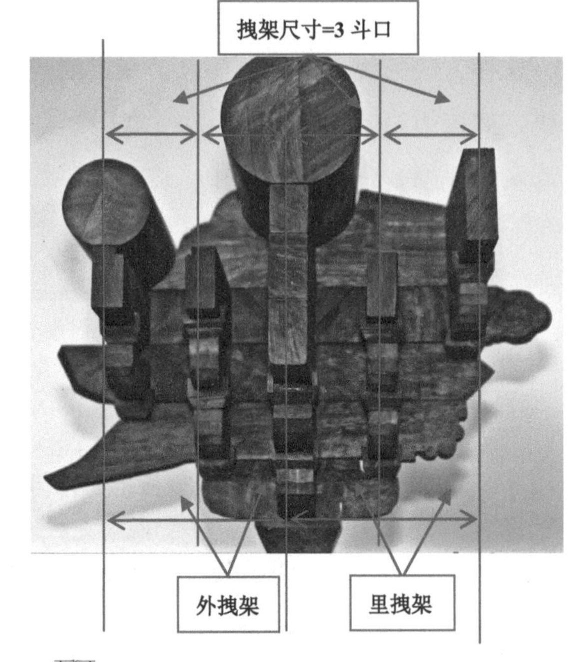

图 3-96　清“拽架”及“拽架”尺寸

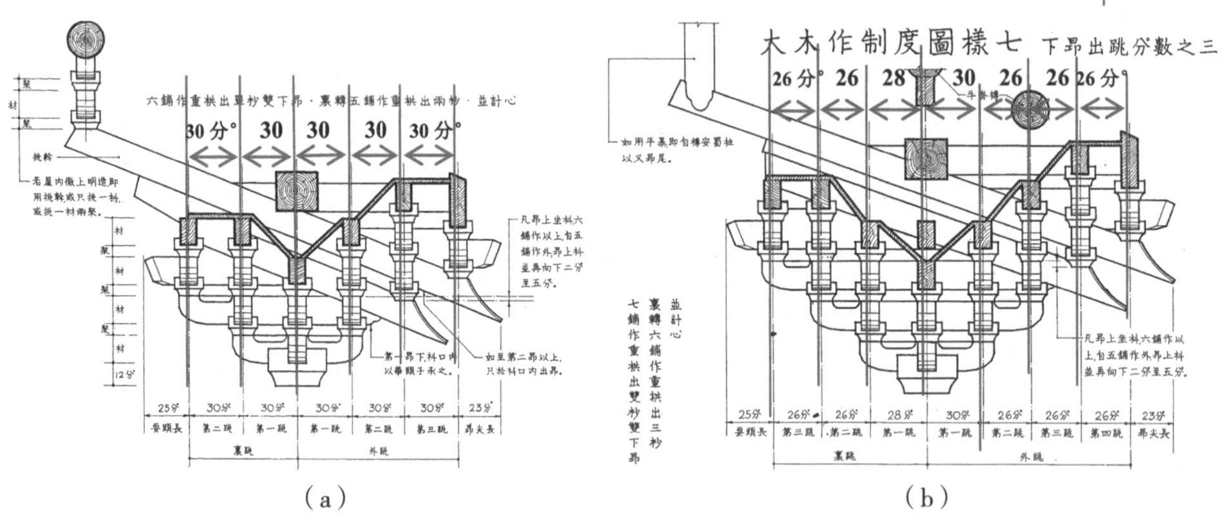

图 3-97　宋“出跳”及“出跳”尺寸

（2）拽架的数量

清作法斗栱中，外拽和里拽拽架的数量是相同的，“减踩”或“增踩”造除外，前后对应；同时，拽架数量也是斗栱“踩”数确定的标准之一。

4. 踩

同品种出踩斗栱的等级规格，踩数越多即拽架越多、出跳越大、层数越高。

踩是清代对斗栱规格的称呼，源自于宋代的“铺作”。

（1）踩的分级

在前面，我们讲到斗栱的等级，从品种上说最低等级是一斗三升不出踩斗栱，最高等级是溜金出踩斗栱。而从同品种出踩斗栱来说，则三踩最低，九踩、十一踩……最高。在清官式斗栱中，无论在殿阁建筑上还是牌楼上，规格超过十一踩的斗栱基本上见不到，而在地方作法中，不但在牌楼上常见有十三踩的斗栱，在殿阁建筑中也能见到十三踩的斗栱。

斗栱的出踩与斗栱的拽架是相对应的，只是拽架纯指斗栱向外或向里“出跳（探出）”的尺寸；踩则是根据拽架的数量，按权衡规定的层数配置组合出来的一种规格，它除了框定斗栱的“出跳—拽架”数量，也框定了斗栱的层数高度，进而框定了整攒斗栱的整体尺寸。

（2）踩数的确定

清代踩数取单，常见的有三、五、七、九、十一踩（类似现在车型中的3系、5系、7系）共5个等级，与宋《营造法式》中列出的斗栱“铺作”为四、五、六、七、八共5个等级略有不同。

清代斗栱踩数的确定有三种方法。

① 数层数。如图3-98所示，自“坐斗”上第一层构件起至挑檐桁下皮止数层数，三层构件为三踩；四层构件为五踩；五层构件为七踩；六层构件为九踩；七层构件为十一踩……即层数顺序递增，踩数单数递增。

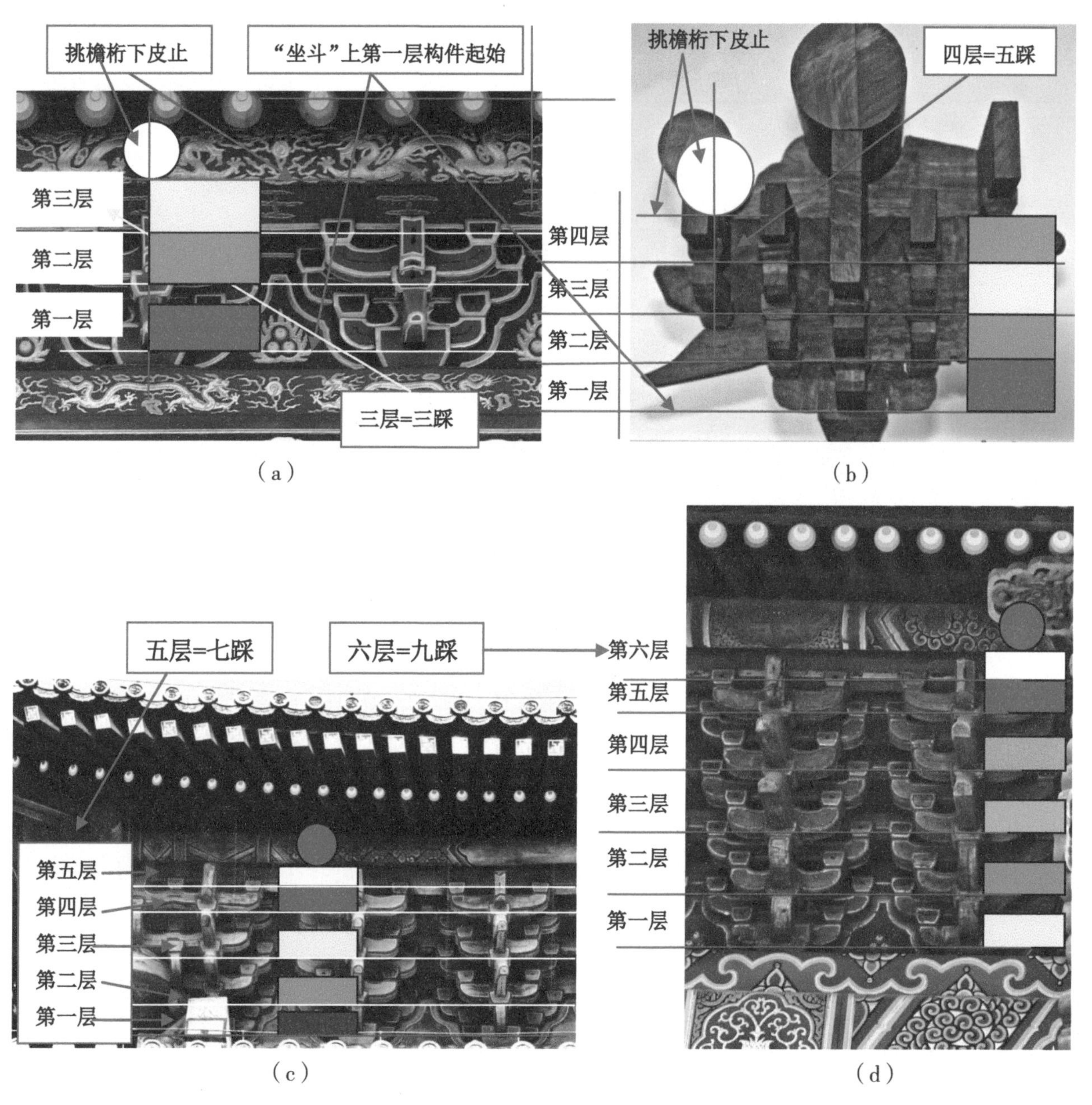

图3-98　清踩数的确定：数层数

② 数栱子（非偷心造斗栱用）。如图 3-99 所示，自正心（柱中）栱子起向外数，有多少个栱子就是多少踩数。

③ 数拽架。如图 3-99（b）、（c）所示，自正心起向外数拽架，拽架数乘以 2 后再加 1，得数即是斗栱踩数。

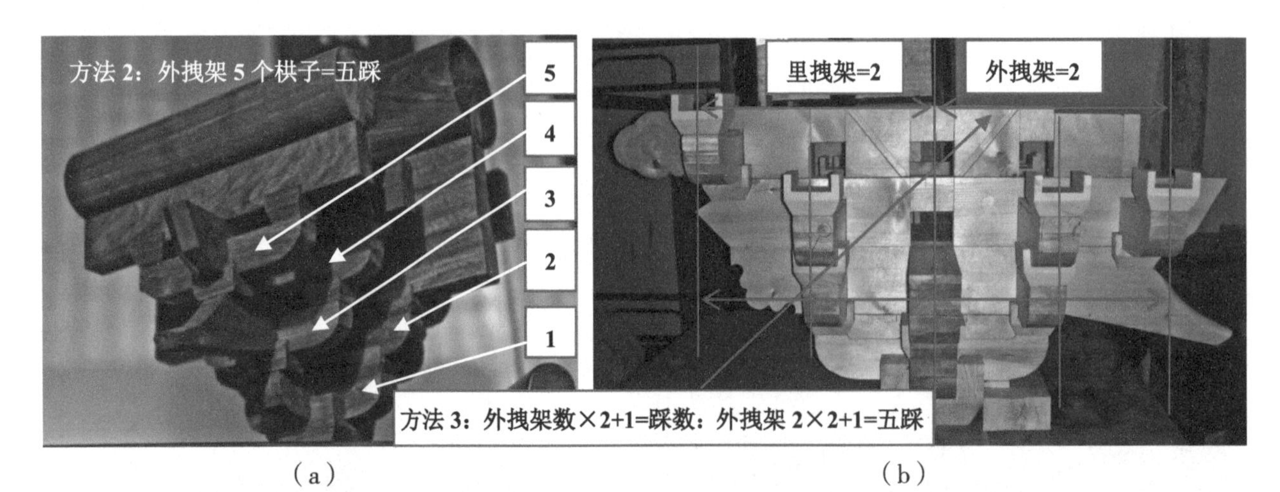

（a）　　　　　　　　　　　　　　　　（b）

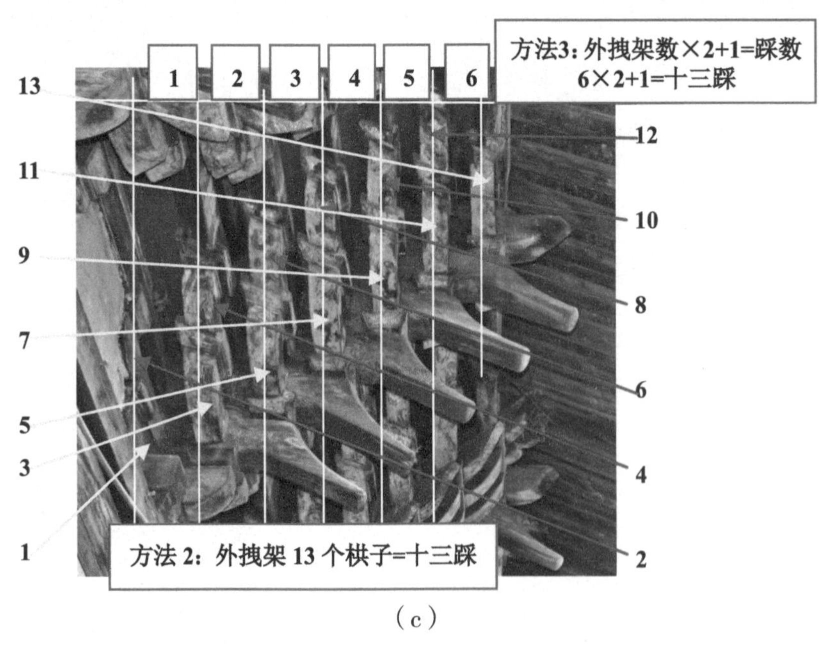

（c）

图 3-99　清踩数的确定：数栱子、数拽架

5. 足材与单材

斗栱是由若干层横、纵分件叠落组合的整体构件，这些分件的尺寸在“权衡尺度”中都有规定，宋《营造法式》中规定：“材”厚十分°高十五分°，栔高六分°，一材加上一栔谓之“足材”，高厚比为 2.1 ∶ 1。

清斗口规定：单材厚为 1 斗口，高为 1.4 斗口；足材厚为 1 斗口，高为 2 斗口，高厚比为 2:1，由此可看出宋代与清代的区别。

在清斗栱中，栱子分为两种，一种是单材栱，另一种是足材栱。单材栱高 1.4 斗口，厚 1 斗口；

足材栱高 2 斗口，厚 1 斗口。在处于柱中位置的栱子为足材，2 斗口高，其厚度由于要直接将屋面通过檩子传递下来的重量过渡到枋子、柱子上，所以，要较其他位置的分件厚一些，通常为 1.25 斗口。这个位置还有一个专属名称叫正心，这个位置的瓜、万栱和枋子也都叫正心瓜、万栱和正心枋；在斗栱其他位置的横向栱则由于受力的传递较为间接且偏重考虑到“玲珑剔透”的美观效果，则把栱高定为 1.4 斗口，厚度为 1 斗口，称为单材瓜、万栱，而厢栱虽没有冠以“单材”之名，只是由于在斗栱分件中没有正心厢栱这个分件，不用特意标出单材以示区分，厢栱的厚度、高度同样是单材，与单材瓜、万栱相同。详见图 3-100 和图 3-101。

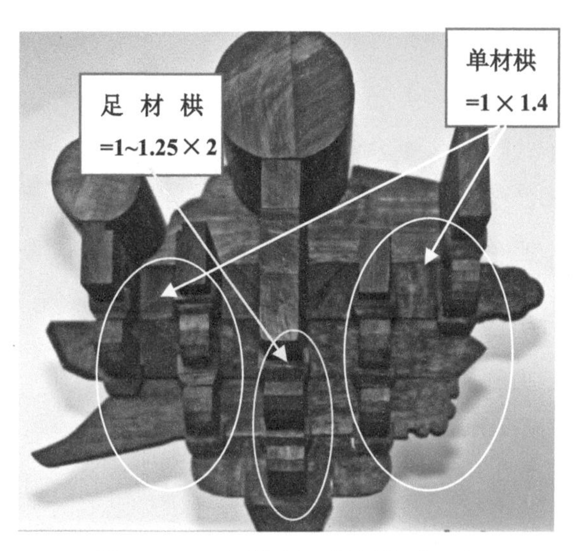

图 3-100　足材栱、单材栱（一）

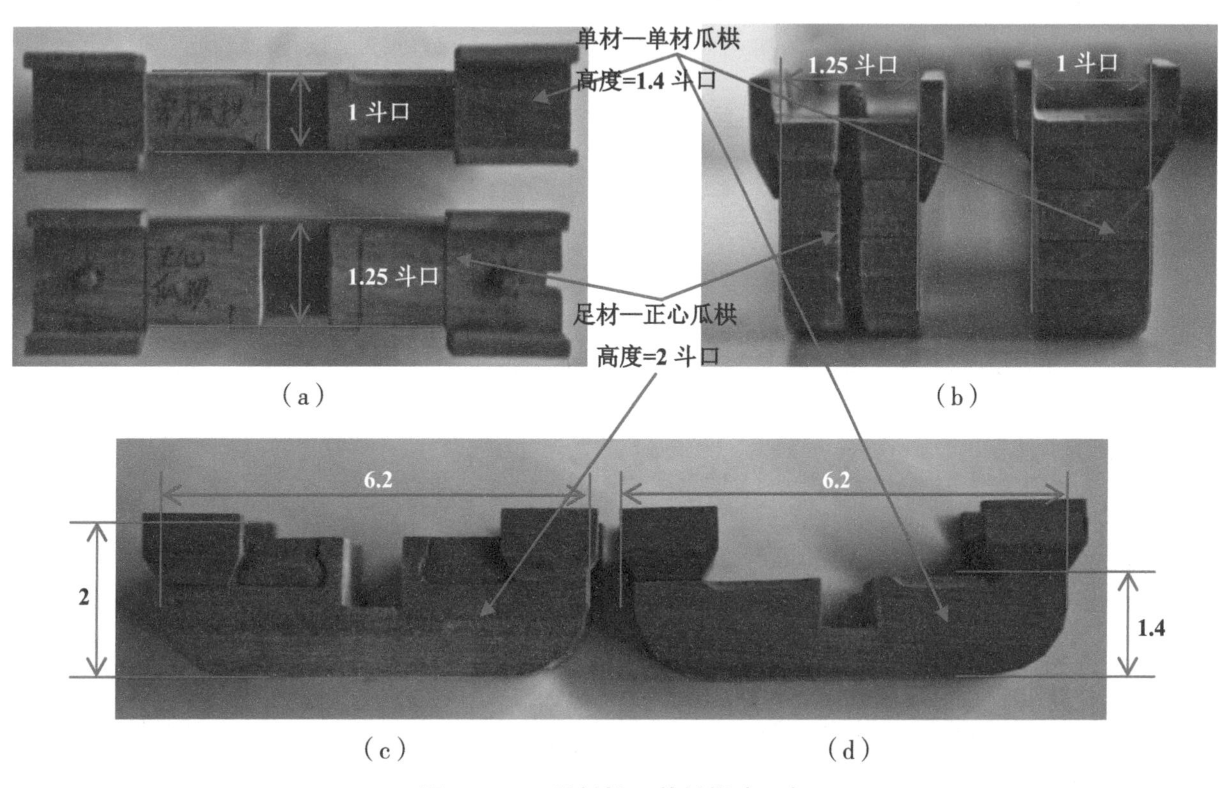

图 3-101　足材栱、单材栱（二）

6. 分件的权衡尺寸（以清单翘单昂五踩斗栱为例）

（1）平身科

① 斗类构件

a. 坐斗尺寸（斗口）：3×3.25×2［长 × 宽（深）× 高］。

b. 十八斗尺寸（斗口）：1.8×1.4×1［长 × 宽（深）× 高］。

c. 槽升子尺寸（斗口）：1.4×1.65×1［长 × 宽（深）× 高］。

d. 三才升尺寸（斗口）：1.4×1.4×1［长 × 宽（深）× 高］。

② 栱类构件

a. 正心瓜栱尺寸（斗口）：6.2×1.25×2（长 × 厚 × 高）。

b. 正心万栱尺寸（斗口）：9.2×1.25×2（长 × 厚 × 高）。

c. 单材瓜栱尺寸（斗口）：6.2×1×1.4（长 × 厚 × 高）。

d. 单材万栱尺寸（斗口）：9.2×1×1.4（长 × 厚 × 高）。

e. 厢栱尺寸（斗口）：7.2×1×1.4（长 × 厚 × 高）。

③ 枋类构件

a. 正心枋尺寸（斗口）：2×1.25（高 × 厚，长随面宽）。

注：正心枋高度随斗拱踩数变化而做调整。

b. 拽架（里、外）枋尺寸（斗口）：2×1（高 × 厚，长随面宽）。

c. 挑檐枋尺寸（斗口）：2×1（高 × 厚，长随面宽）。

d. 井口枋尺寸（斗口）：3×1（高 × 厚，长随面宽）。

④ 昂类构件

a. 翘尺寸（斗口）：7×1×2［长 × 宽（深）× 高］。

b. 昂后带菊花头尺寸（斗口）：15.3×1×3（长 × 厚 × 高）。

c. 蚂蚱后带六分头尺寸（斗口）：16.1×1×2（长 × 厚 × 高）。

d. 撑头木后带麻叶头尺寸（斗口）：15.3×1×2（长 × 厚 × 高）。

e. 桁椀尺寸（斗口）：12×1×3.75（长 × 厚 × 高）。

⑤ 其他类构件

a. 正心桁（檩）尺寸（斗口）：按间实长＋榫长 ×ϕ4.5（长 × 径）。

b. 挑檐桁（檩）尺寸（斗口）：按间实长＋榫长 ×ϕ3（长 × 径）。

c. 垫栱板尺寸（斗口）：攒当实长＋榫长 ×5.2+ 榫长 ×0.3（不小于 25mm）［长 × 高（宽）× 厚］。

d. 盖斗板、斜斗板尺寸（斗口）：攒当实长＋榫长 × 拽架实长＋榫长 ×0.25［长 × 宽（深）× 高］。

（2）柱头科

① 斗类构件

a. 坐斗尺寸（斗口）：4×3.25×2［长 × 宽（深）× 高］。

b_1. 翘（头昂）上十八斗（桶子十八斗）尺寸（斗口）：3.4×1.4×1［长 × 宽（深）× 高］。

b_2. 昂上十八斗尺寸（斗口）：4.4×1.4×1［长 × 宽（深）× 高］。

注：以五踩计，凡遇踩数者柱头“翘”或“昂”上十八斗宽度比上层构件的厚度宽出 0.8。

c. 槽升子尺寸（斗口）：1.4×1.65×1［长 × 宽（深）× 高］。

d. 三才升尺寸（斗口）：1.4×1.4×1［长 × 宽（深）× 高］。

② 栱类构件

a. 正心瓜栱尺寸（斗口）：6.2×1.25×2（长 × 厚 × 高）。

b. 正心万栱尺寸（斗口）：9.2×1.25×2（长 × 厚 × 高）。

c. 单材瓜栱尺寸（斗口）：6.2×1×1.4（长 × 厚 × 高）。

d. 单材万栱尺寸（斗口）：9.2×1×1.4（长 × 厚 × 高）。

e. 厢栱尺寸（斗口）：7.2×1×1.4（长 × 厚 × 高）。

f. 里拽厢栱头尺寸（斗口）：7.2×1×1.4（长 × 厚 × 高）。

注：里拽厢栱头所处位置与桃尖梁梁身相交，由于受力原因，梁身不做刻口，仅剔出各两侧 1/10 梁身厚度的栱头袖卯，栽入栱头。栱头实长按厢栱总长 7.2 控制，减去桃尖梁梁身栱头袖卯剔凿后的实落尺寸一分为二即为厢栱头长度尺寸。

③ 枋类构件

a. 正心枋尺寸（斗口）：2×1.25（高 × 厚，长随面宽）。

注：正心枋高度随斗栱踩数变化而做调整。

b. 拽架（里、外）枋尺寸（斗口）：2×1（高 × 厚，长随面宽）。

c. 挑檐枋尺寸（斗口）：2×1（高 × 厚，长随面宽）。

d. 井口枋尺寸（斗口）：3×1（高 × 厚，长随面宽）。

④ 昂类构件

a. 翘尺寸（斗口）：7×2×2［长 × 宽（深）× 高］。

b. 昂后带雀替尺寸（斗口）：18.3×3×3（长 × 厚 × 高）。

c. 桃尖梁尺寸（梁头部分）：12×4×7.75（长 × 厚 × 高）（梁身部分按大木尺寸定）。

⑤ 其他类构件

a. 正心桁（檩）尺寸（斗口）：按间实长＋榫长 ×ϕ4.5（长 × 径）。

b. 挑檐桁（檩）尺寸（斗口）：按间实长＋榫长 ×ϕ3（长 × 径）。

c. 垫栱板尺寸（斗口）：攒当实长＋榫长 ×5.2+ 榫长 ×0.3（不小于 25mm）［长 × 高（宽）× 厚］。

d. 盖斗板、斜斗板尺寸（斗口）：攒当实长＋椽长 × 拽架实长＋椽长 ×0.25［长 × 宽（深）× 厚］。

（3）角科

① 斗类构件

a. 坐斗尺寸（斗口）：3×3×2［长 × 宽（深）× 高］。

b. 十八斗尺寸（斗口）：1.48×1.4×1［长 × 宽（深）× 高］。

c. 槽升子尺寸（斗口）：1.4×1.65×1［长 × 宽（深）× 高］。

d. 三才升尺寸：1.4×1.4×1［长 × 宽（深）× 高］。

e. 斜头翘（斜头昂）上平盘斗尺寸：2.3×2.3×0.6（以第一层计，凡遇踩数变化，平盘斗的宽度按其上层构件的厚度加出 0.8）。

注：平盘斗通常采用与斜向构件连做另贴斗耳的作法。

② 栱类构件

a. 正心瓜栱

b. 正心万栱

c. 单材瓜栱

d. 单材万栱

（注：以上构件并入昂类构件）

e. 里连头合角单材瓜栱（鸳鸯交首栱）尺寸：1×1.4（厚 × 高）。

注：该构件通常与相邻平身科里拽单材瓜栱连做，长度以实际尺寸计。

f. 里连头合角单材万栱（鸳鸯交首栱）尺寸：1×1.4（厚 × 高）。

注：该构件通常与相邻平身科里拽单材万栱连做，长度以实际尺寸计。

g. 把臂厢栱尺寸：1×1.4×13.2（厚 × 高 × 长）。

③ 枋类构件

a. 正心枋

b. 拽架（里、外）枋

注：以上构件并入昂类构件。

c. 挑檐枋尺寸（斗口）：2×1（高 × 厚，长随面宽）。

d. 井口枋尺寸（斗口）：3×1（高 × 厚，长随面宽）。

④ 昂类构件（注：凡构件中有“后带 × ×”构件者，均纳入昂类构件）

a. 正头翘后带正心瓜栱尺寸：6.6×1.25×2（长 × 厚 × 高）。

b. 正头昂后带正心万栱尺寸：13.9×1.25×3（长 × 厚 × 高）。

c. 正蚂蚱头（耍头）后带正心枋尺寸：9（至正心中）×1.25×2（长 × 厚 × 高）。

d. 正撑头木后带正心枋尺寸：6（至正心中）×1.25×2（长 × 厚 × 高）。

e. 闹头昂后带单材瓜栱尺寸：12.4×1×3（长 × 厚 × 高）。

f. 闹蚂蚱头后带单材万栱尺寸：13.6×1×2（长 × 厚 × 高）。

g. 闹撑头木后带外拽枋尺寸：6（至正心中）×1×2（长 × 厚 × 高）。

h. 斜头翘尺寸：7 × 角度系数 ×1.5×2（长 × 厚 × 高）。

i. 斜头昂后带斜菊花头尺寸：15.3× 角度系数 ×2×2（长 × 厚 × 高）。

j. 由昂后带斜六分头尺寸：19.4 × 角度系数 ×2.5×3（长 × 厚 × 高）。

k. 斜撑头木后带斜麻叶头尺寸：15.6（以挑檐枋中计）× 角度系数 ×2.5×2（长 × 厚 × 高）。

l. 斜桁椀尺寸：12（挑檐桁中至井口枋中）× 角度系数 ×2.5×3.75（长 × 厚 × 高）。

⑤ 其他类构件

a. 正心桁（檩）尺寸（斗口）：按间实长 + 榫长 × ϕ4.5（长 × 径）。

b. 挑檐桁（檩）尺寸（斗口）：按间实长 + 榫长 × ϕ3（长 × 径）。

c. 垫拱板尺寸（斗口）：攒当实长 + 榫长 ×5.2+ 榫长 ×0.3（不小于 25mm）[长 × 高（宽）× 厚]。

d. 盖斗板、斜斗板尺寸（斗口）：攒当实长 + 榫长 × 拽架实长 + 榫长 ×0.25 [长 × 宽（深）× 高]。

7. 宋作法中有关斗拱权衡的知识

由于时代的轮回变化，人们的审美观也在不断地调整，有人喜欢明清建筑的华丽繁冗，也有人喜欢唐宋建筑的朴素大气……在我们现在接触到的工程当中，唐宋建筑也占有了相当的比重，下面就把宋作法中有关斗栱权衡的一些知识进行简单介绍，供读者参考。

（1）宋《营造法式》中关于材分° 的规定

凡构屋之制，皆以材为祖，材有八等，度屋之大小，因而用之。

各以其材之广（即“高”）分为十五分°，以十分° 为其厚。凡屋宇之高深，名物之短长，曲直举折之势，规矩绳墨之宜，皆以所用材之分°，以为制度焉。

栔（读音：至）广六分°，厚四分°，材上加“栔”者，谓之足材。

材可分为八等，具体见本书第 41 页。

（2）宋斗栱“铺作”的方法

自“华栱”起数，“华头子”、各层“下昂”、“耍头”、“衬方头（撩檐枋）”总共多少层就是多少“铺作”，见图 3-102 ~ 图 3-108。

图 3-102　山西宋、辽、金作法——单栱五铺作一杪两昂

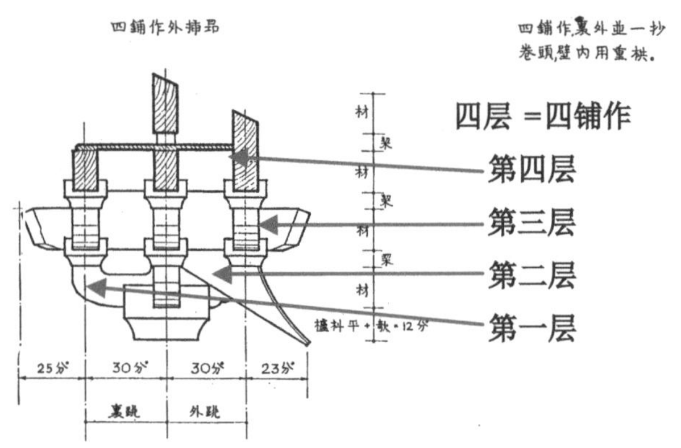

图 3-103　宋《营造法式》——四铺作外插昂；四铺作里外并一杪卷头栱，壁内用重栱

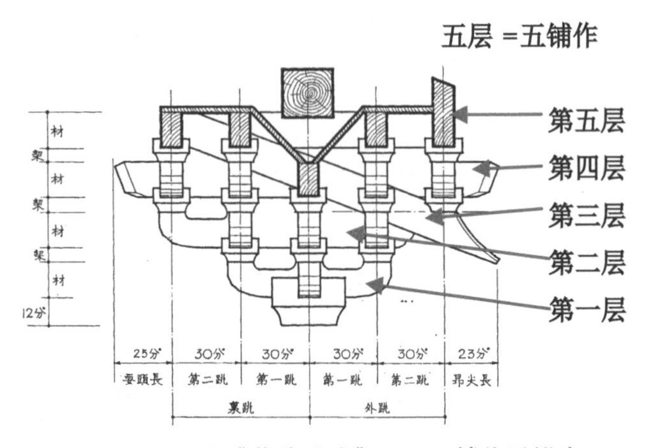

图 3-104　宋《营造法式》——五铺作重栱出单杪单下昂，里转五铺作重栱出两杪并计心

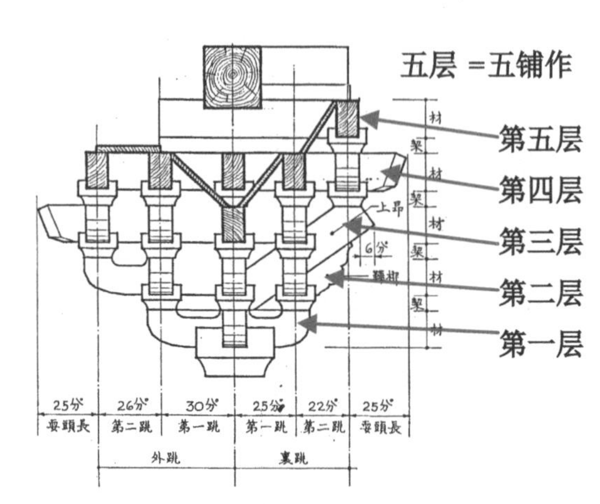

图 3-105　宋《营造法式》——五铺作重栱出上昂并计心

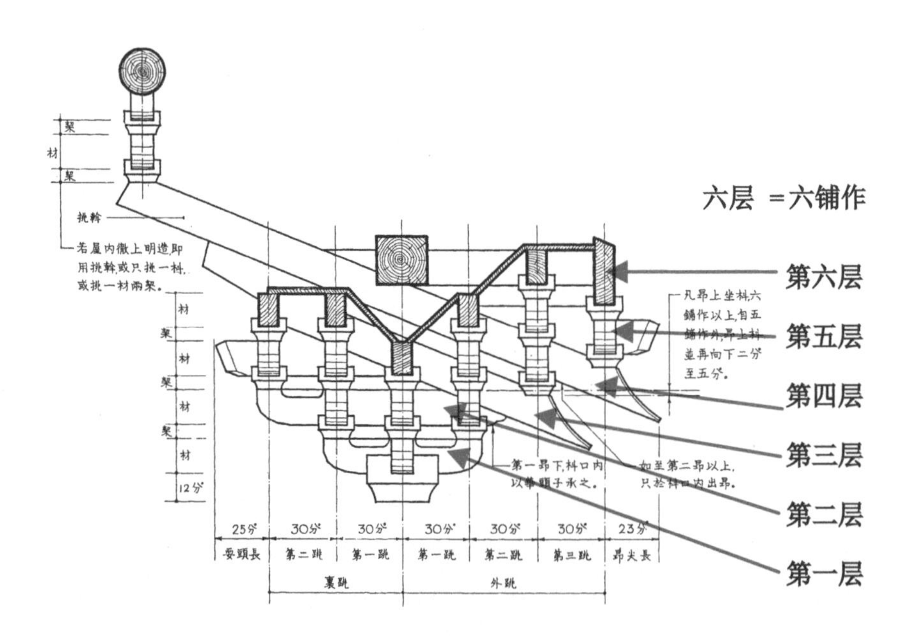

图 3-106　宋《营造法式》——六铺作重栱出单杪双下昂，里转五铺作重栱出两杪并计心

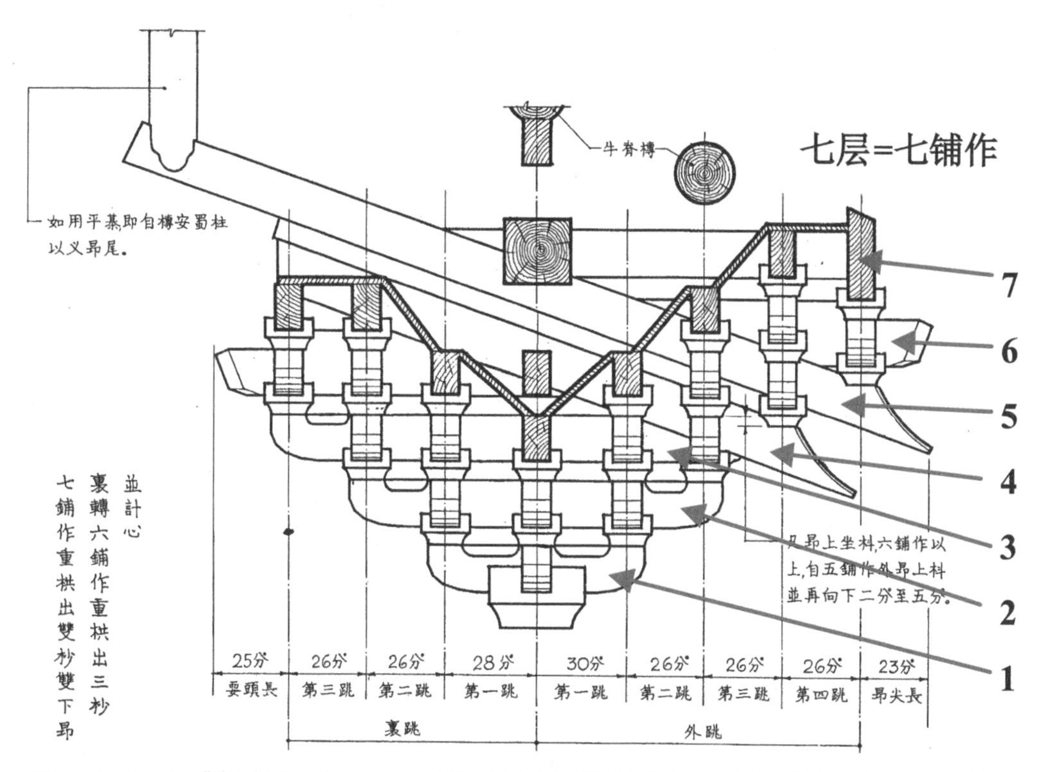

图 3–107　宋《营造法式》——七铺作重栱出双杪双下昂，里转六铺作重栱出三杪并计心

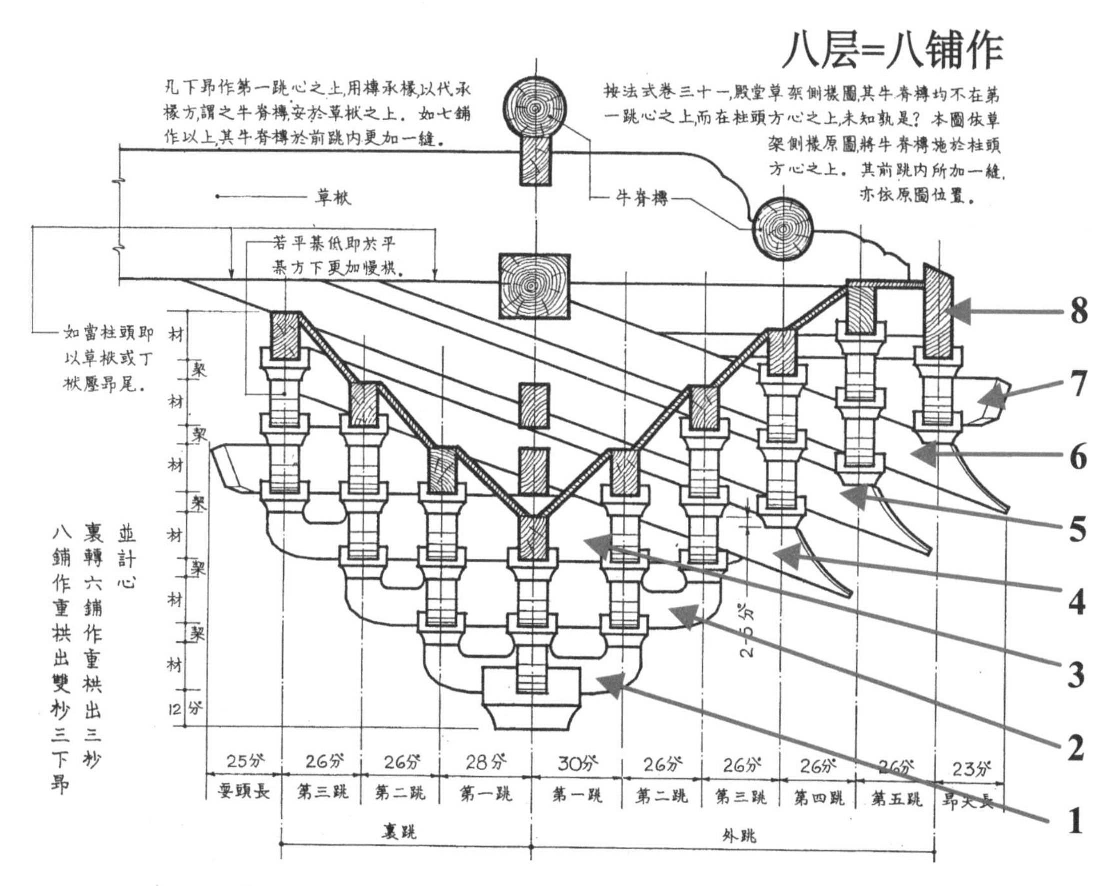

图 3–108　宋《营造法式》——八铺作重栱出双杪三下昂里转六铺作重栱出三杪并计心

第六节　昂翘斗栱及其构造

本节以清式单翘单昂五踩斗栱为例进行介绍。

一、平身科斗栱

平身科斗栱是建筑物两柱之间分布的斗栱，如图 3-109 所示。

图 3-109　清式单翘单昂五踩平身科斗栱

1. 分件名称及数量

表 3-2 是平身科斗栱的分件名称及数量。

表 3-2　平身科斗栱的分件名称及数量

类别	名称	数量 / 件	备注
斗类构件	坐斗	1	坐斗亦称大斗
	十八斗	4	
	槽升子	4	
	三才升	12	
栱类构件	正心瓜栱	1	正心瓜栱亦称足材瓜栱
	正心万栱	1	正心万栱亦称足材万栱
	单材瓜栱	2	
	单材万栱	2	
	厢栱	2	

续表

类别	名称	数量 / 件	备注
枋类构件	正心枋	3	
	挑檐枋	1	
	里、外拽架枋	2	各 1 件
	井口枋	1	
昂类构件	翘	1	
	翘昂后带菊花头	1	
	蚂蚱头后带六分头	1	蚂蚱头亦称耍头
	撑头木后带麻叶头	1	
	桁椀	1	
其它类构件	正心桁	1	正心桁或正心檩
	挑檐桁	1	挑檐桁或挑檐檩
	垫拱板	2	
	盖斗板	2	
	斜斗板	6	
合计	23	53	

2. 分件尺寸及划线方法

（1）斗类构件

① 坐斗。尺寸（斗口）：3×3.25×2［长 × 宽（深）× 高］，坐斗尺寸及划线方法，如图 3–110 ~ 图 3–112 所示。

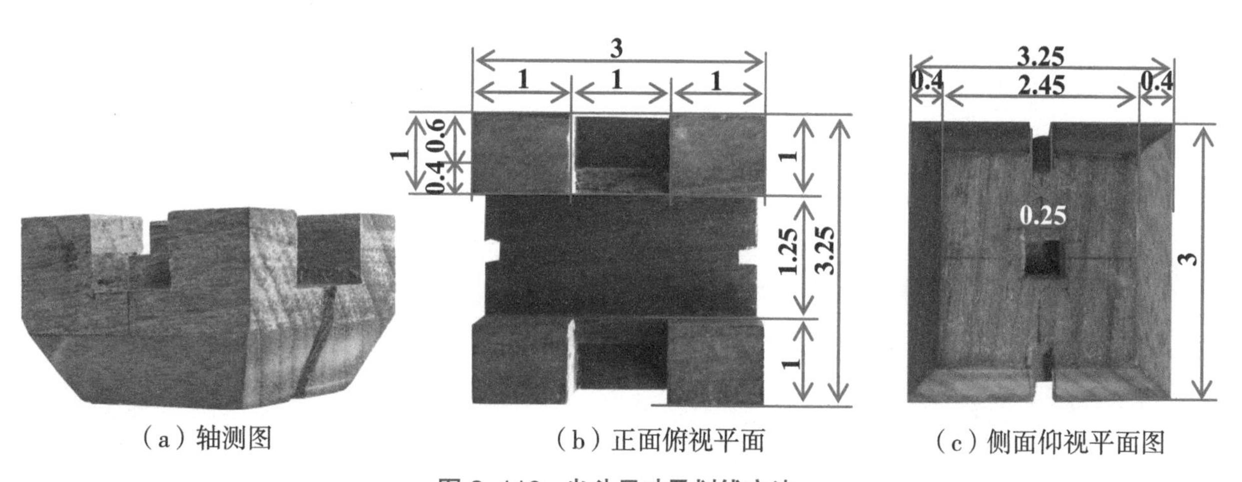

（a）轴测图　（b）正面俯视平面　（c）侧面仰视平面图

图 3–110　坐斗尺寸及划线方法

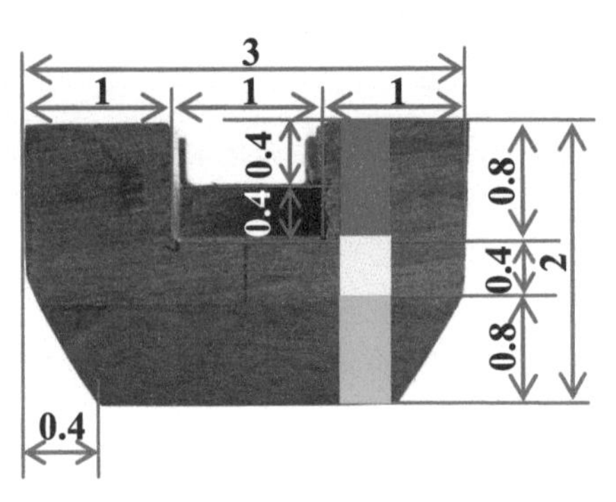

图 3-111　坐斗正立面图

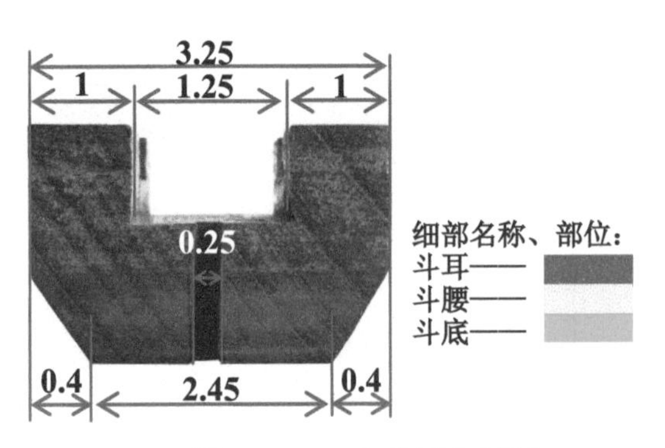

图 3-112　坐斗侧立面图

② 十八斗。尺寸（斗口）：1.8×1.4×1［长 × 宽（深）× 高］，十八斗尺寸及划线方法如图 3-113 ~ 图 3-115 所示。

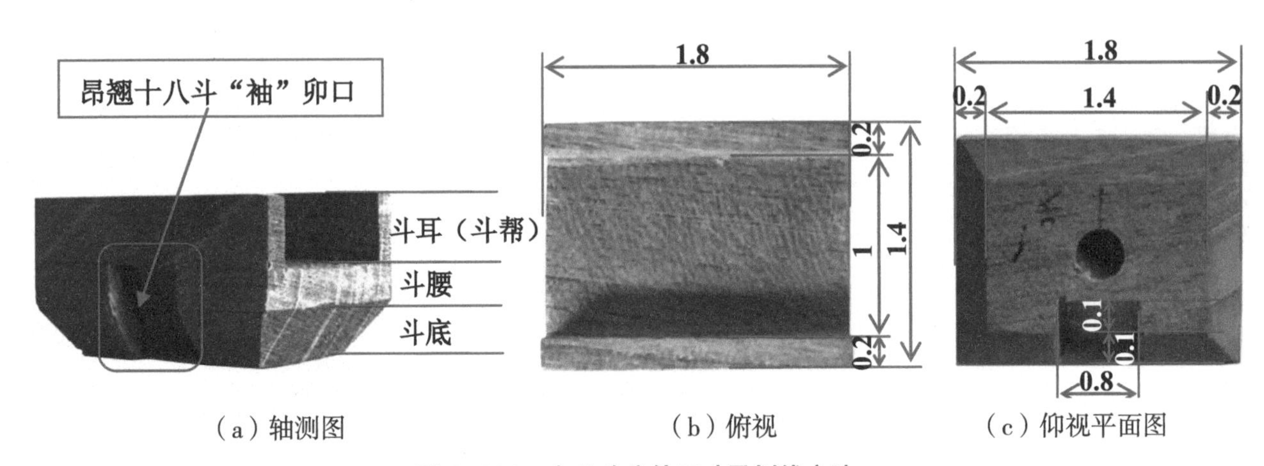

（a）轴测图　（b）俯视　（c）仰视平面图

图 3-113　十八斗分件尺寸及划线方法

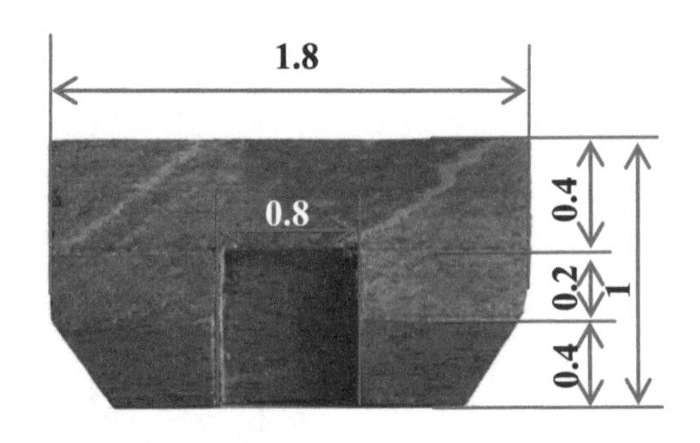

图 3-114　十八斗正立面图

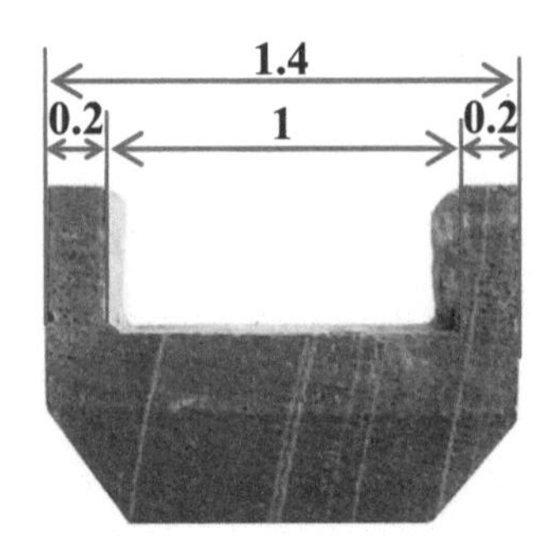

图 3-115　十八斗侧立面图

③ 槽升子。尺寸（斗口）：1.4×1.65×1［长 × 宽（深）× 高］。

注：与正心瓜栱连做，详见下面栱类构件中的正心瓜栱。

④ 三才升。尺寸（斗口）：1.4×1.4×1［长 × 宽（深）× 高］，三才升尺寸及划线方法如图 3-116 ~ 图 3-118 所示。

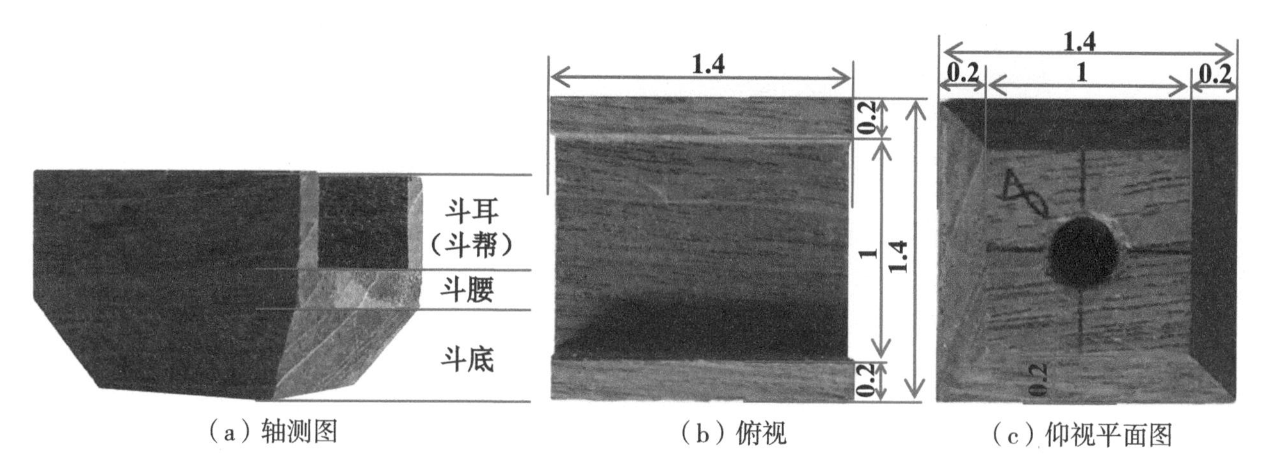

（a）轴测图　（b）俯视　（c）仰视平面图

图 3-116　三才升分件尺寸及划线方法

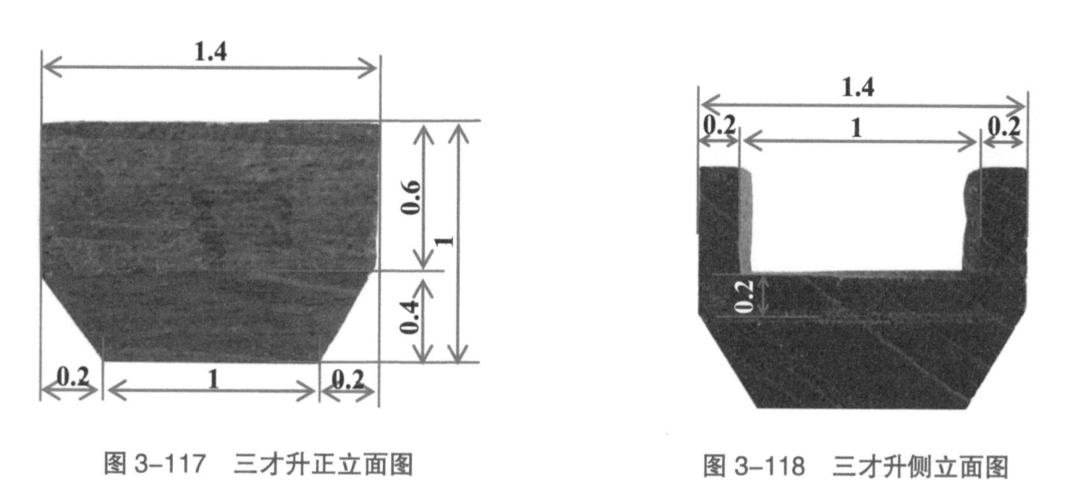

图 3-117　三才升正立面图　　图 3-118　三才升侧立面图

（2）栱类构件

① 正心瓜栱。尺寸（斗口）：6.2×1.25×2（长 × 厚 × 高），正心瓜栱尺寸及划线方法如图 3-119 ~ 图 3-122 所示。

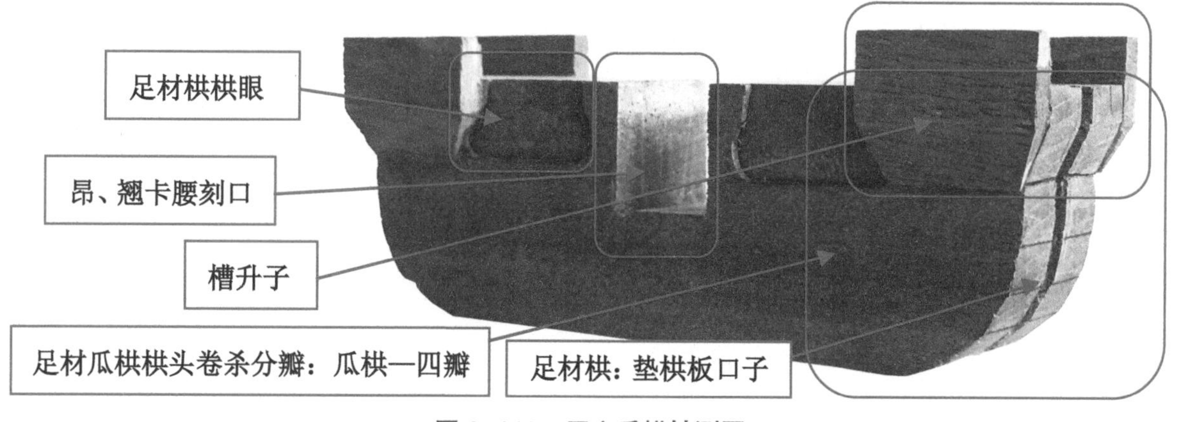

图 3-119　正心瓜栱轴测图

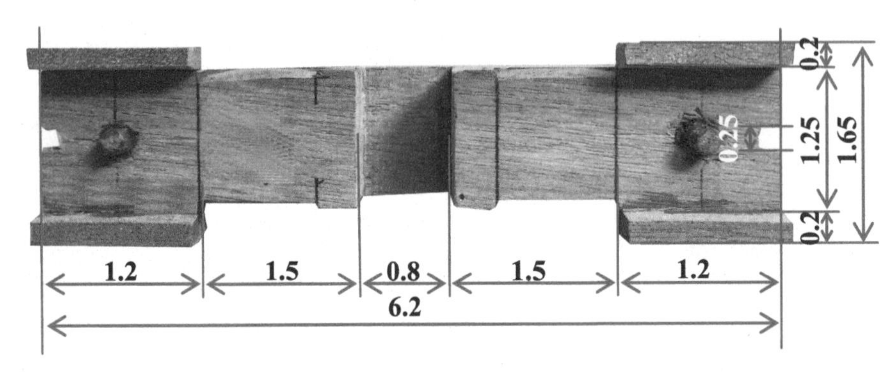

图 3-120　正心瓜栱俯视平面图

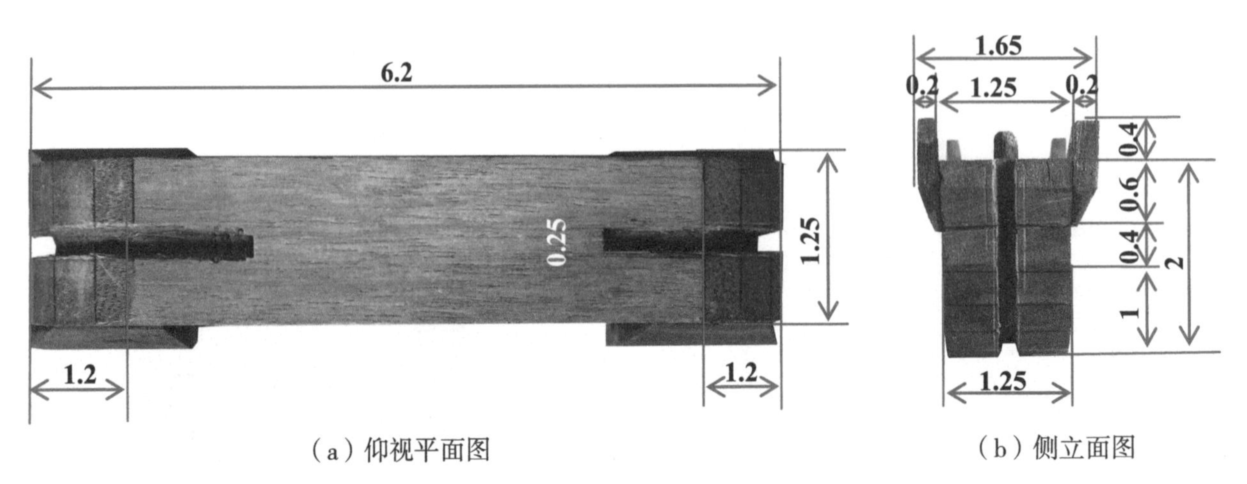

（a）仰视平面图

（b）侧立面图

图 3-121　正心瓜栱分件尺寸及划线方法

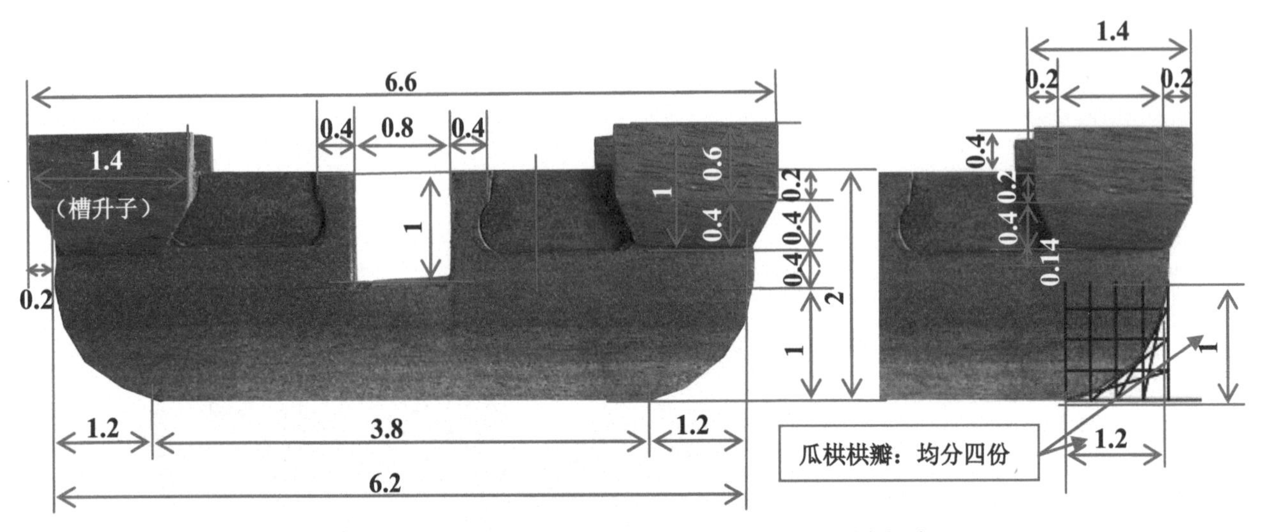

图 3-122　正心瓜栱、槽升子正立面及栱眼、栱瓣卷杀图

② 正心万栱。尺寸（斗口）：9.2×1.25×2（长 × 厚 × 高），正心万栱尺寸及划线方法如图 3-123 ~ 图 3-126。

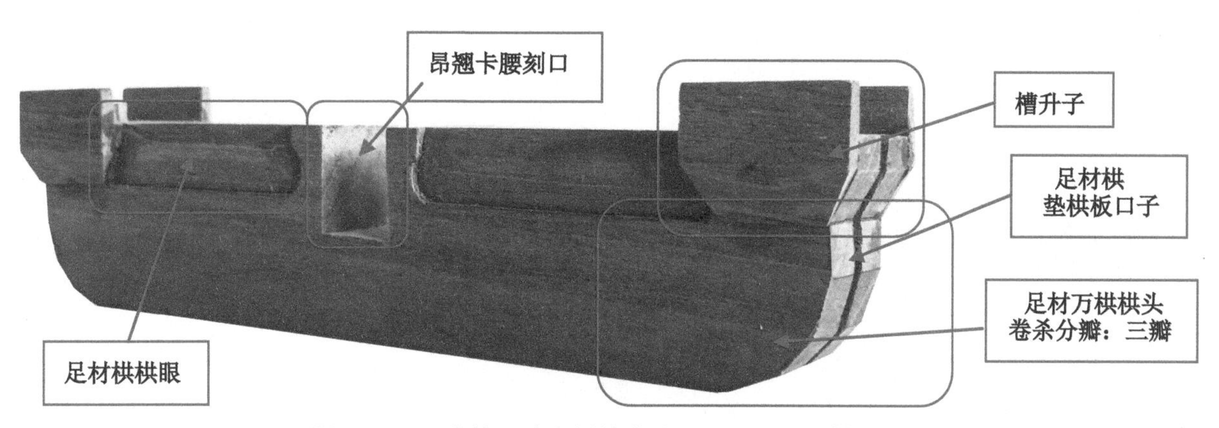

图 3-123　分件尺寸及划线方法——正心万栱轴测图

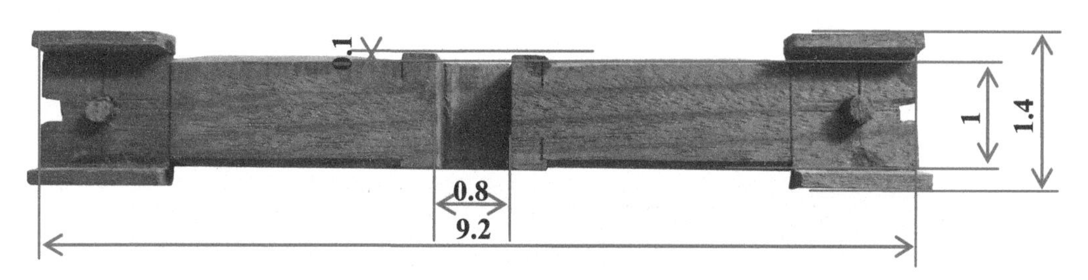

图 3-124　正心万栱俯视平面图

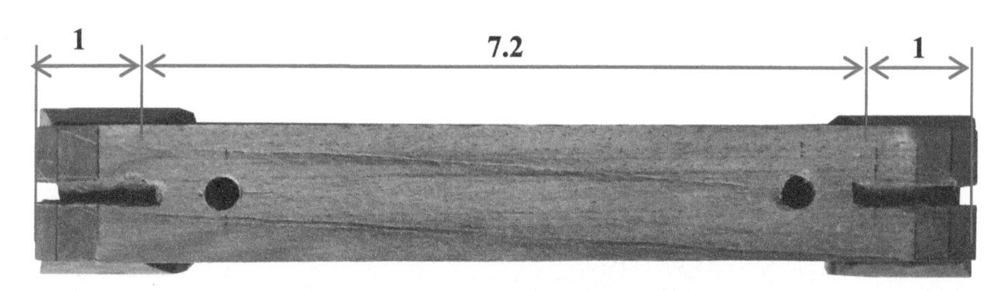

图 3-125　正心万栱仰视平面图

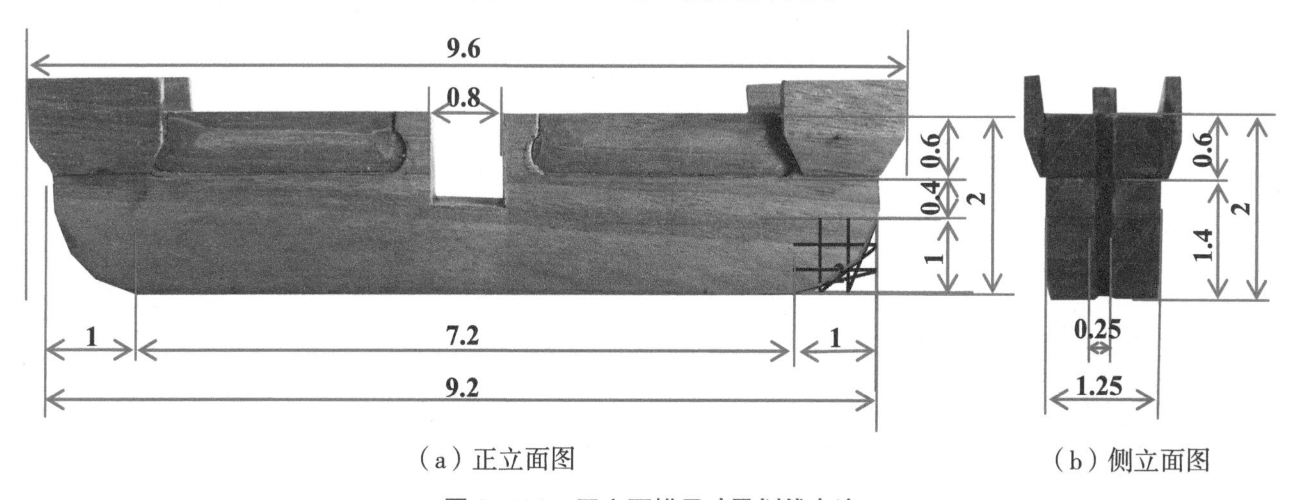

（a）正立面图　　（b）侧立面图

图 3-126　正心万栱尺寸及划线方法

③ 单材瓜栱。尺寸（斗口）：6.2×1×1.4（长 × 厚 × 高），单材瓜栱尺寸及划线方法如图 3-127 ~图 3-130 所示。

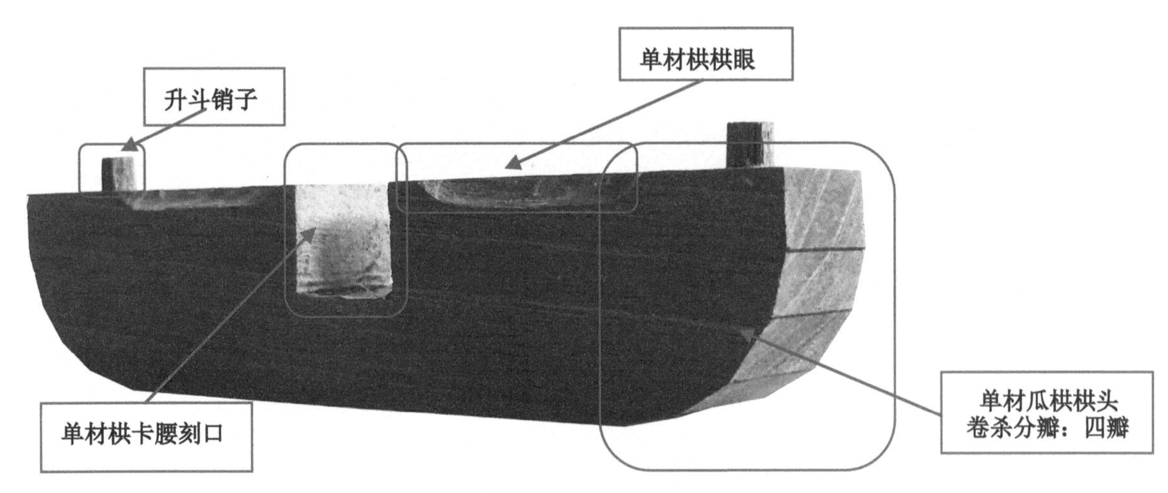

图 3-127　单材瓜栱轴测图

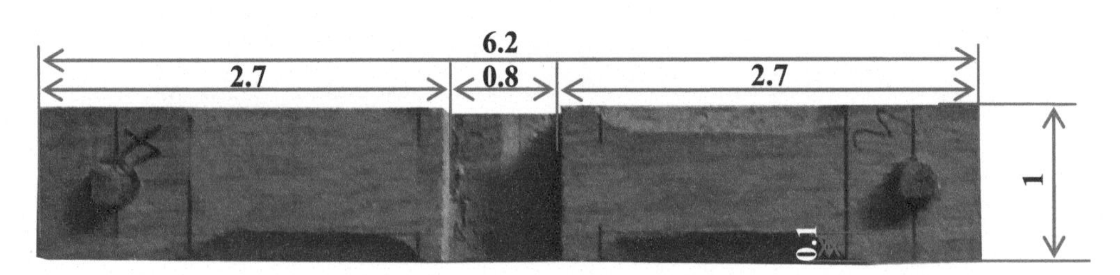

图 3-128　单材瓜栱俯视平面图

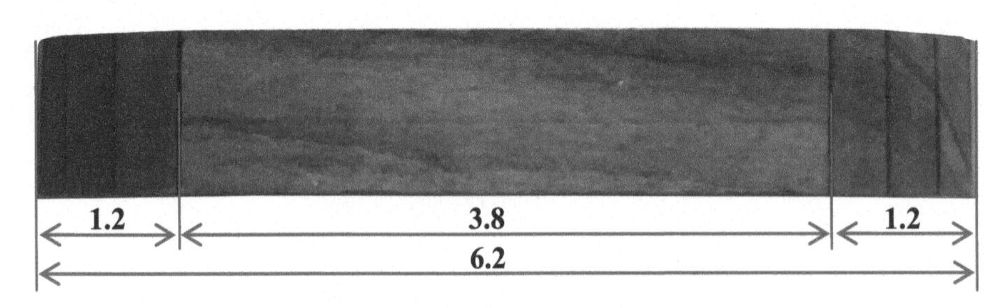

图 3-129　单材瓜栱仰视平面图

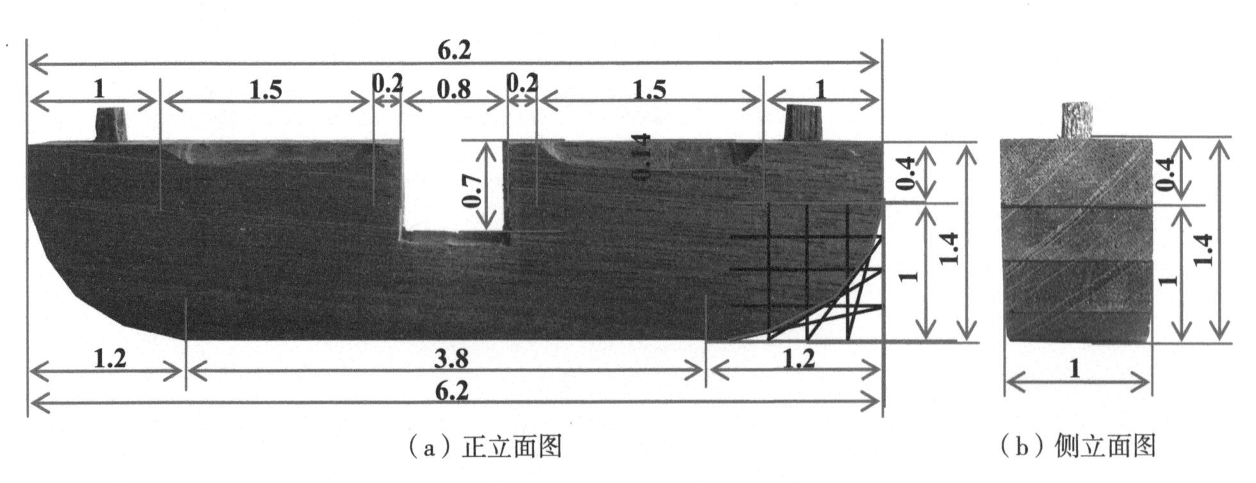

（a）正立面图　　（b）侧立面图

图 3-130　单材瓜栱尺寸及划线方法

④ 单材万栱。尺寸（斗口）：9.2×1×1.4（长 × 厚 × 高），单材万栱尺寸及划线方法如图 3-131 ~图 3-134 所示。

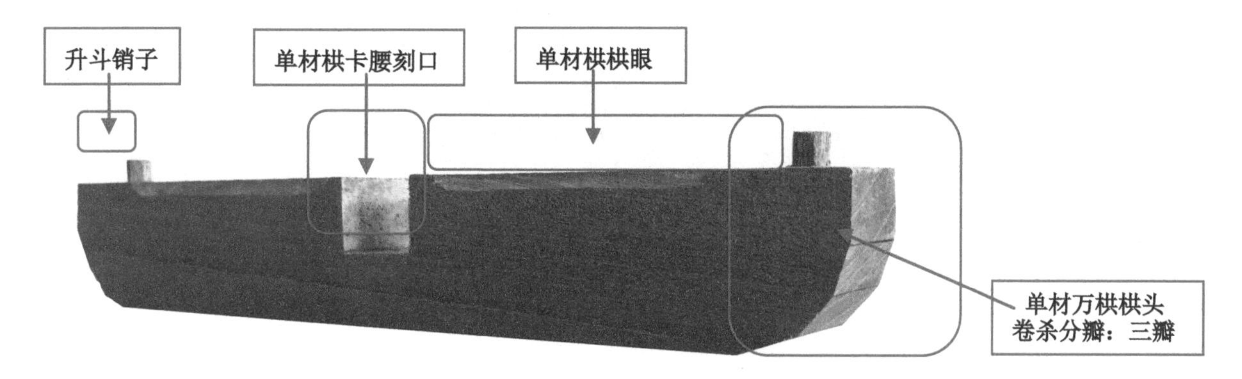

图 3-131　单材万栱轴测图

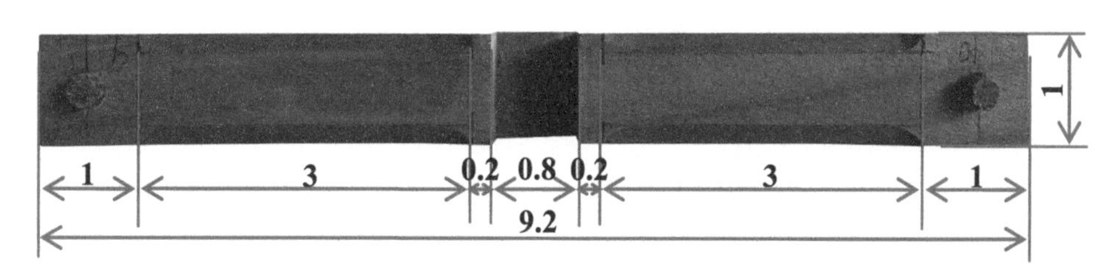

图 3-132　单材万栱俯视平面图

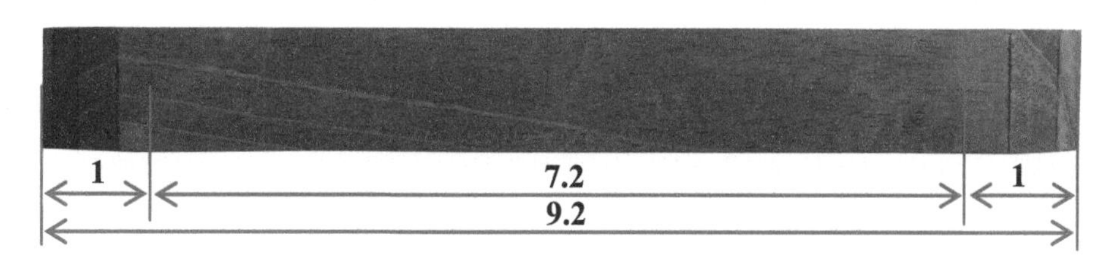

图 3-133　单材万栱仰视平面图

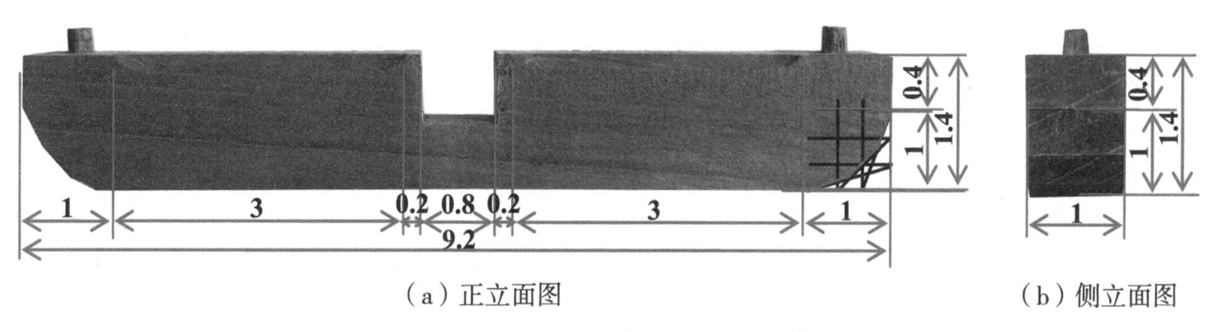

（a）正立面图　　（b）侧立面图

图 3-134　单材万栱尺寸及划线方法

⑤ 厢栱。尺寸（斗口）：7.2×1×1.4（长 × 厚 × 高），厢栱尺寸及划线方法如图 3-135 ~图 3-138 所示。

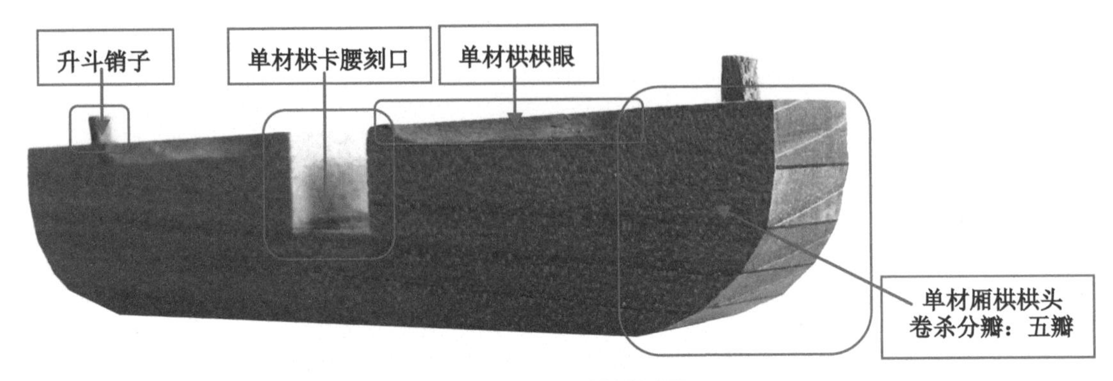

图 3-135　厢栱轴测图

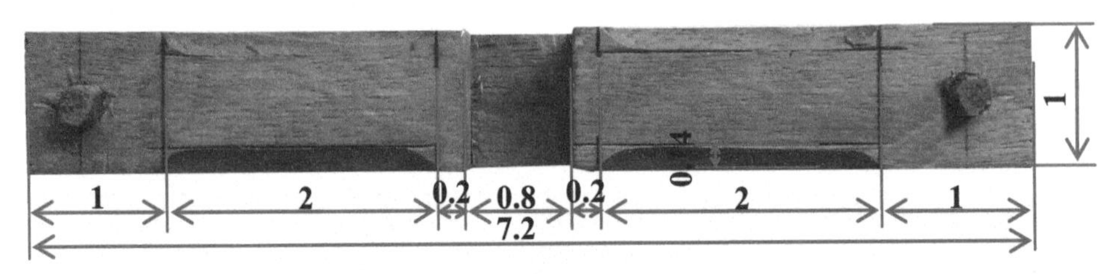

图 3-136　厢栱俯视平面图

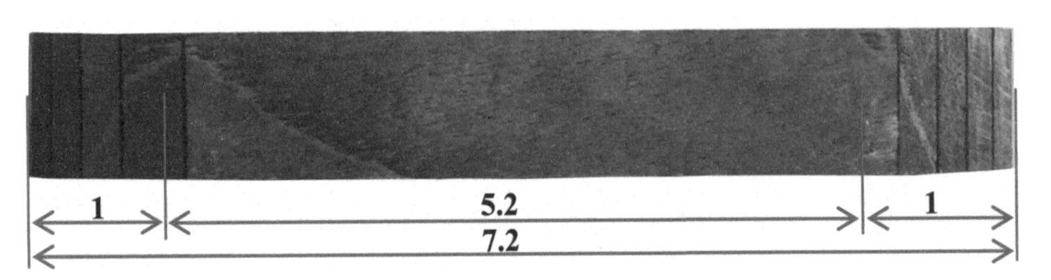

图 3-137　厢栱仰视平面图

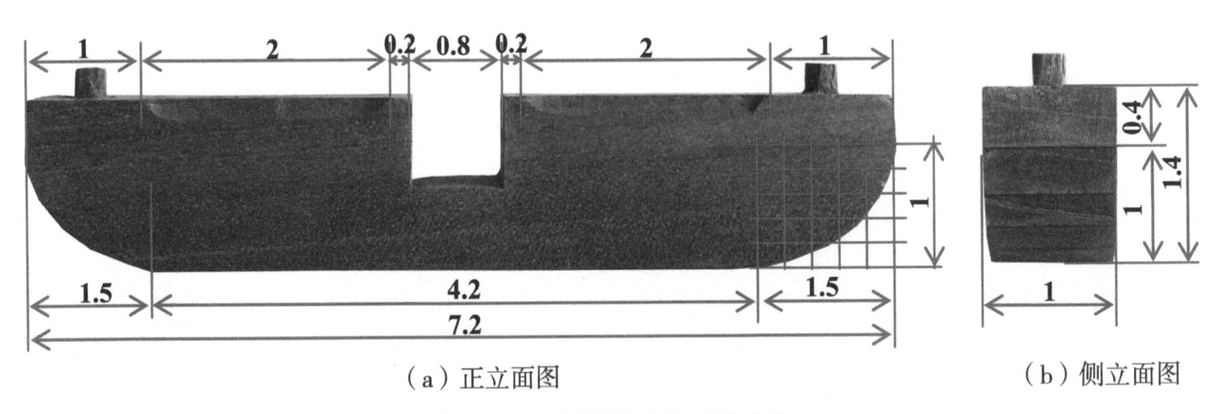

（a）正立面图　　（b）侧立面图

图 3-138　厢栱尺寸及划线方法

（3）枋类构件

① 正心枋。尺寸（斗口）：2×1.25（高 × 厚，长随面宽）。

② 拽架（里、外）枋。尺寸（斗口）：2×1（高 × 厚，长随面宽）。

③ 挑檐枋。尺寸（斗口）：2×1（高 × 厚，长随面宽）。

④ 井口枋。尺寸（斗口）：3×1（高 × 厚，长随面宽）。

注：以上各枋除挑檐、外拽枋需做出盖斗板裁口、正心枋做出斜斗板口子（坡棱）外，其余部位不做加工，详图略。

（4）昂类构件

① 翘。尺寸（斗口）：7×1×2［长 × 宽（深）× 高］，翘尺寸及划线方法如图 3-139 ~ 图 3-142 所示。

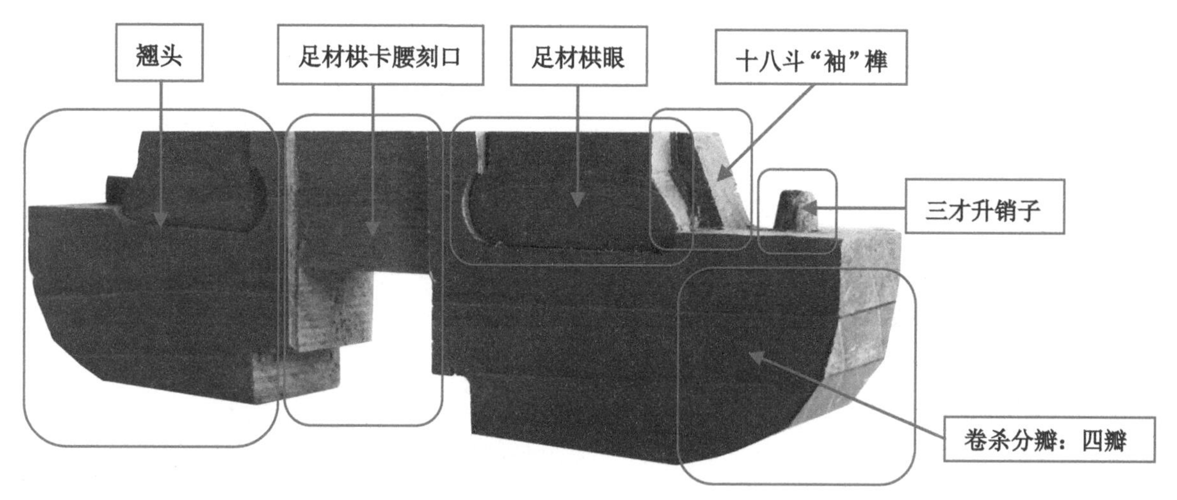

图 3-139　翘轴测图

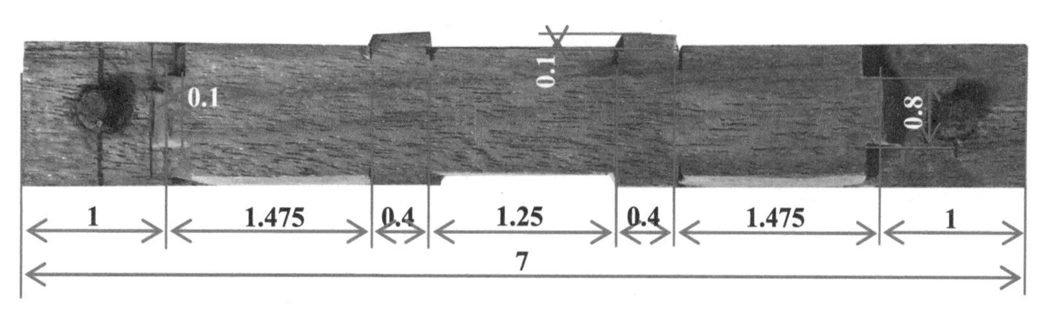

图 3-140　翘俯视平面图

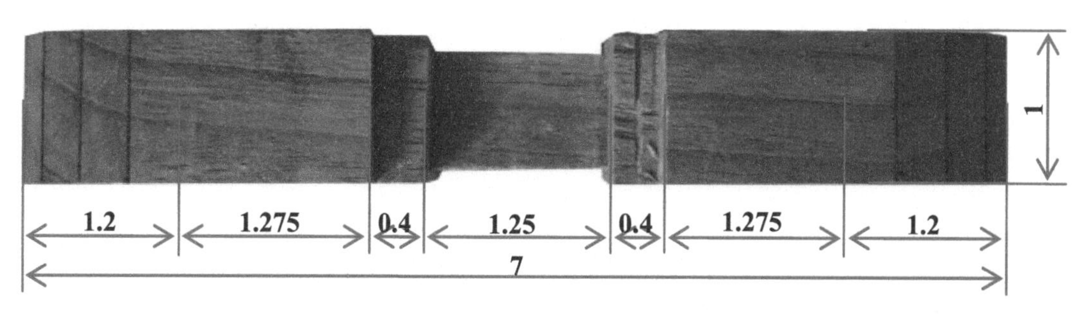

图 3-141　翘仰视平面图

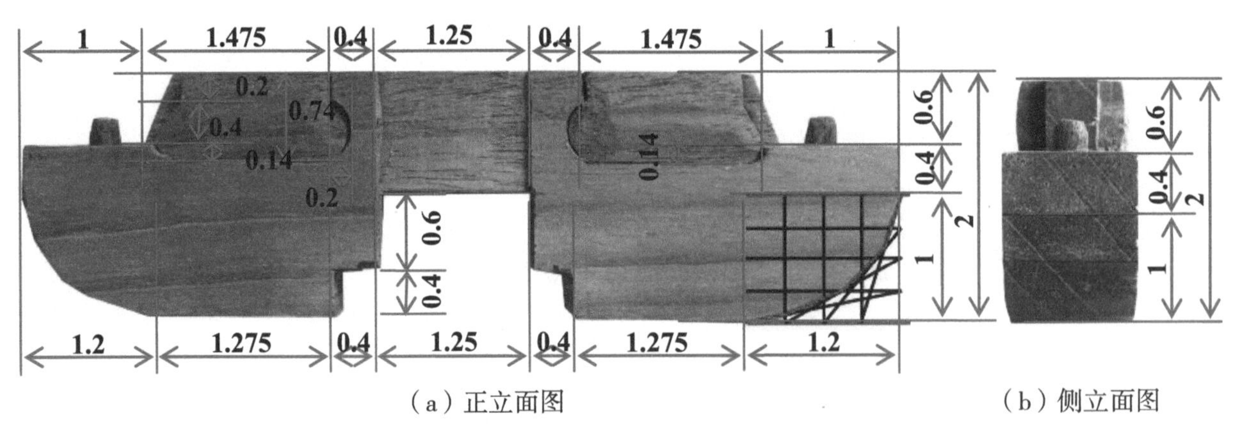

（a）正立面图　　　　（b）侧立面图

图 3-142　翘尺寸及划线方法

② 昂后带菊花头。尺寸（斗口）：15.3×1×3（长 × 厚 × 高），“昂后带菊花头”尺寸及划线方法如图 3-143 ~ 图 3-148 所示。

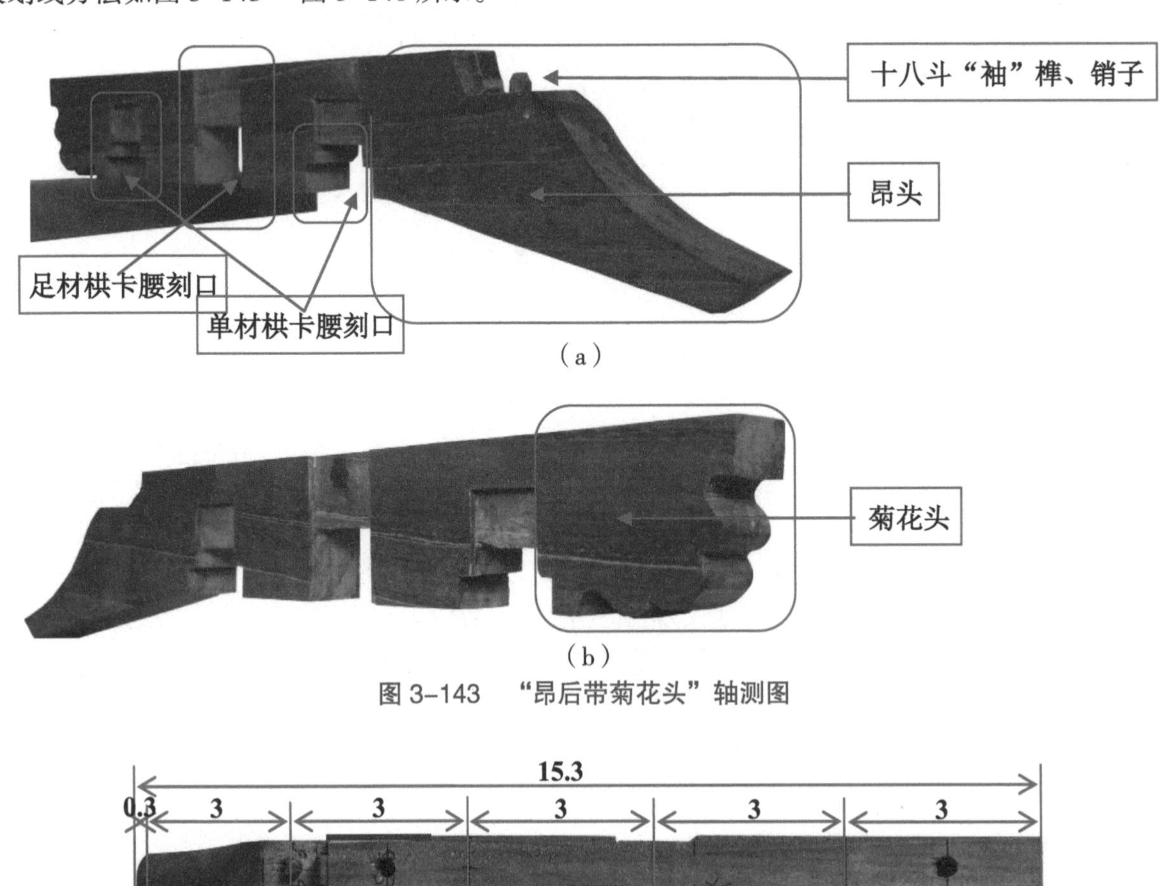

（a）

（b）

图 3-143　“昂后带菊花头”轴测图

15.3
0.3
3
3
3
3
3

图 3-144　“昂后带菊花头”俯视平面图

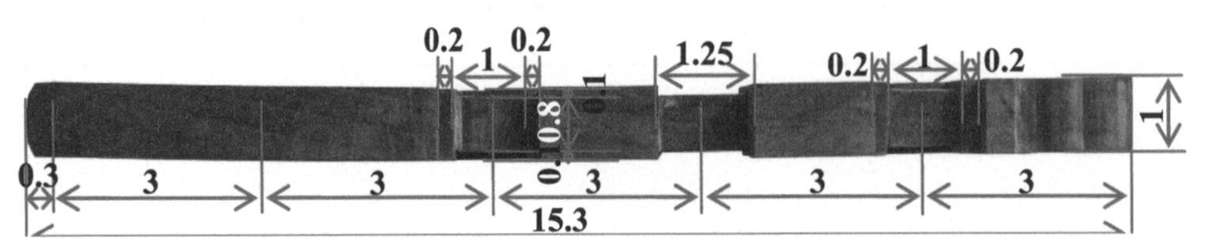

图 3-145　“昂后带菊花头”仰视平面图

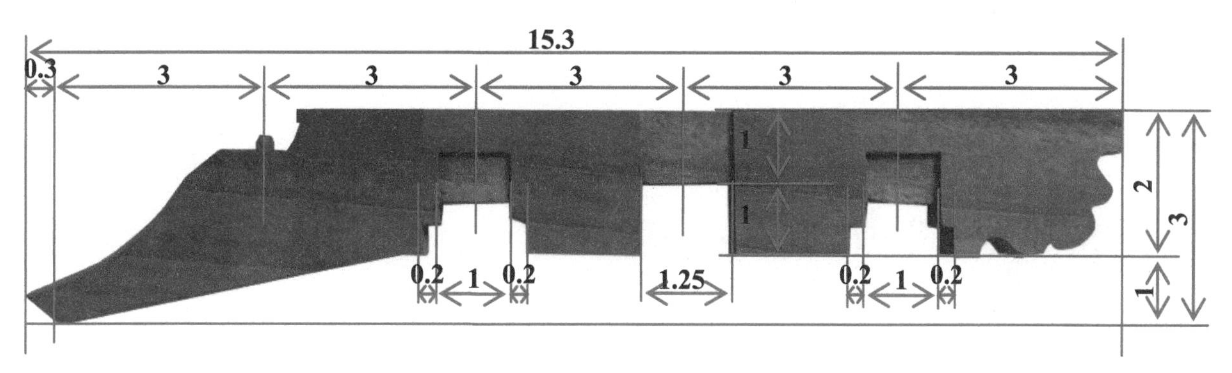

图 3-146　“昂后带菊花头”正立面图

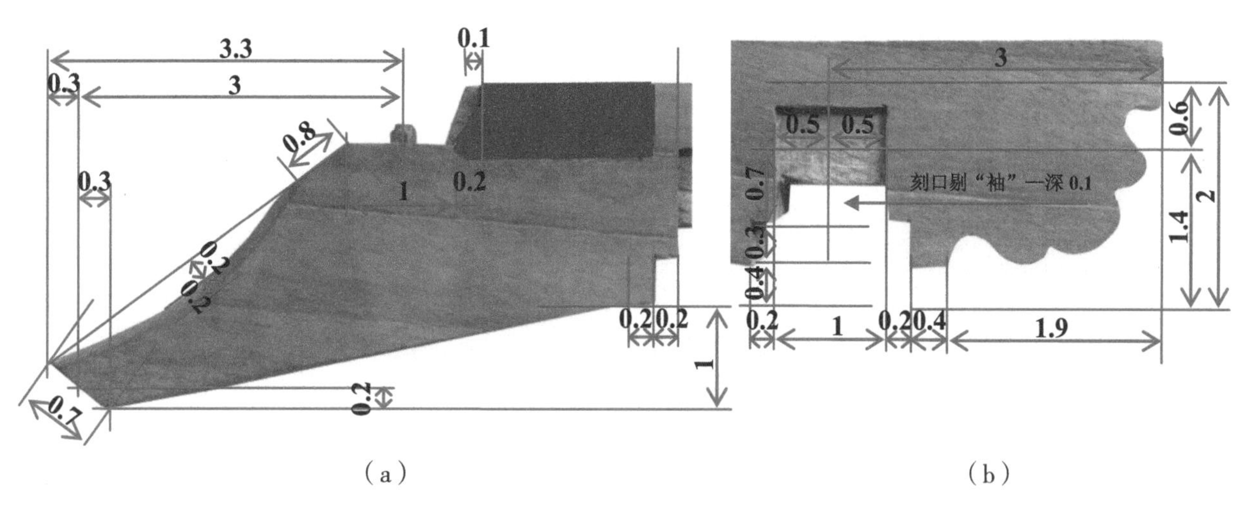

（a）　（b）

图 3-147　“昂后带菊花头”细部详图

注：昂嘴划线口诀：“起二、回三、垂七、昂八、耷拉十”。

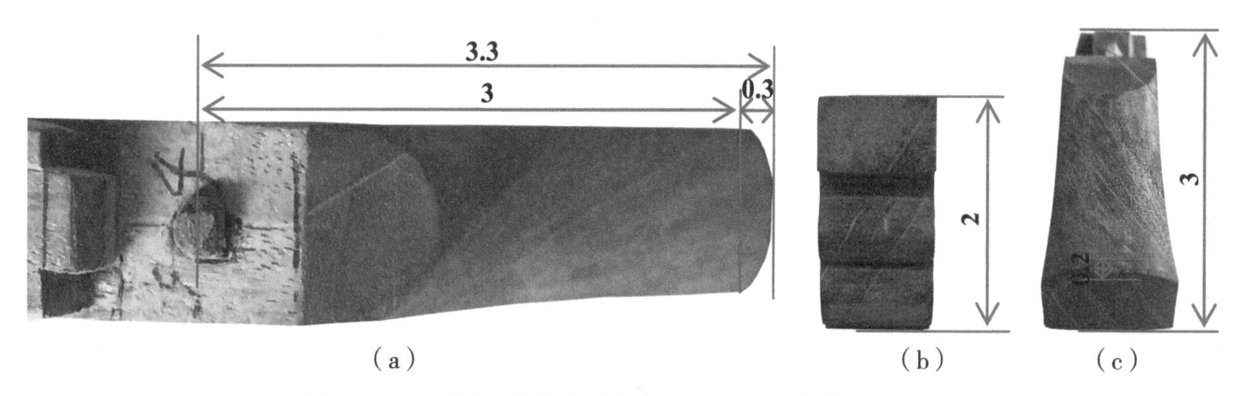

（a）　（b）　（c）

图 3-148　“昂后带菊花头”侧立面图、细部详图（一）

③ 蚂蚱后带六分头。尺寸（斗口）：16.1 × 1 × 2（长 × 厚 × 高），分件尺寸及划线方法如图 3-149 ~ 图 3-154 所示。

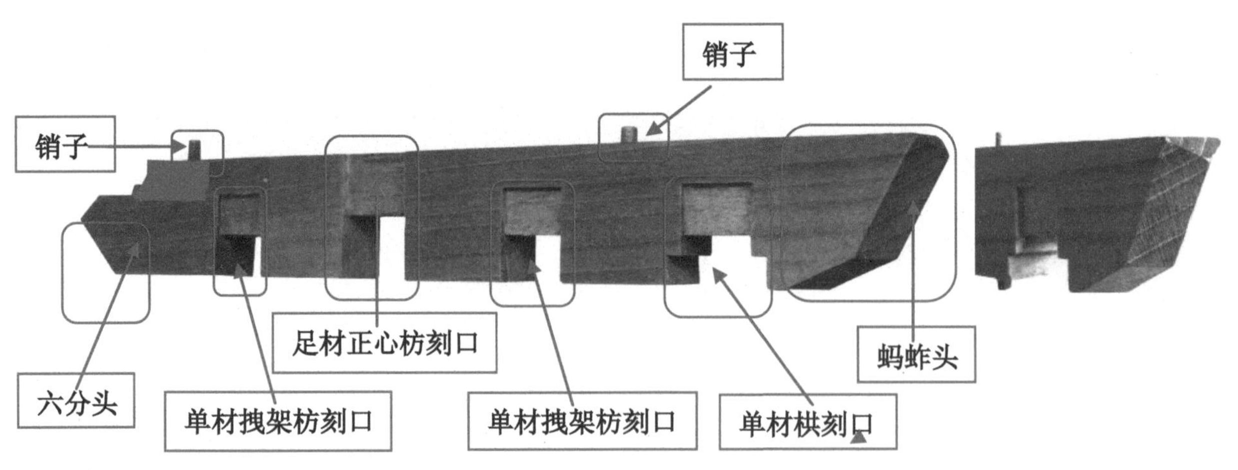

图 3-149　“蚂蚱头后带六分头”轴测图、“蚂蚱头”头饰

图 3-150　“蚂蚱头后带六分头”轴测图、“六分头”头饰

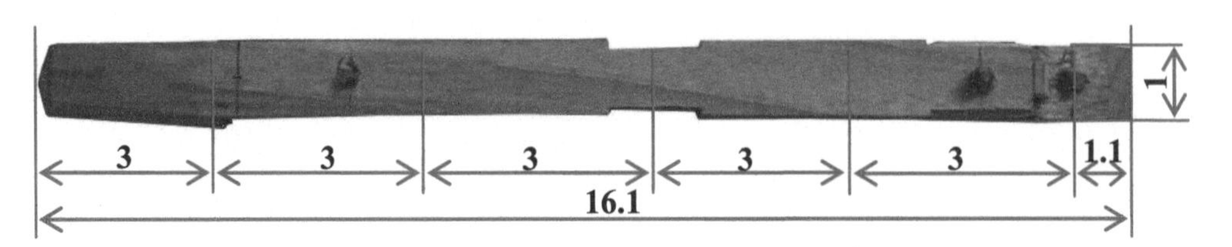

图 3-151　“蚂蚱头后带六分头”俯视平面图

图 3-152　“蚂蚱头后带六分头”仰视平面图

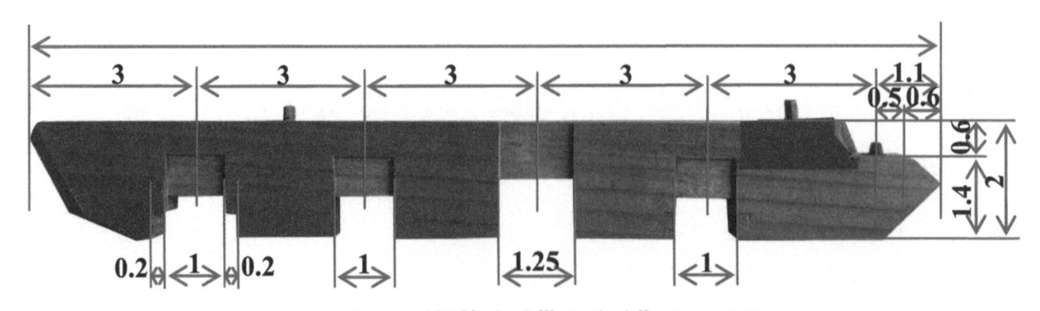

图 3-153　“蚂蚱头后带六分头”正立面图

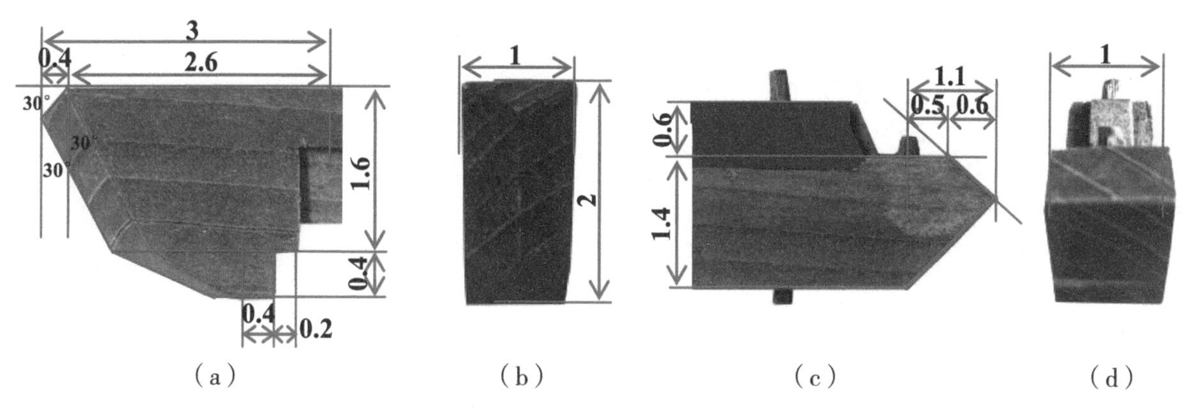

（a）　（b）　（c）　（d）

图 3–154　“蚂蚱头后带六分头”侧立面图、细部详图（二）

④ 撑头木后带麻叶头。尺寸（斗口）：15.3×1×2（长 × 厚 × 高），“撑头木后带麻叶头”尺寸及划线方法如图 3–155 ~ 图 3–158 所示。

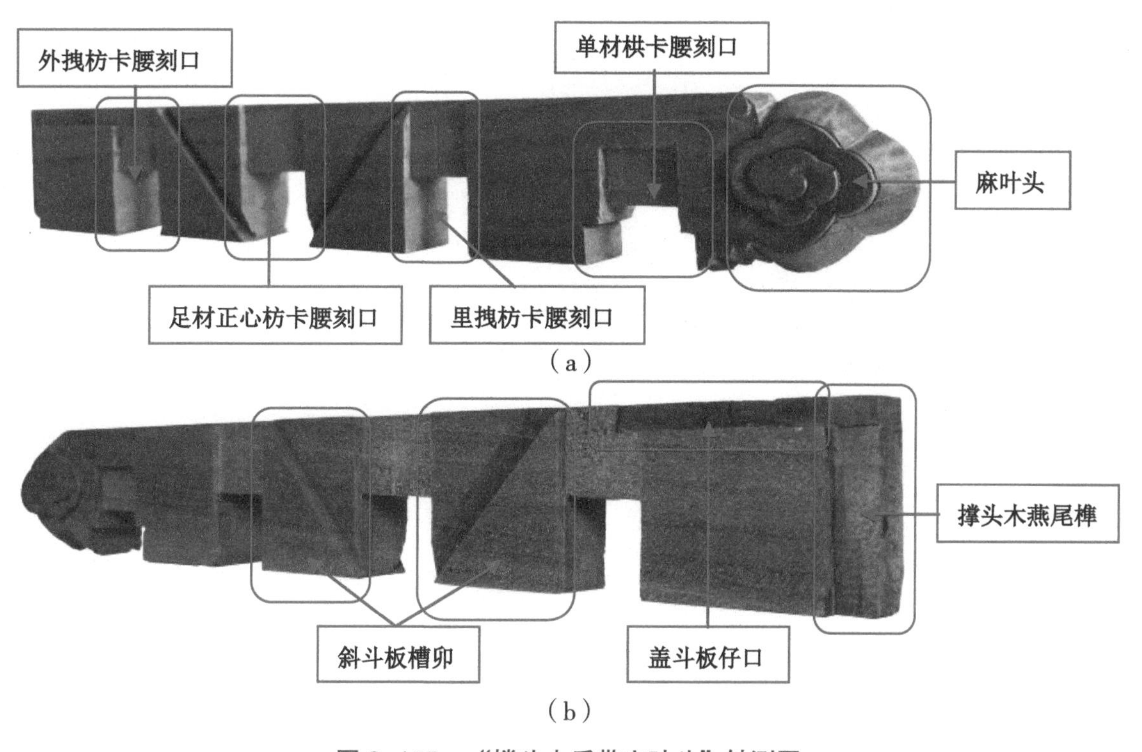

图 3–155　“撑头木后带麻叶头”轴测图

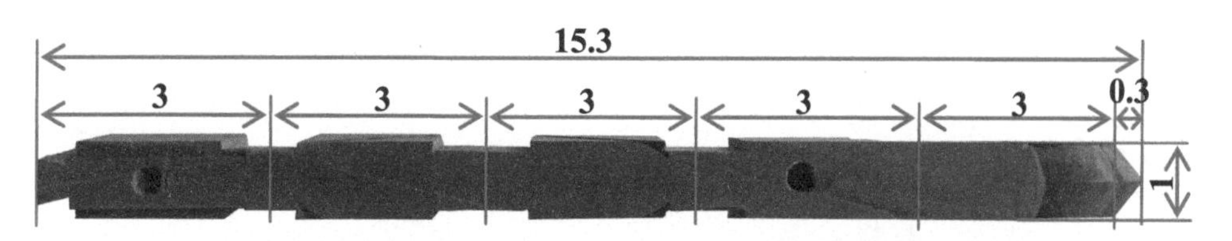

图 3–156　“撑头木后带麻叶头”俯视平面图

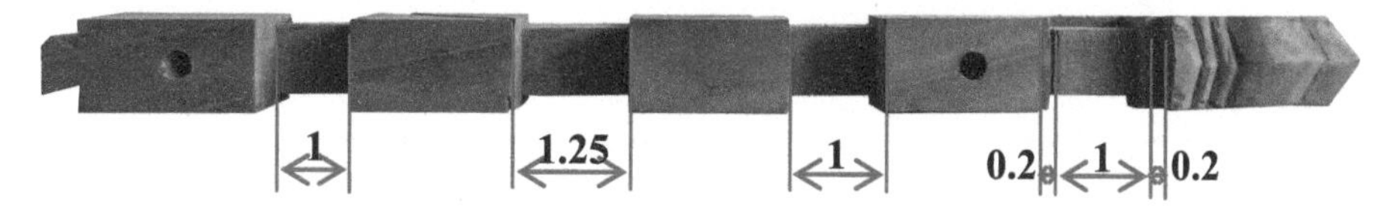

图 3–157　“撑头木后带麻叶头”仰视平面图

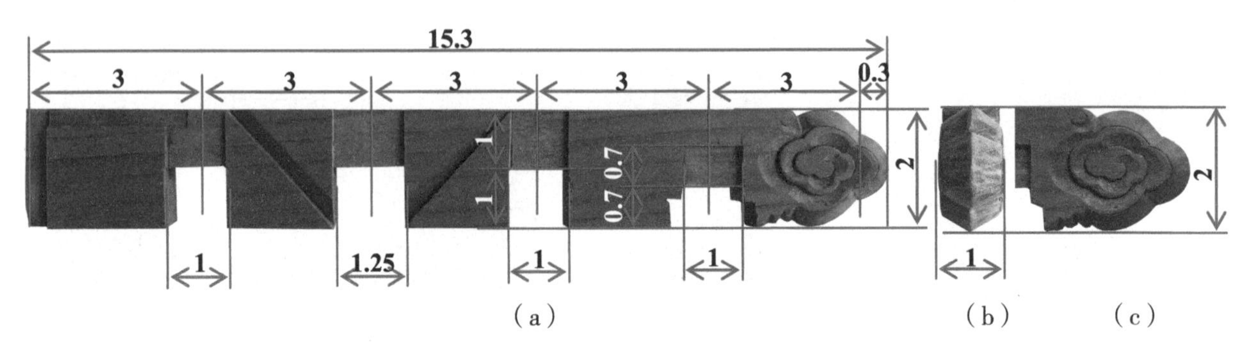

图 3-158　“撑头木后带麻叶头”立面图、细部详图

⑤ 桁椀正心桁桁椀。尺寸（斗口）：12 × 1 × 3.75（长 × 厚 × 高），桁椀尺寸及画线方法如图 3-159 ~ 图 3-162 所示。

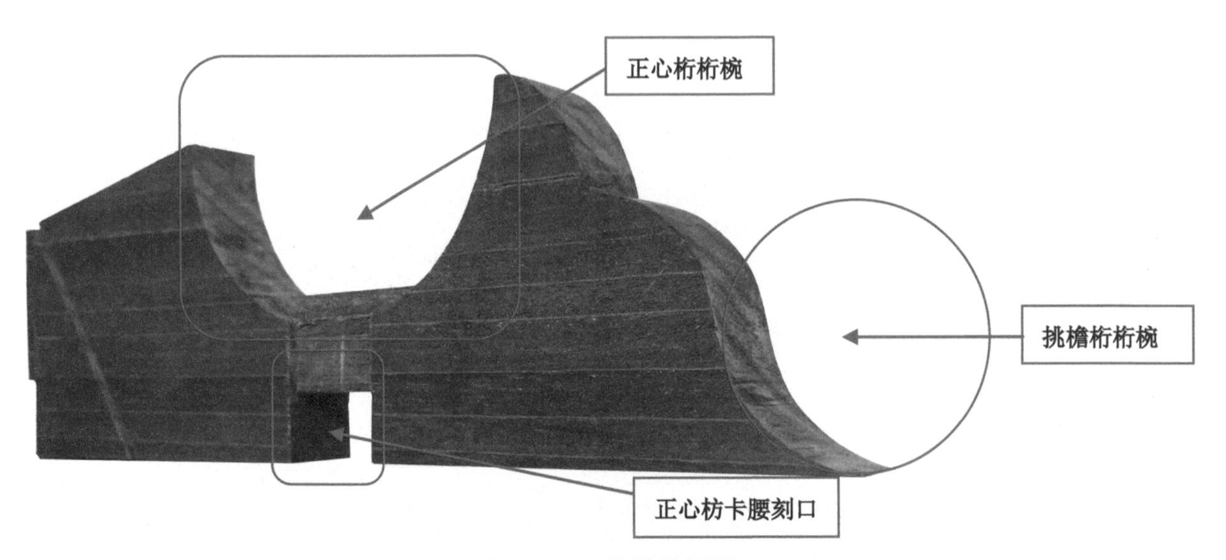

图 3-159　桁椀轴测图

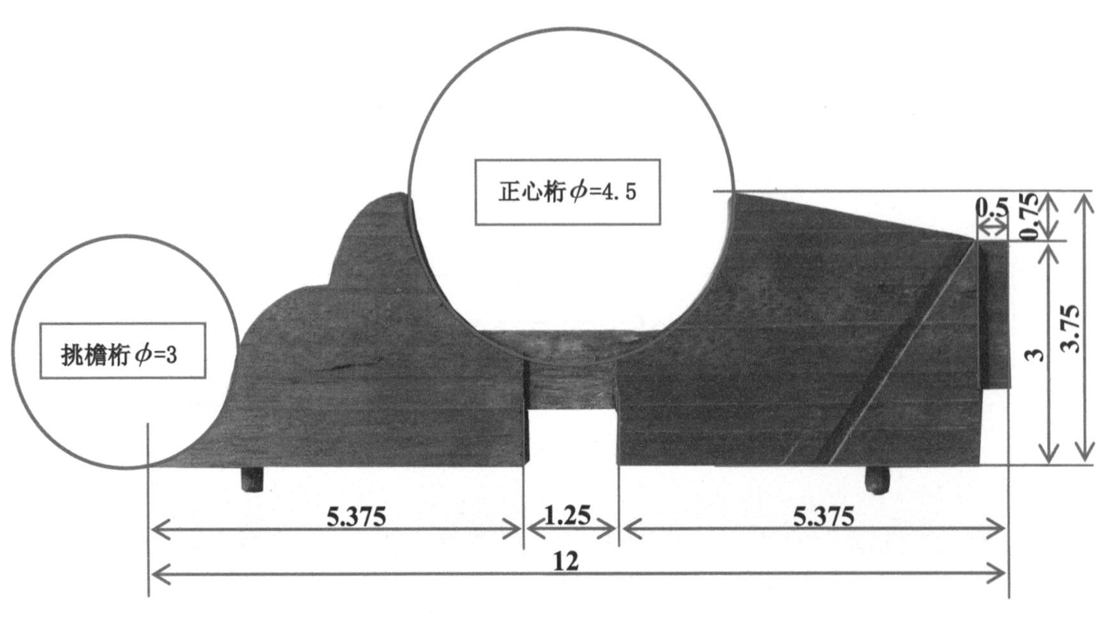

图 3-160　桁椀立面图

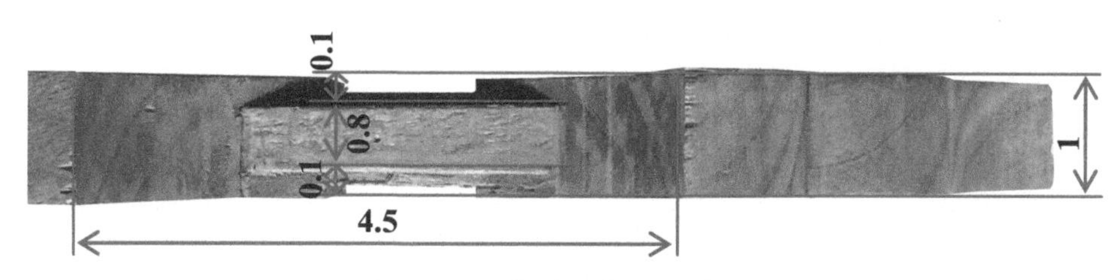

图 3-161 桁椀细部详图（一）

图 3-162 桁椀细部详图（二）

（5）其他类构件

① 正心桁（檩）。尺寸（斗口）：按间实长 + 榫长 ×ϕ4.5（长 × 径）。

② 挑檐桁（檩）。尺寸（斗口）：按间实长 + 榫长 ×ϕ3（长 × 径）。

③ 垫栱板。尺寸（斗口）：攒当实长 + 榫长 ×5.2+ 榫长 ×0.3（不小于 25mm）[长 × 高（宽）× 厚]。

④ 盖斗板、斜斗板。尺寸（斗口）：攒当实长 + 榫长 × 拽架实长 + 榫长 ×0.25 [长 × 高（宽）× 厚]。

3. 构造组合

斗栱是一个由多个分件分层组合而成的一个整体构件，各层的分件呈横、纵、斜等多方向形态相互交集在一起，靠分件上的榫卯扣搭连接，形成了一个个平面的整体层，这些个整体层叠落在一起就组合成了“斗栱”这个整体构件。

像结构大木的构件一样，斗栱每层的分件水平（横、纵、斜等）方向都有榫卯来拉结，使同层各分件连为一体；而各层与各层之间虽然也有榫卯拉结，但这种榫卯不同于前种榫卯，它是销子榫（卯）， 这种榫卯只能固定构件的水平方向也就是前后左右方向，而构件的垂直方向也就是上下方向则不能固定，这就是前面所讲斗栱六大功能之“形成吸收横纵震波的空间网架”功能的所致原因。

在清官式的平身科斗栱中，我们通常所见到的都是分件横纵直交的，很少见到横、纵、斜三方向甚至多方向分件相交的斗栱，这种斗栱发源于金、辽时代，山西尤为多见，在这里就不多讲了，详见图 3-163 ~ 图 3-168。

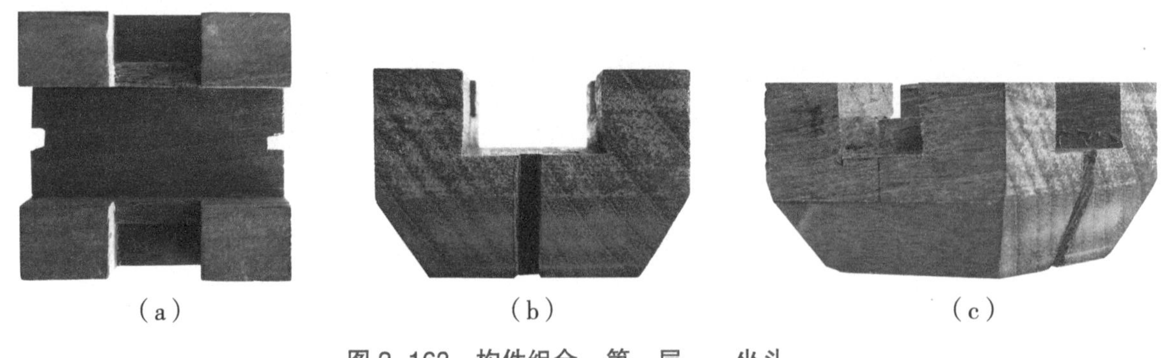

图 3-163 构件组合：第一层——坐斗

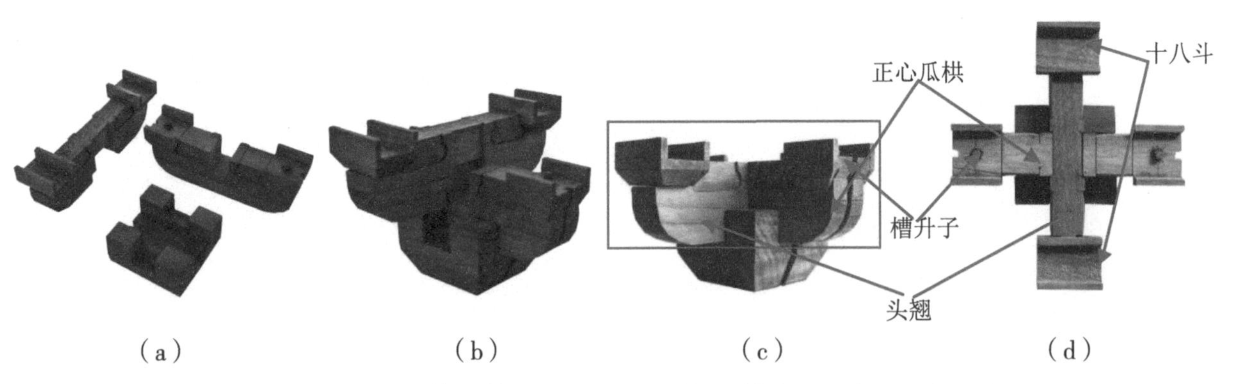

图 3-164 构件组合：第二层——正心瓜栱、槽升子、头翘、十八斗

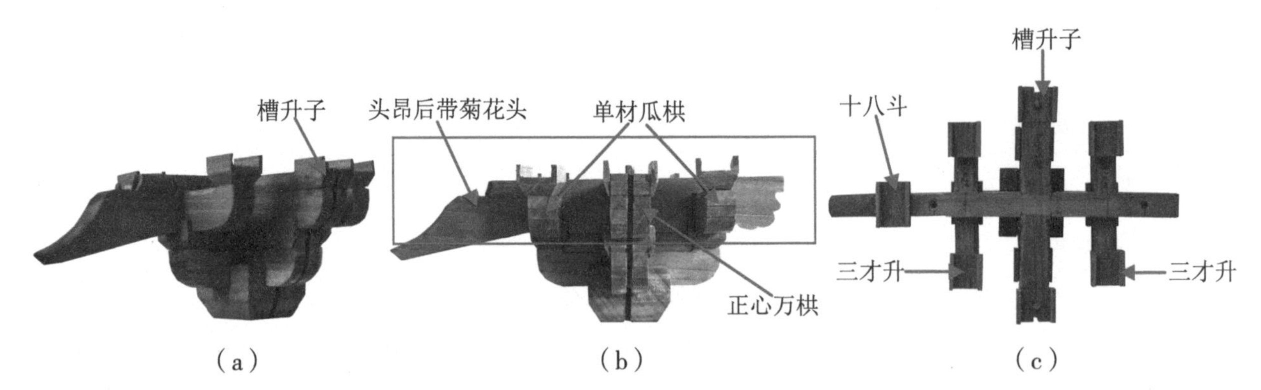

图 3-165 构件组合：第三层——正心万栱、槽升子、单材瓜栱、三才升、头昂后带菊花头、十八斗

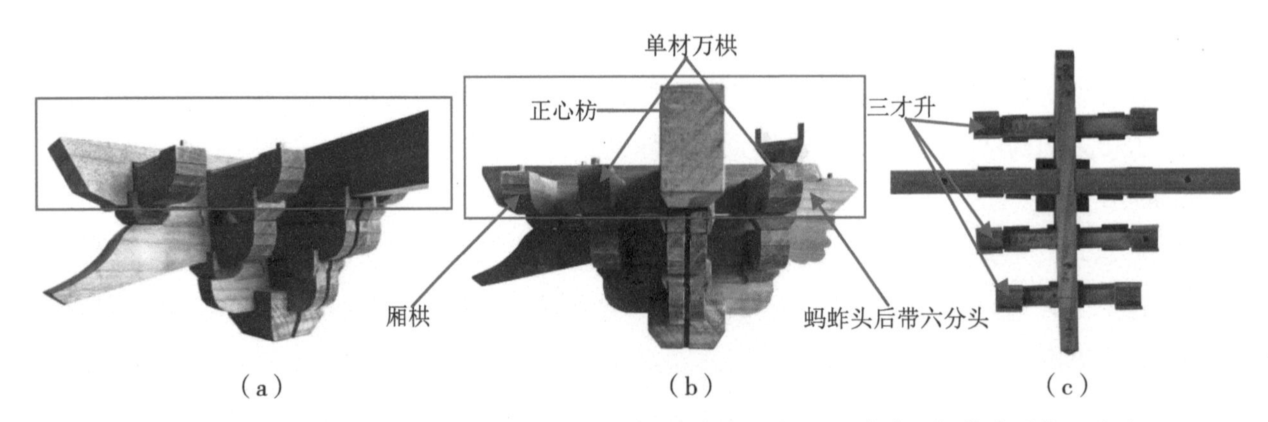

图 3-166 构件组合：第四层——正心枋、单材万栱、厢栱、三才升、蚂蚱头后带六分头

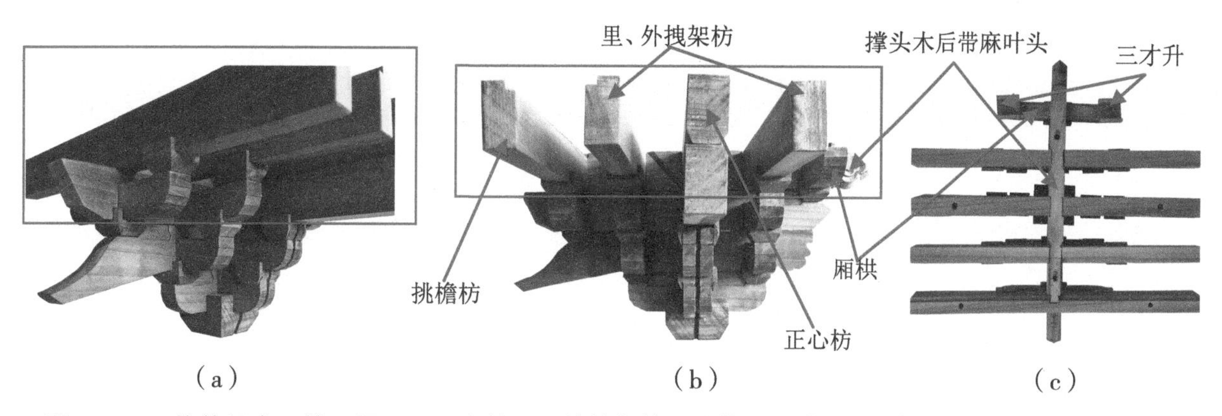

图 3-167　构件组合：第五层——正心枋、里外拽架枋、厢栱、三才升、挑檐枋、撑头木后带麻叶头

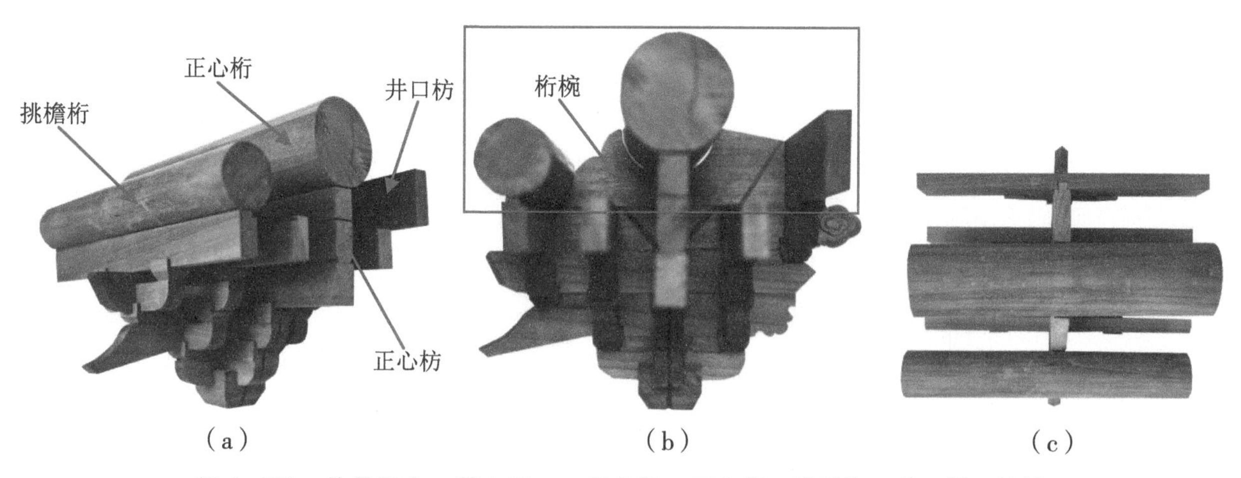

图 3-168　构件组合：第六层——正心枋、正心桁、挑檐桁、井口枋、桁椀

二、柱头科斗栱

柱头科斗栱是建筑物除角柱以外柱头上安放的斗栱，如图 3-169 所示。

图 3-169　清—单翘单昂五踩柱头科斗栱

1. 分件名称及数量

表 3-3 是柱头科斗栱的分件名称及数量。

表 3–3　柱头科斗栱的分件名称及数量

类别	名称	数量 / 件	备注
斗类构件	桶子大斗	1	
	翘上十八斗	2	
	昂上十八斗	1	
	槽升子	4	
	三才升	12	
栱类构件	正心瓜栱	1	正心瓜栱亦称足材瓜栱
	正心万栱	1	正心万栱亦称足材万栱
	单材瓜栱	2	
	单材万栱	2	
	厢栱	1	
	厢栱头	2	
枋类构件	正心枋	6	
	挑檐枋	2	
	里、外拽架枋	4	各 2 件
	井口枋	2	
昂类构件	翘	1	
	昂后带雀替	1	
	桃尖梁	1	
其它类构件	正心桁	1	正心桁或正心檩
	挑檐桁	1	挑檐桁或挑檐檩
	垫拱板	2	
	盖斗板	2	
	斜斗板	6	
合计	23	58	

2. 分件尺寸及划线方法

（1）斗类构件

① 桶子大斗。尺寸（斗口）：4×3.25×2［长×宽（深）×高］，桶子大斗尺寸及划线方法如图 3–170 ~ 图 3–172 所示。

图 3–170　桶子大斗轴测图

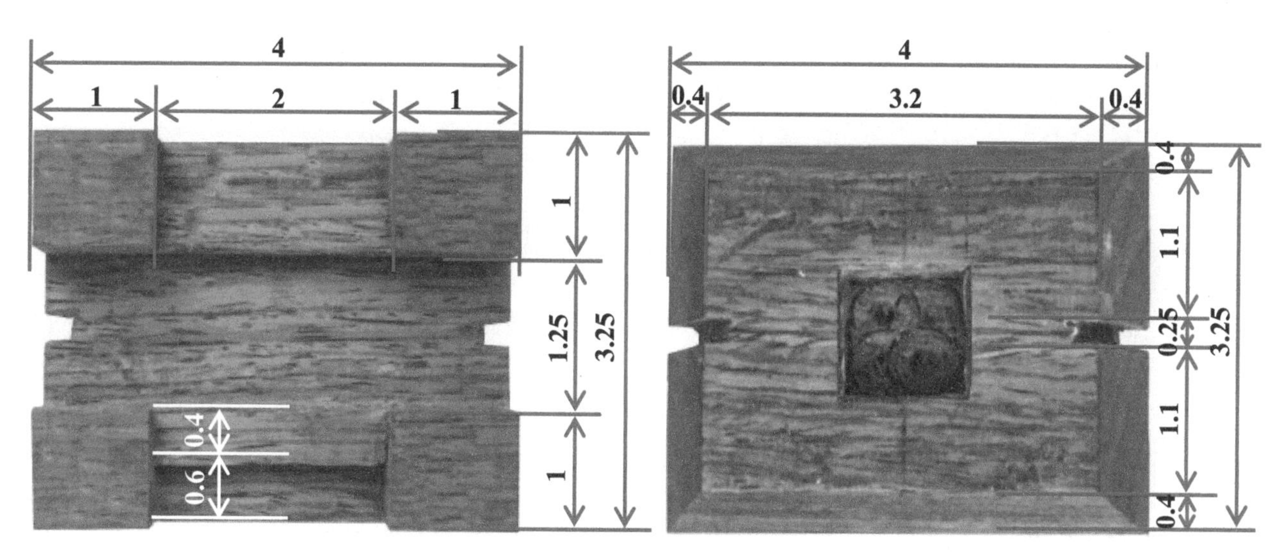

（a）正面俯视平面图　　（b）侧面仰视平面图

图 3-171　桶子大斗尺寸及划线方法（一）

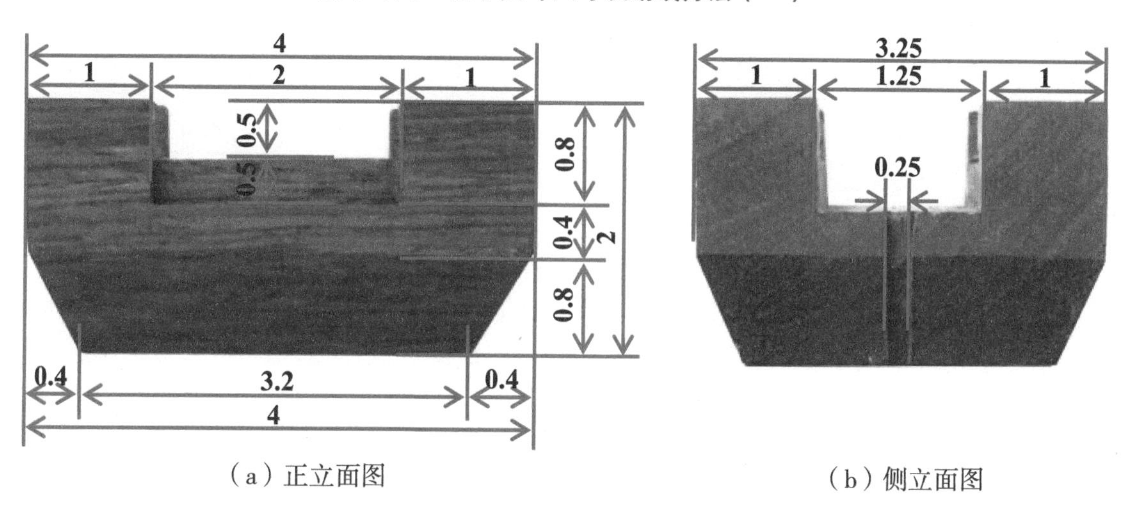

（a）正立面图　　（b）侧立面图

图 3-172　桶子大斗尺寸及划线方法（二）

②翘（昂）上十八斗

a. 翘（昂）上十八斗。尺寸（斗口）：3.4×1.4×1［长×宽（深）×高］。

b. 昂上十八斗。尺寸（斗口）：4.4×1.4×1［长×宽（深）×高］。

分件尺寸及划线方法如图 3-173 ~ 图 3-175 所示。

（a）　　（b）

图 3-173　翘、昂上十八斗轴测图

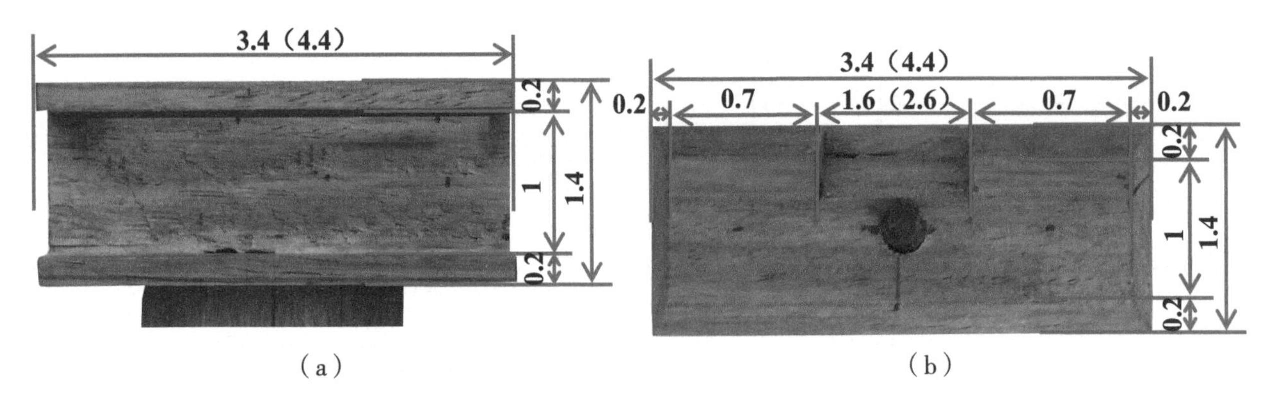

（a）　　（b）

图 3-174　翘、昂上十八斗俯视、仰视平面图

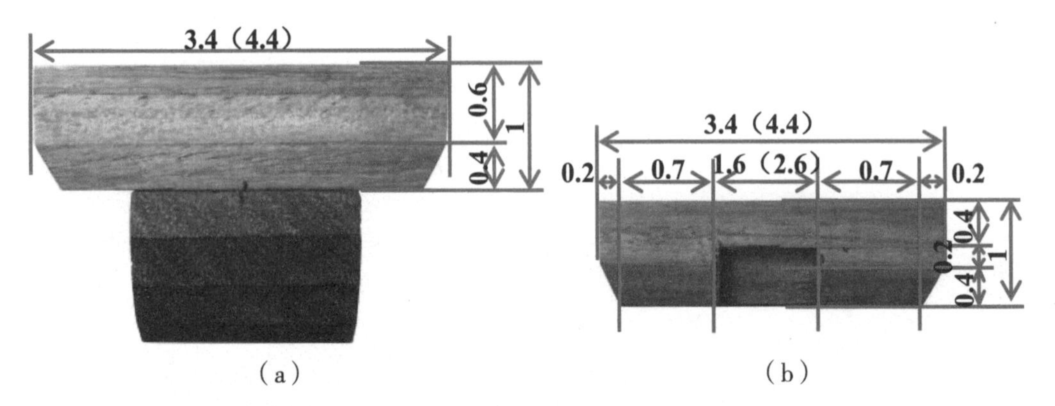

（a）　　（b）

图 3-175　翘上十八斗正立面图、背立面图

注：1. 图中（ ）内所标尺寸为昂上十八斗的尺寸，其余尺寸通用。
2. 翘、昂上十八斗侧立面同平身科十八斗（图 3-115），本图略。

③ 槽升子。尺寸（斗口）：1.4×1.65×1［长 × 宽（深）× 高］。

④ 三才升。尺寸（斗口）：1.4×1.4×1［长 × 宽（深）× 高］。

注：槽升子、三才升尺寸、作法同平身科图 3-116 ~ 图 3-118 及图 3-122，本处略。

（2）栱类构件

① 正心瓜栱。尺寸（斗口）：6.2×1.25×2（长 × 厚 × 高）。

② 正心万栱。尺寸（斗口）：9.2×1.25×2（长 × 厚 × 高）。

③ 单材瓜栱。尺寸（斗口）：6.2×1×1.4（长 × 厚 × 高）。

④ 单材万栱。尺寸（斗口）：9.2×1×1.4（长 × 厚 × 高）。

⑤ 厢栱。尺寸（斗口）：7.2×1×1.4（长 × 厚 × 高）。

注：上述构件尺寸、作法同平身科（图 3-119 ~ 图 3-138），本处略。

⑥ 里拽厢栱头。尺寸（斗口）7.2（见下注释）×1×1.4（长 × 厚 × 高）。厢栱头尺寸及划线方法见图 3-176。

注：里拽厢栱头所处位置与桃尖梁梁身相交，由于受力原因，梁身不做刻口，仅剔出各两侧 1/10 梁身厚度的栱头袖卯，栽入栱头。栱头实长按厢栱总长 7.2 控制，减去桃尖梁梁身栱头袖卯剔凿后的实落尺寸一分为二即为厢栱头长度尺寸。

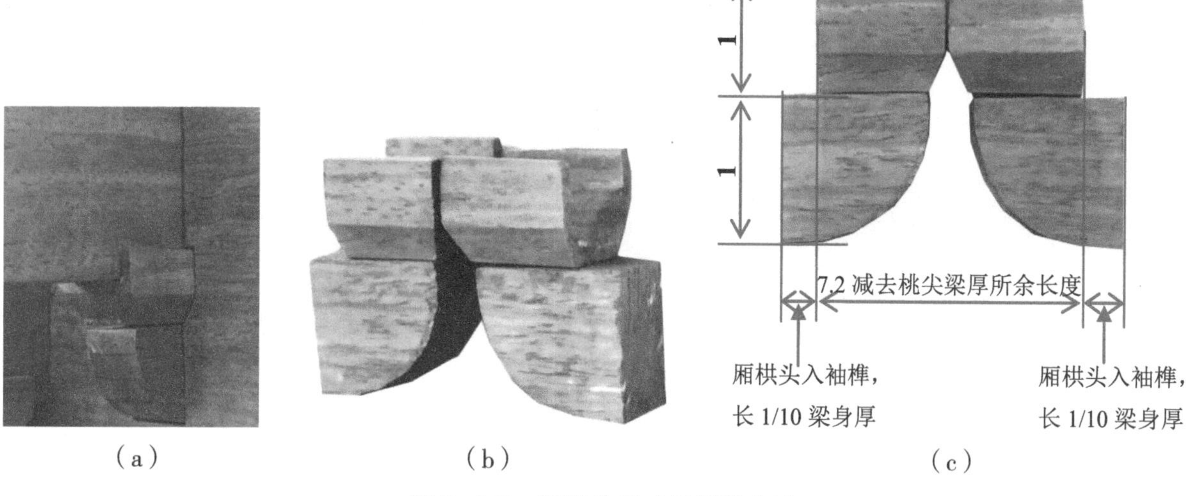

（a） （b） （c）

图 3-176 厢栱头尺寸及划线方法

（3）枋类构件

① 正心枋。尺寸（斗口）：2×1.25（高 × 厚，长随面宽）。

② 拽架（里、外）枋。尺寸（斗口）：2×1（高 × 厚，长随面宽）。

③ 挑檐枋。尺寸（斗口）：2×1（高 × 厚，长随面宽）。

④ 井口枋。尺寸（斗口）：3×1（高 × 厚，长随面宽）。

注：以上各枋除挑檐、外拽枋需做出盖斗板裁口、正心枋做出斜斗板坡棱外，其余部位不做加工，详图略。

（4）昂类构件

① 翘。尺寸（斗口）：7×2×2（长 × 厚 × 高），翘尺寸及划线方法如图 3-177 ~ 图 3-180 所示。

图 3-177 翘轴测图

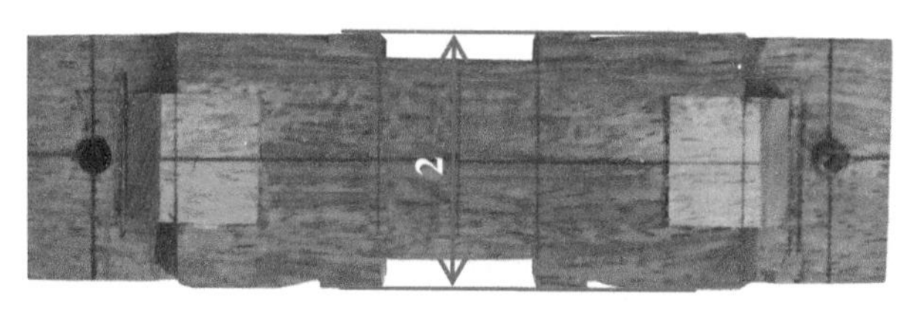

图 3-178 翘俯视平面图

图 3-179 翘正立面图

图 3-180 翘侧立面图

注：本图中除注明尺寸部位外，其余部位的尺寸与平身科“翘”尺寸相同，参见图 3-139 ~ 图 3-142。

② 昂后带雀替。尺寸（斗口）：18.3×3×3（长 × 厚 × 高），昂后带雀替尺寸及划线方法如图 3-181 ~图 3-184 所示。

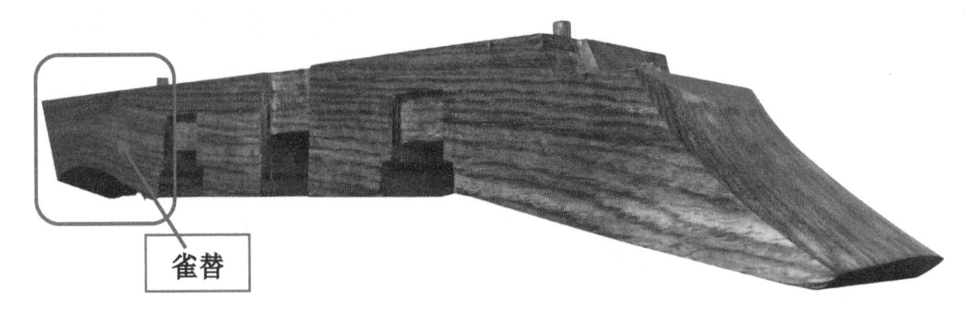

图 3-181　昂后带雀替轴测图

注：构件中除标注的名称外，其余部位的名称与平身科“昂后带菊花头”相同，参见图 3-143。

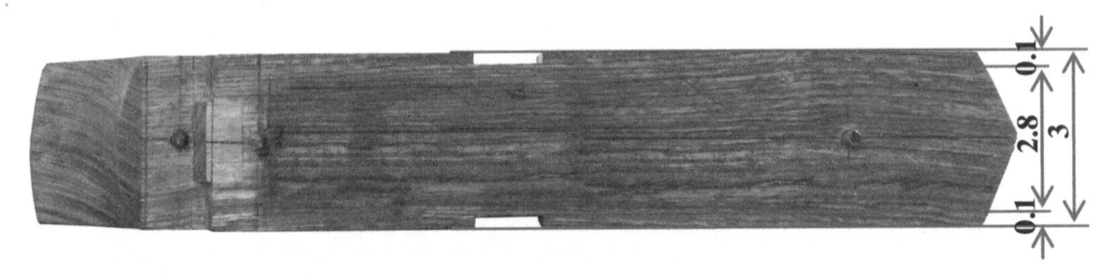

图 3-182　昂后带雀替俯视平面图

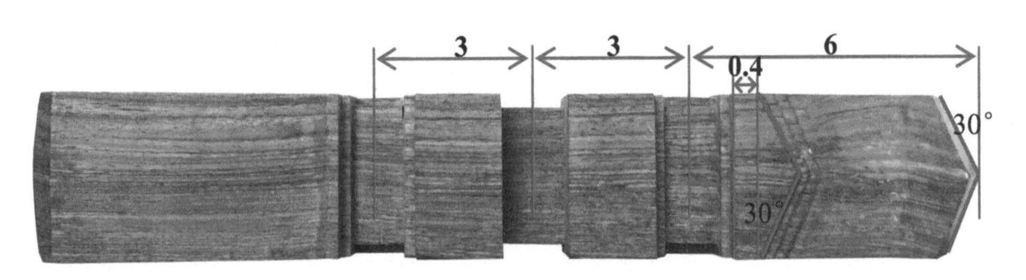

图 3-183　昂后带雀替仰视平面图

注：构件中除标注的名称外，其余部位的名称与平身科“昂后带菊花头”相同，参见图 3-144、图 3-145。

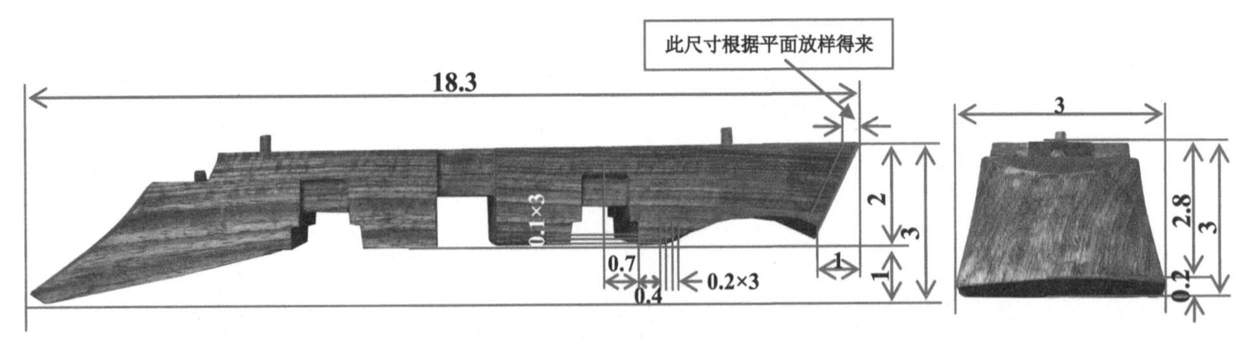

图 3-184　昂后带雀替正立面图、侧立面图

注：构件中除标注的名称外，其余部位的名称与平身科“昂后带菊花头”相同，参见图 3-143。

③ 桃尖梁。尺寸（梁头部分）：12×4×7.75（梁身部分按大木尺寸定），桃尖梁尺寸及划线方法如图 3-185 ~图 3-190 所示。

图 3-185　桃尖梁轴测图

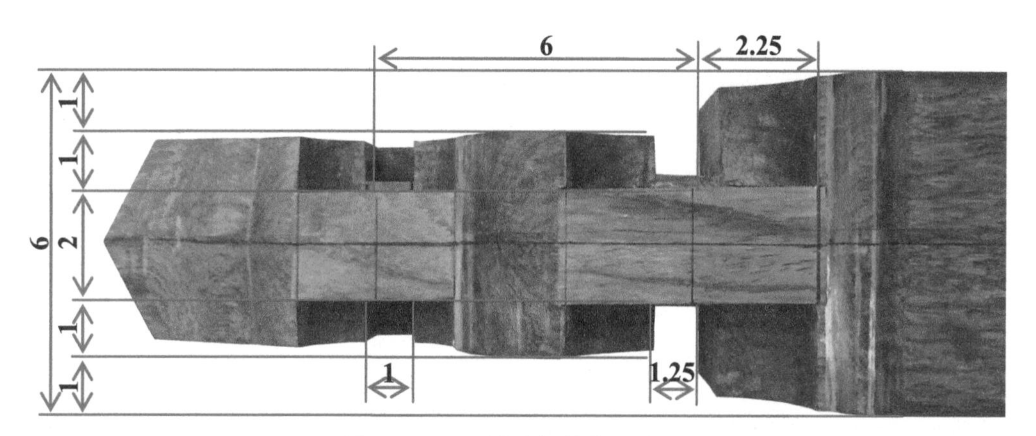

图 3-186　桃尖梁俯视平面图

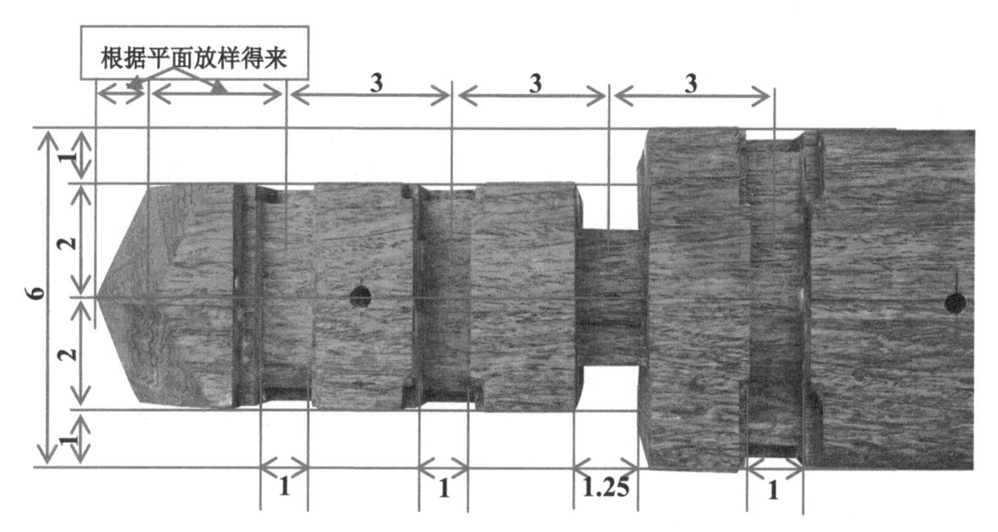

图 3-187　桃尖梁仰视平面图

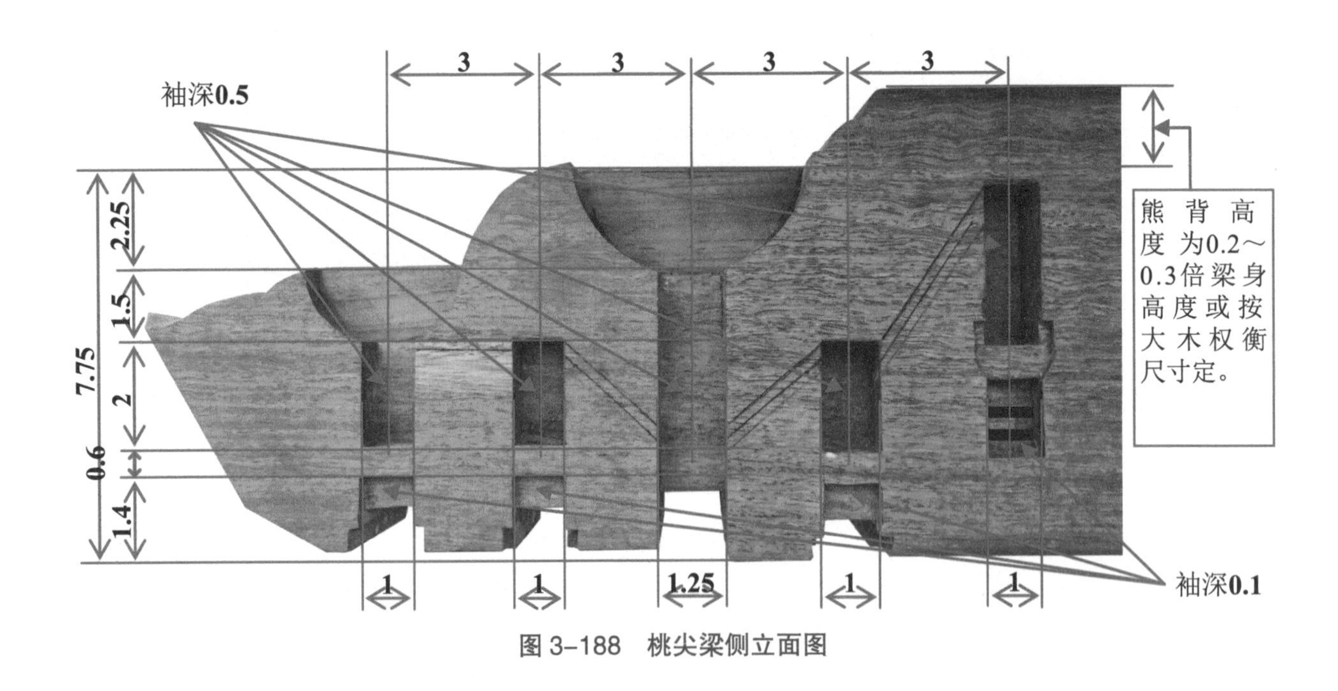

图 3-188　桃尖梁侧立面图

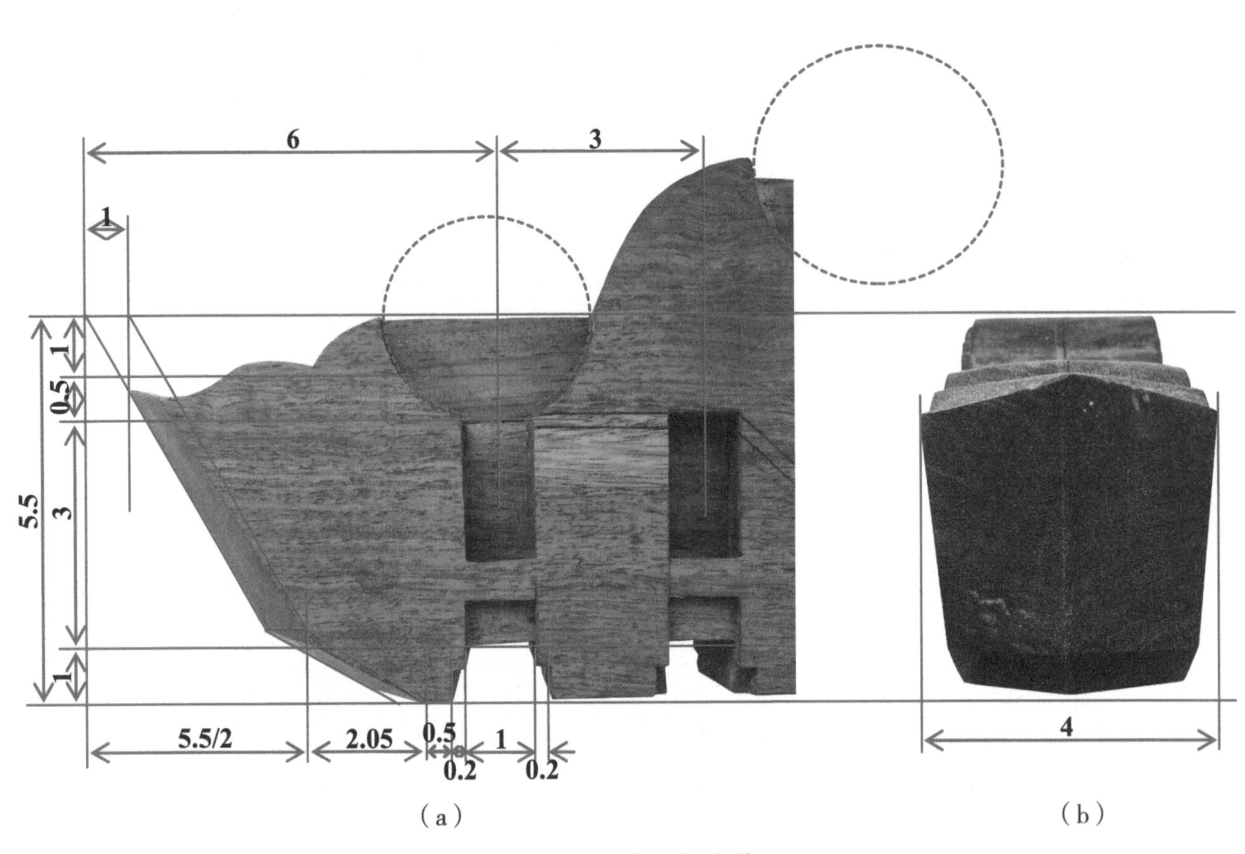

图 3-189　桃尖梁梁头详图

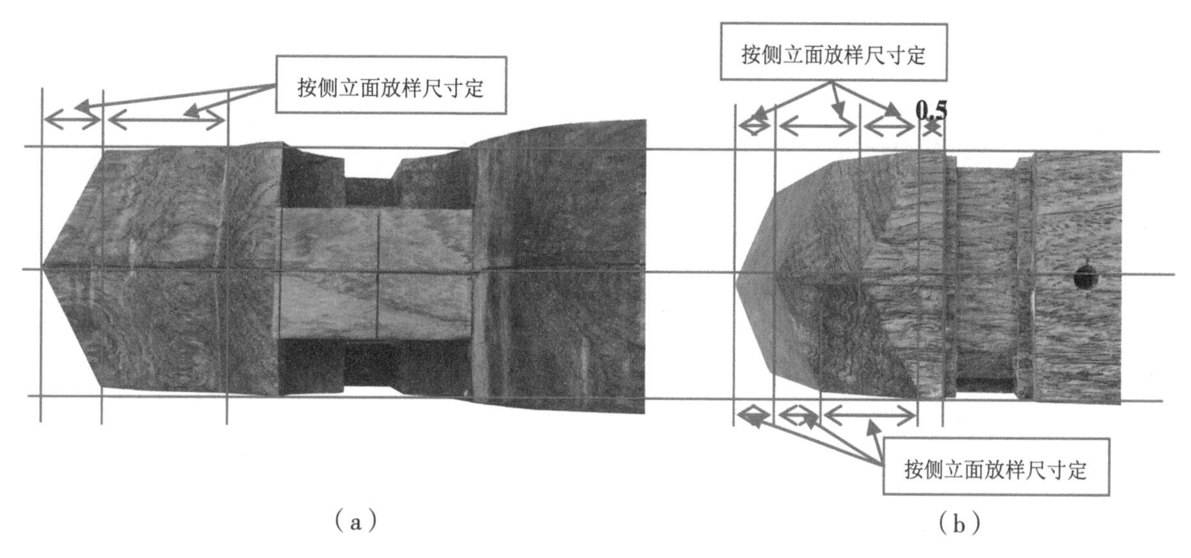

（a）　（b）

图 3-190　桃尖梁头俯、仰视详图

3. 构造组合

柱头科斗栱与平身科斗栱都是横纵两方向直交的结构，所不同的是：① 柱头科斗栱纵向分件的厚度与平身科不同；② 柱头斗栱的纵向分件自平身科“蚂蚱头后带六分头”这一层起直至桁椀共三层分件合并为一个整体分件“桃尖梁”。

由于“桃尖梁”是连（拉）接檐（廊）、金步构架的结构构件，受力上不允许做出像平身科分件那样的“刻口卡腰”，它有着不同于平身科的独特作法。详见图 3-191 ~ 图 3-194。

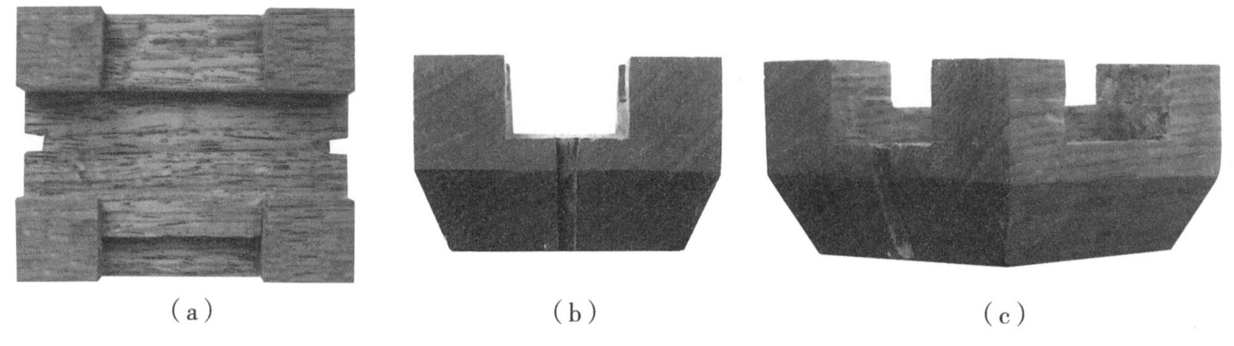

（a）　（b）　（c）

图 3-191　构件组合：第一层——桶子大斗

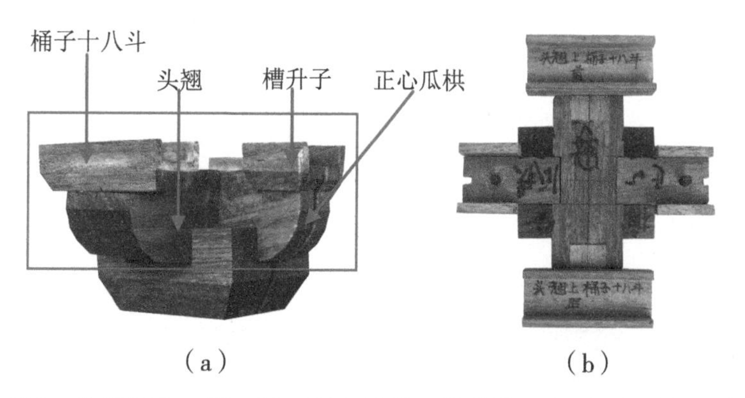

（a）　（b）

图 3-192　构件组合：第二层—正心瓜栱、槽升子、头翘、翘上桶子十八斗

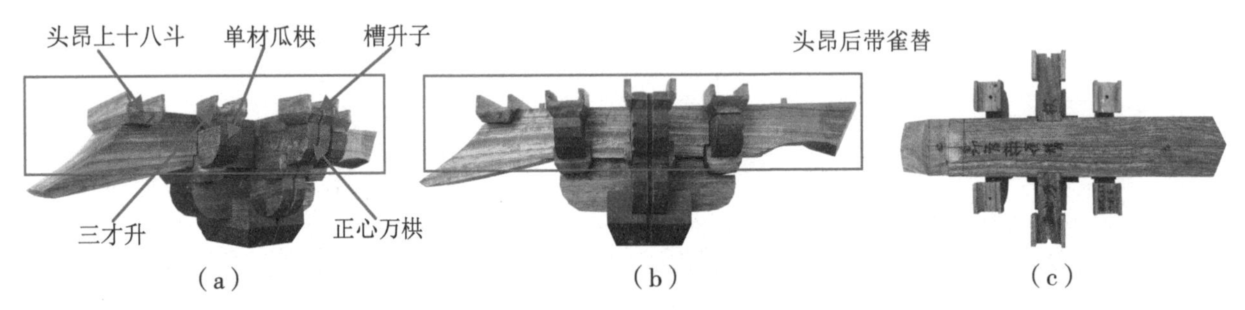

图 3-193 第三层——正心万栱、槽升子、单材瓜栱、三才升、头昂后带雀替、昂上桶子十八斗

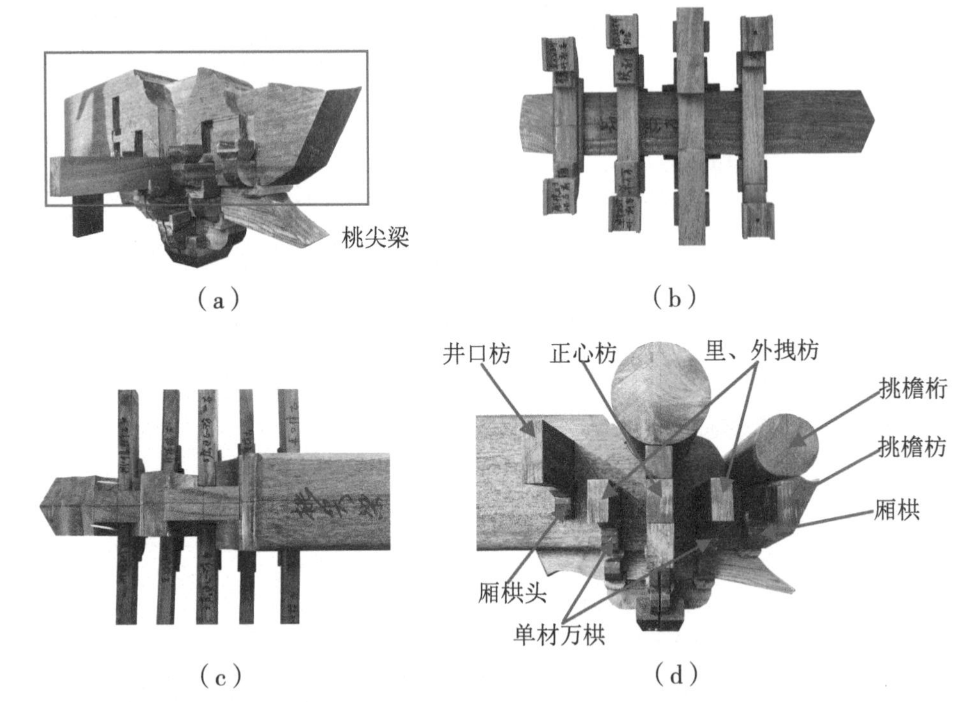

图 3-194 构件组合：第四～六层—桃尖梁、正心枋、单材万栱、厢栱、三才升、里、外拽枋、挑檐枋、井口枋、厢栱头、挑檐桁、正心桁

4. 与平身科斗栱的区别

① 斗栱的纵向构件要厚于平身科，平身科斗栱的纵向构件厚都是 1 斗口，而柱头科纵向构件却是最下一层头翘或头昂厚 2 斗口，最上一层桃尖梁厚 4 斗口，中间几层的厚度按斗栱不同踩数的不同层数由下而上做级差递增。

由于柱头科所处位置正好是每榀梁架与柱子之间，它传承的荷载最为直接，要远大于平身科斗栱，所以它纵向构件的尺寸要加厚，这就显现出唐、宋材分°制的传承；为体现明、清朝自认在技术上、艺术上要高于前朝，明、清两朝在又在斗栱上做足了文章，首先是平身科斗栱：为了渲染建筑立面，增加了它的攒数；由于增加了攒数，又由于传承的荷载相对间接，所以它的纵向构件减薄了尺寸。其次是柱头科斗栱，它把纵向构件做成了阶梯状，既丰富了层次，又尽可能少地影响直接传递荷载构件的断面强度。在斗栱的演变上，明清做法也是独具匠心的，尽管它的这种演变饱受后人非议。

② 平身科斗栱的纵向构件是独立的，与金步构件没什么联系，只起传递荷载及装饰作用，而柱头科则不然，它的构件“桃尖梁”与结构梁是一体，是同一个构件，既起传递荷载及装饰作用，又起到与金步柱网、梁架拉结作用。

③ 柱头科的纵向构件自“耍头”层起 改为“桃尖梁”作法，厚度、头、尾均与平身科不同；“耍头”层以下的构件厚度加厚，尾饰做变化；而柱头科的横向构件则与平身科相同，只是随着纵向构件的加厚而长度减短而已。

三、角科斗栱

角科斗栱是建筑物角柱柱头上安放的斗栱，如图 3–195 所示。

图 3–195　清——单翘单昂五踩角科斗栱

1. 分件名称及数量

表 3–4 是角科斗栱的分件名称及数量。

表 3–4　角科斗栱的分件名称及数量

类别	名称	数量 / 件	备注
斗类构件	坐斗	1	
	正头翘上十八斗	2	
	正头昂上十八斗	2	
	闹头昂上十八斗	2	
	槽升子	4	
	三才升	14	
	斜头翘上平盘斗	1	
	斜头昂上平盘斗	1	
	由昂上平盘斗	1	

续表

类别	名称	数量 / 件	备注
栱类构件	正心瓜栱	—	纳入昂类构件
	正心万栱	—	纳入昂类构件
	单材瓜栱	—	纳入昂类构件
	单材万栱	—	纳入昂类构件
	里连头合角单材瓜栱	2	亦称鸳鸯交首栱
	里连头合角单材万栱	2	亦称鸳鸯交首栱
	把臂厢栱	2	
枋类构件	正心枋	—	纳入昂类构件
	挑檐枋	2	
	里、外拽架枋	—	纳入昂类构件
	井口枋	2	
昂类构件	正头翘后带正心瓜栱	2	
	正头昂后带正心万栱	2	
	正蚂蚱头后带正心枋	2	
	正撑头木后带正心枋	2	
	闹头昂后带单材瓜栱	2	
	闹蚂蚱头后带单材万栱	2	蚂蚱头亦称耍头
	闹撑头木后带外拽枋	2	
	斜头翘	1	
	斜头昂后带斜菊花头	1	
	由昂后带斜六分头	1	
	斜撑头木后带斜麻叶头	1	通常与由昂连做
	斜桁椀	1	
其它类构件	正心桁	1	正心桁或正心檩
	挑檐桁	1	挑檐桁或挑檐檩
	垫拱板	2	
	盖斗板	4	
	斜斗板	6	
合计	37	71	

2. 分件尺寸及划线方法

（1）斗类构件

（注：十八斗、槽升子、三才升同平身科；平盘斗与昂类构件连做，此处略。）

坐斗尺寸（斗口）：3×3×2［长 × 宽（深）× 高］，坐斗尺寸及划线方法如图 3-196 ~ 图 3-200 所示。

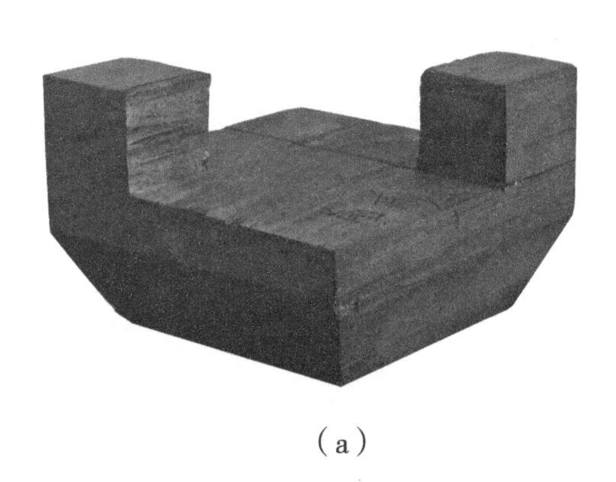

（a）

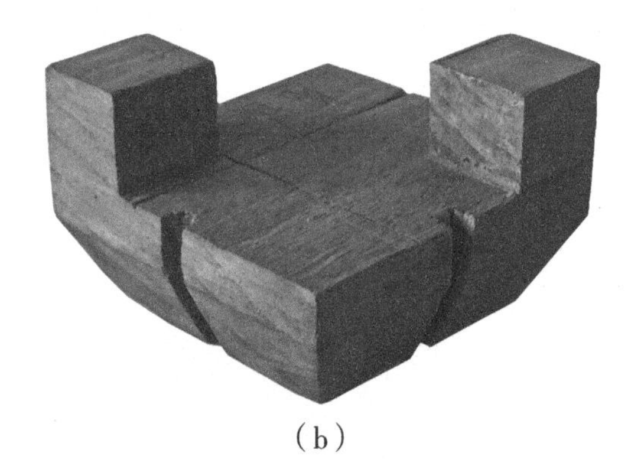

（b）

图 3-196　坐斗轴测图

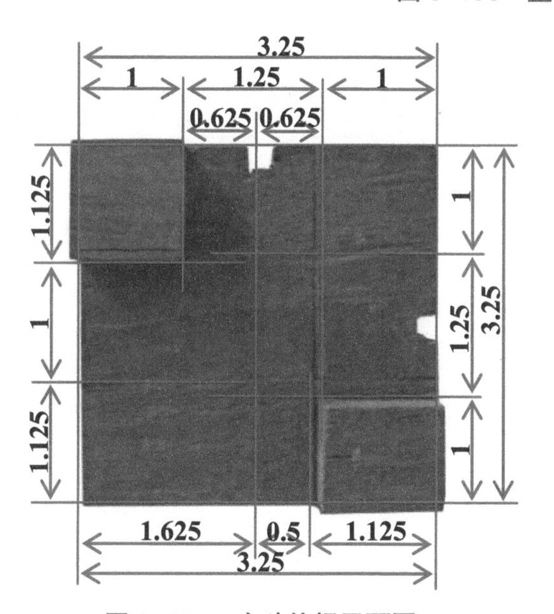

图 3-197　坐斗俯视平面图

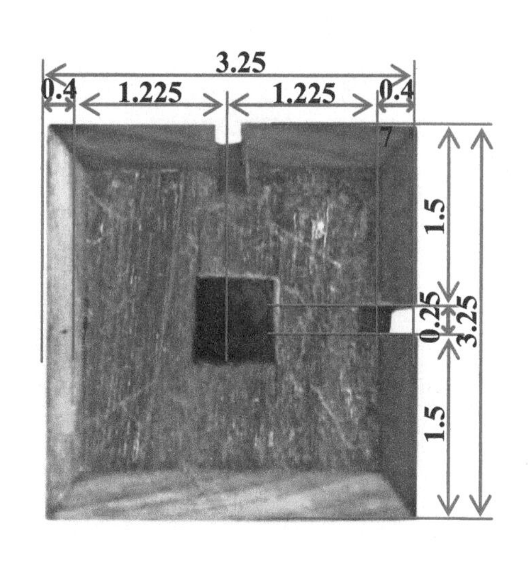

图 3-198　坐斗仰视平面图

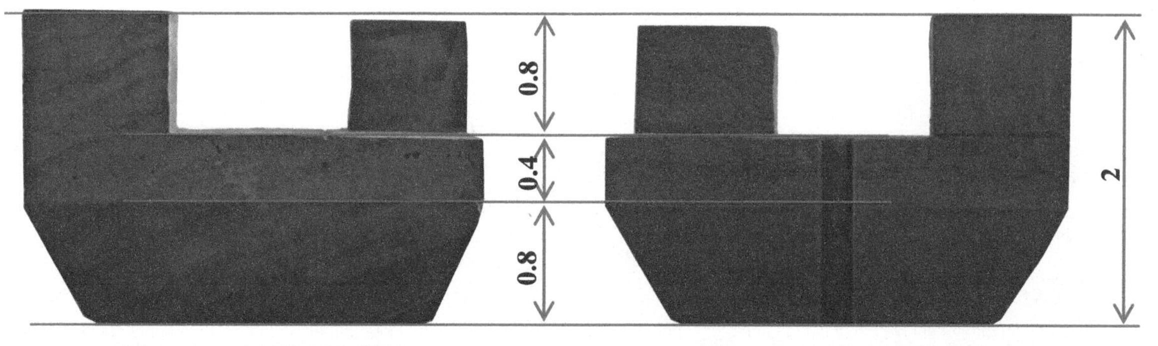

图 3-199　坐斗正立面图

图 3-200　坐斗侧立面图

（2）栱类构件

（注：正心、单材瓜、万栱及厢栱同平身科，此处略。）

① 里连头合角单材瓜、万栱（鸳鸯交首栱）。尺寸（斗口）：1×1.4（厚 × 高），其尺寸及划线方法如图 3-201 和图 3-203 所示。

注：该构件通常与相邻平身科里拽单材瓜栱连做，长度以实际尺寸计，确定长度的一般方法为：根据平面攒当实际尺寸放出相邻平身科斗栱里拽瓜、万栱平面实样，与角科合角瓜、万栱连为一体定长。

构件中的栱头、栱眼、袖榫等均按平身科相同构件作法制作，三卡腰刻口按本章第八节作法制作。

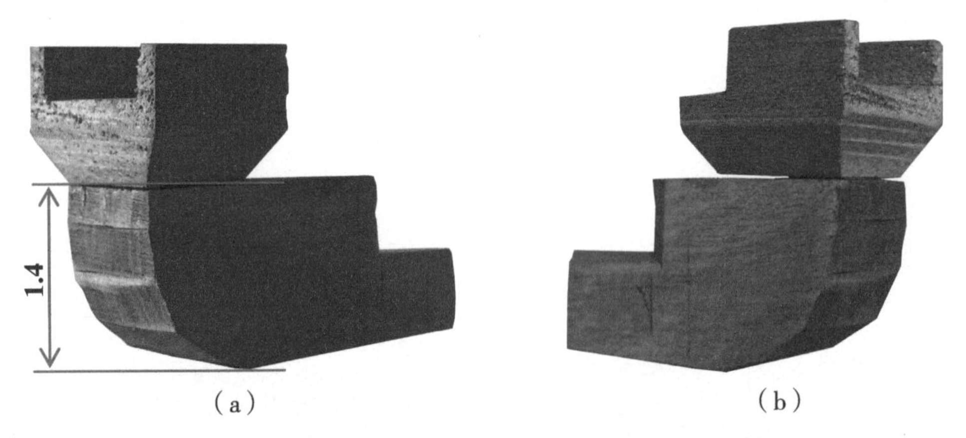

图 3-201　里连头合角单材瓜、万栱（鸳鸯交首栱）轴测图

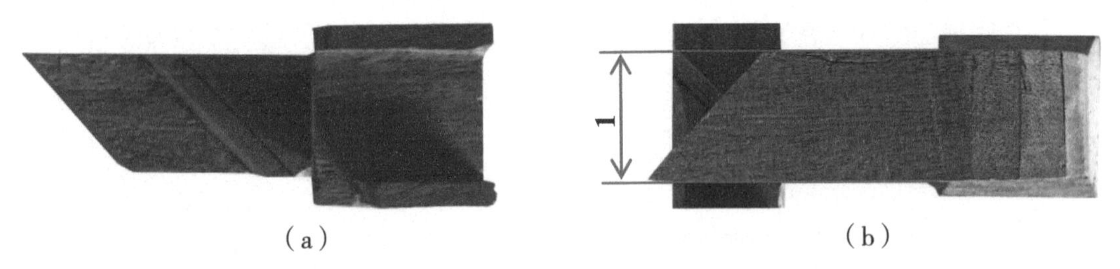

图 3-202　里连头合角单材瓜、万栱（鸳鸯交首栱）俯视、仰视平面图

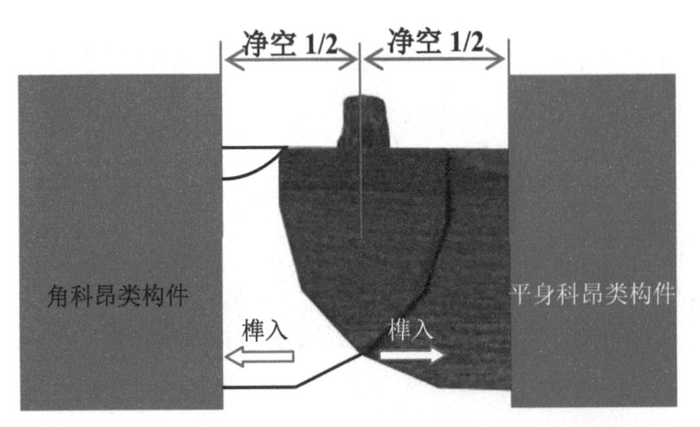

交首栱栱头连做方法：
按相邻角科与平身科昂类构件的净空尺寸居中定为交首栱（三才升）中；按栱头划线方法向两侧分划栱头，并在栱头外侧刻出斜棱。

图 3-203　里连头合角单材瓜、万栱（鸳鸯交首栱）栱头连做

② 把臂厢栱。尺寸(斗口)：1×1.4×13.2(厚 × 高 × 长)，其尺寸及划线方法如图 3-204 ~ 图 3-207 所示。

注：构件中的栱头、栱眼、袖榫等均按平身科相同构件作法制作，三卡腰刻口按本章第八节作法制作。

图 3-204　把臂厢栱轴测图

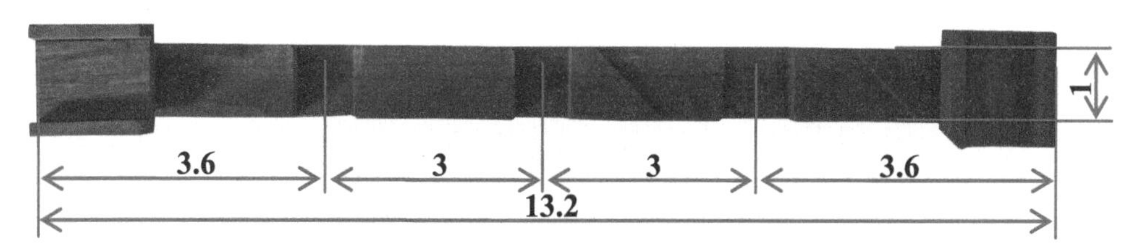

图 3-205　把臂厢栱俯视平面图

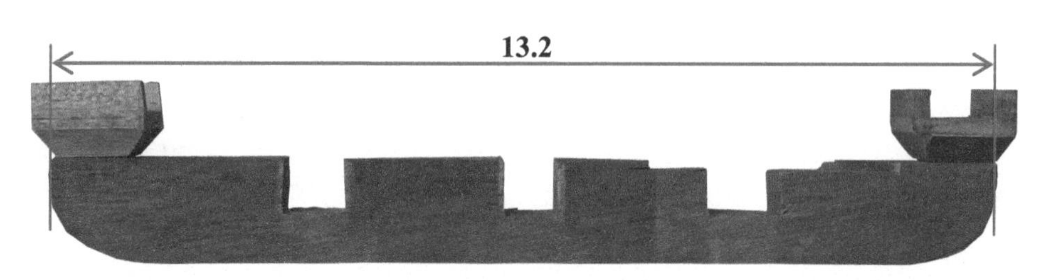

图 3-206　把臂厢栱立面图

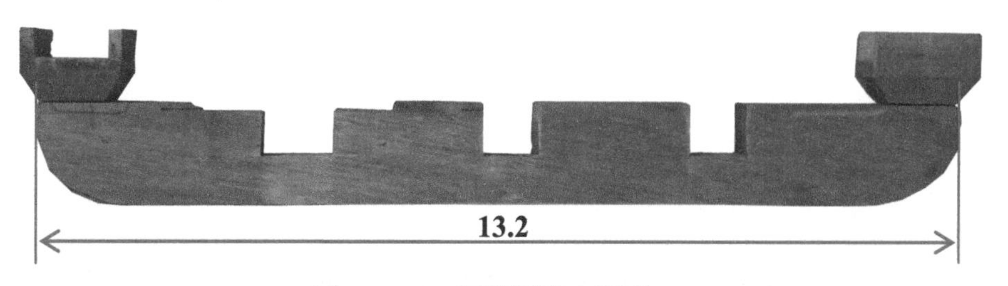

图 3-207　把臂厢栱立面图

（3）枋类构件

正心枋、拽架（里、外）枋纳入昂类构件，此处略。挑檐枋、井口枋同平身科，此处略。

（4）昂类构件

① 正头翘后带正心瓜栱。尺寸（斗口）：6.6×1.25×2（长 × 厚 × 高），其尺寸及划线方法如图 3-208 ~图 3-213 所示。

注：构件中的栱头、栱眼、袖榫等按平身科相同构件作法制作，三卡腰刻口按本章第八节作法制作。

图 3-208　正头翘后带正心瓜栱轴测图

图 3-209　正头翘后带正心瓜栱轴测图

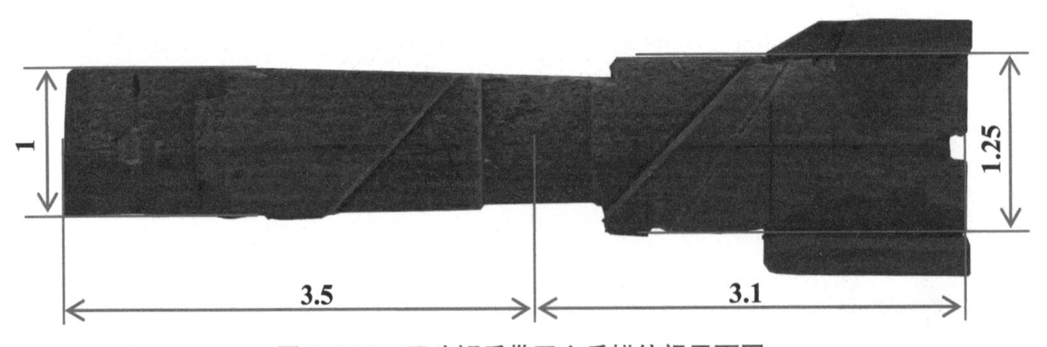

图 3-210　正头翘后带正心瓜栱俯视平面图

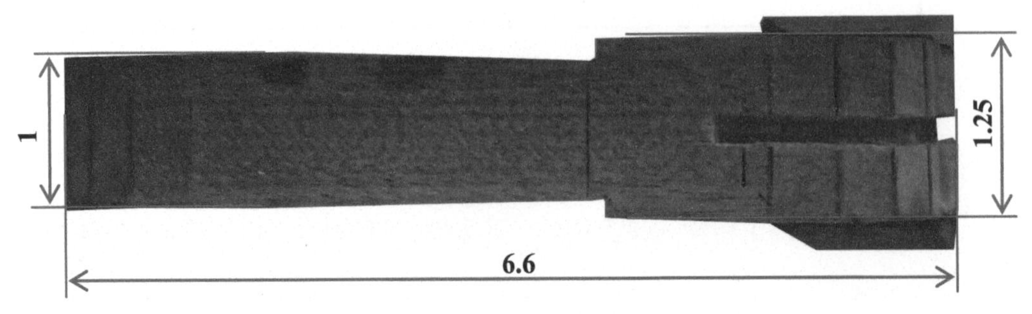

图 3-211　正头翘后带正心瓜栱仰视平面图

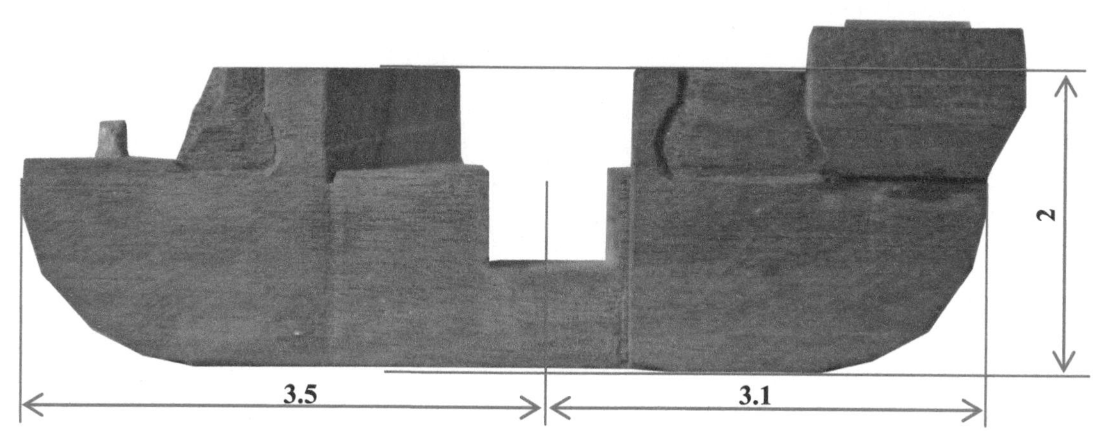

图 3-212　正头翘后带正心瓜栱正立面图（一）

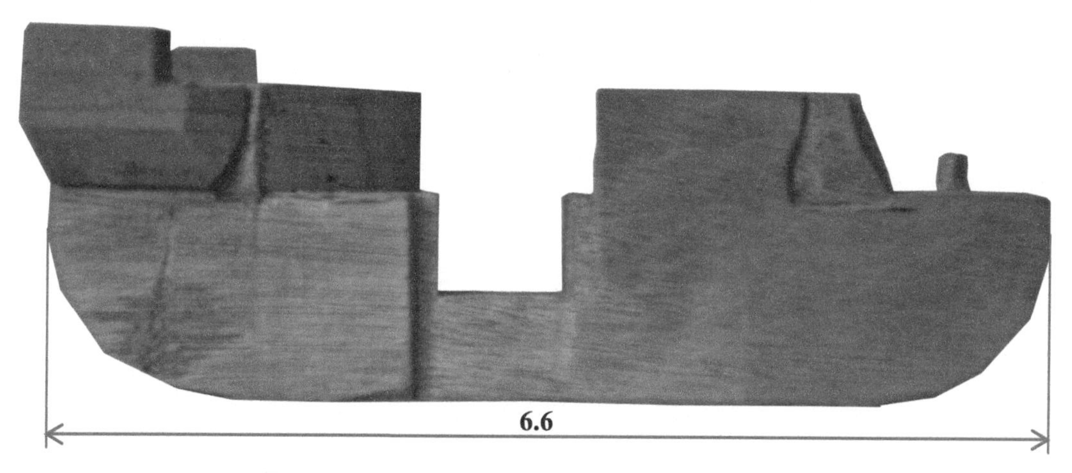

图 3-213　正头翘后带正心瓜栱正立面图（二）

② 正头昂后带正心万栱。尺寸（斗口）：13.9×1.25×3（长 × 厚 × 高），其尺寸及划线方法如图 3-214 ~ 图 3-217 所示。

注：构件中的栱头、栱眼、袖榫、昂头等均按平身科相同构件作法制作，三卡腰刻口按本章第八节作法制作。

图 3-214　正头昂后带正心万栱轴测图（一）

图 3-215　正头昂后带正心万栱轴测图（二）

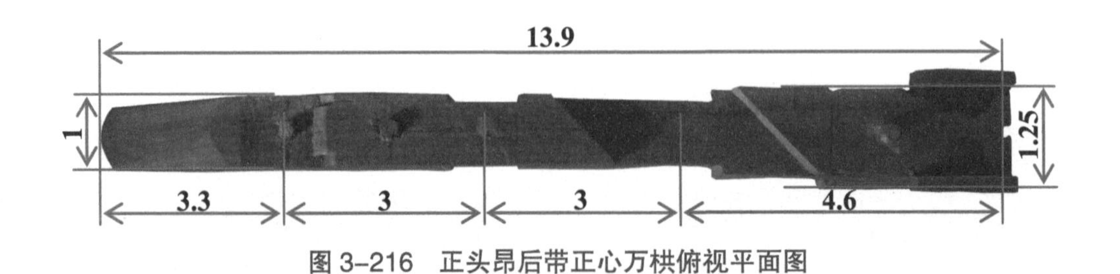

图 3-216　正头昂后带正心万栱俯视平面图

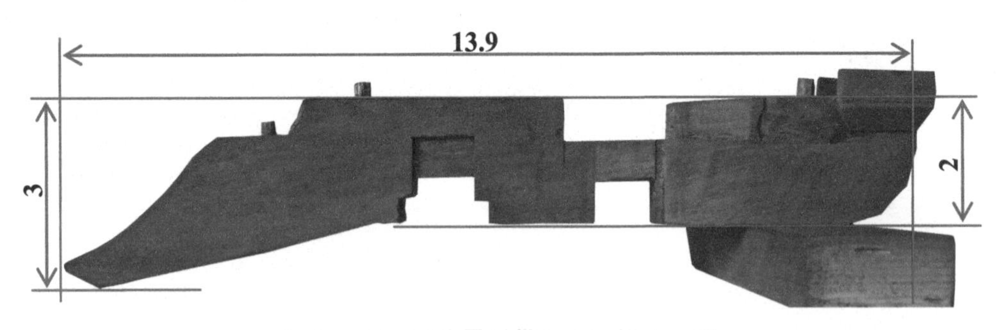

图 3-217　正头昂后带正心万栱立面图

③ 正蚂蚱头（耍头）后带正心枋。尺寸（斗口）：9（至正心中）×1.25×2（长 × 厚 × 高），其尺寸及划线方法如图 3-218 ~ 图 3-221 所示。

注：构件中的袖榫、出峰等均按平身科相同构件作法制作，三卡腰刻口按本章第八节作法制作。

图 3-218　正蚂蚱头后带正心枋轴测图

图 3-219　正蚂蚱头后带正心枋轴测图

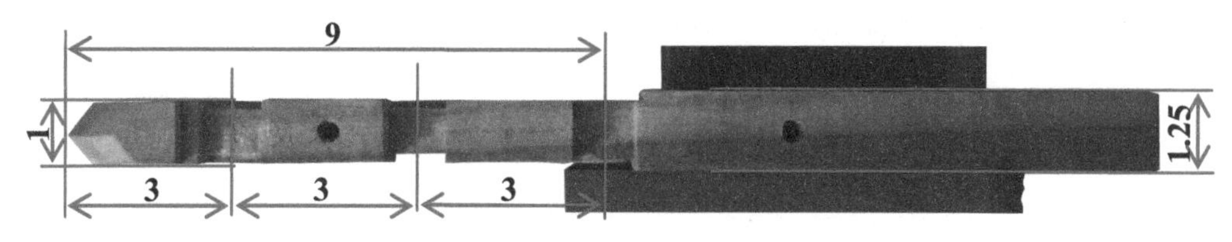

图 3-220　正蚂蚱头后带正心枋俯视平面图

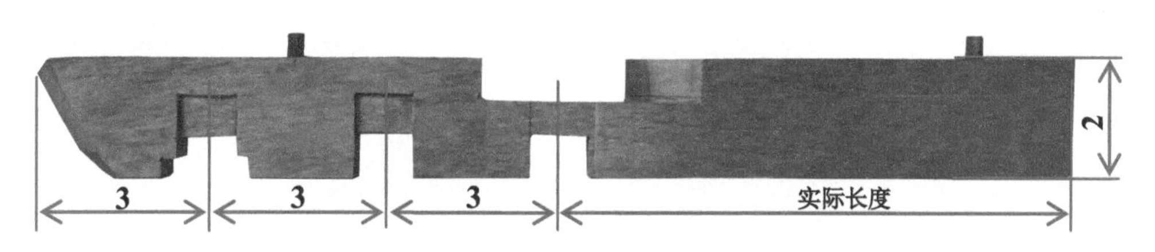

图 3-221　正蚂蚱头后带正心枋立面图

④ 正撑头木后带正心枋。尺寸（斗口）：6（至正心中）×1.25×2（长 × 厚 × 高），其尺寸及划线方法如图 3-222 所示。

注：构件中的栱头、栱眼、袖榫、出峰等均按平身科相同构件作法制作，三卡腰刻口按本章第八节作法制作。

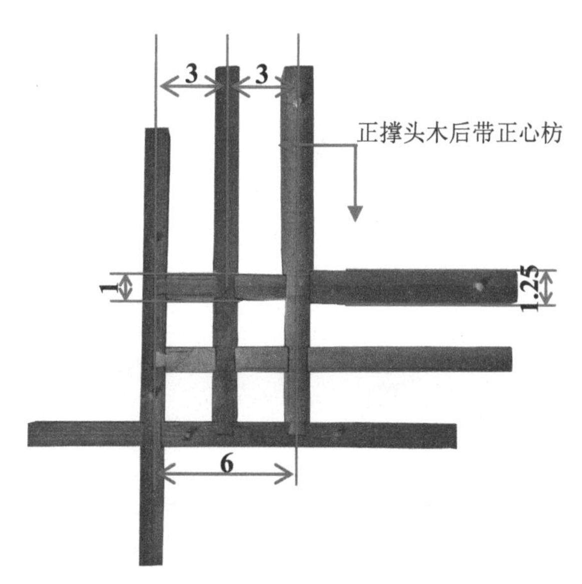

图 3-222　正撑头木头木后带正心枋

⑤ 闹头昂后带单材瓜栱。尺寸（斗口）：12.4×1×3（长 × 厚 × 高），其尺寸及划线方法如图 3-223 ~图 3-227 所示。

图 3-223 闹头昂后带单材瓜栱轴测图（一）

图 3-224 闹头昂后带单材瓜栱轴测图（二）

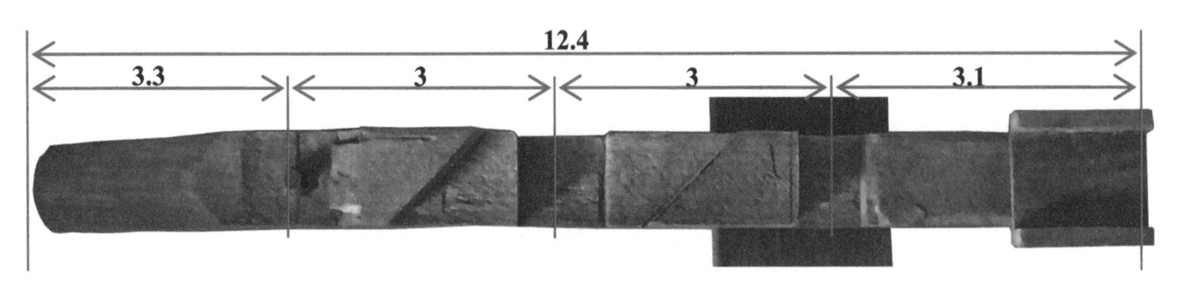

图 3-225 闹头昂后带单材瓜栱俯视平面图

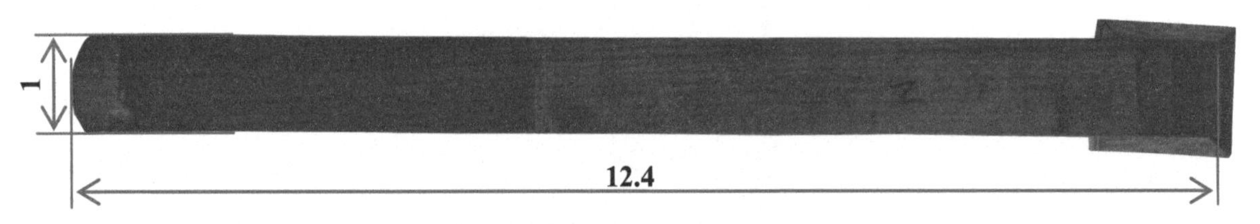

图 3-226 闹头昂后带单材瓜栱仰视平面图

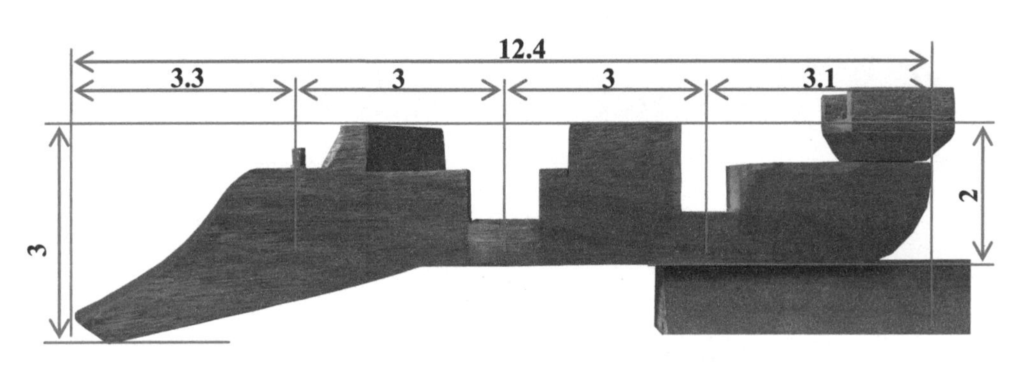

图 3-227　闹头昂后带单材瓜栱立面图

⑥ 闹蚂蚱头后带单材万栱。尺寸（斗口）：13.6×1×2（长 × 厚 × 高），其尺寸及划线方法如图 3-228 ~图 3-232 所示。

注：构件中的栱头、栱眼、袖榫、出峰等均按平身科相同构件作法制作，三卡腰刻口按本章第八节作法制作。

图 3-228　闹蚂蚱头后带单材万栱轴测图（一）

图 3-229　闹蚂蚱头后带单材万栱轴测图（二）

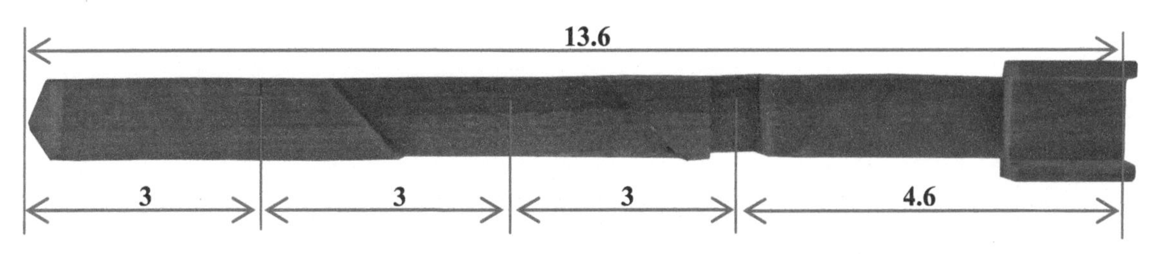

图 3-230　闹蚂蚱头后带单材万栱俯视平面图

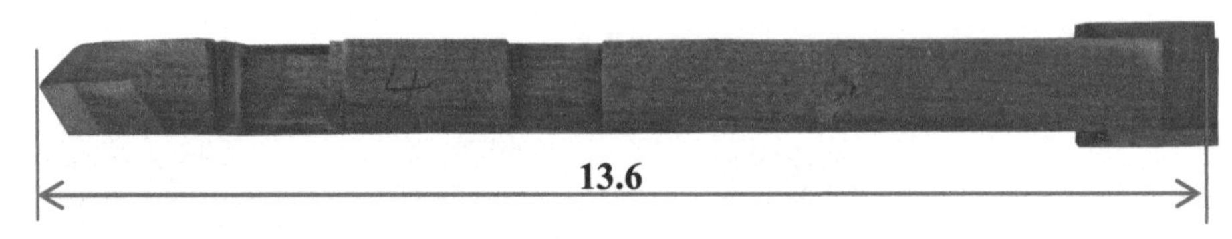

图 3-231　闹蚂蚱头后带单材万栱仰视平面图

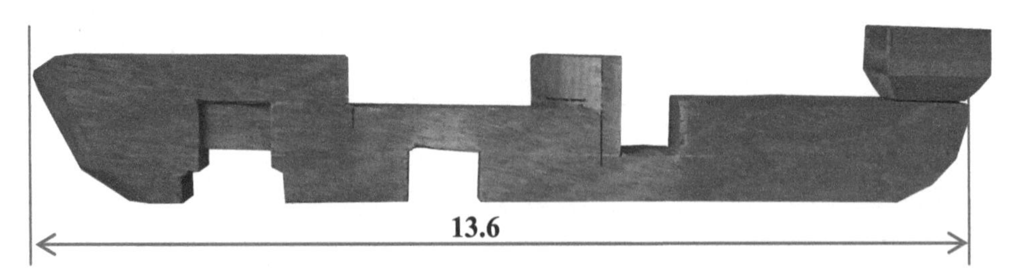

图 3-232　闹蚂蚱头后带单材万栱立面图

⑦ 闹撑头木后带外拽枋。尺寸（斗口）：6（至正心中）×1×2（长 × 厚 × 高），其尺寸及划线方法如图 3-233 所示。

注：构件中的栱头、栱眼、袖榫、出峰等均按平身科相同构件作法制作，三卡腰刻口按本章第八节作法制作。

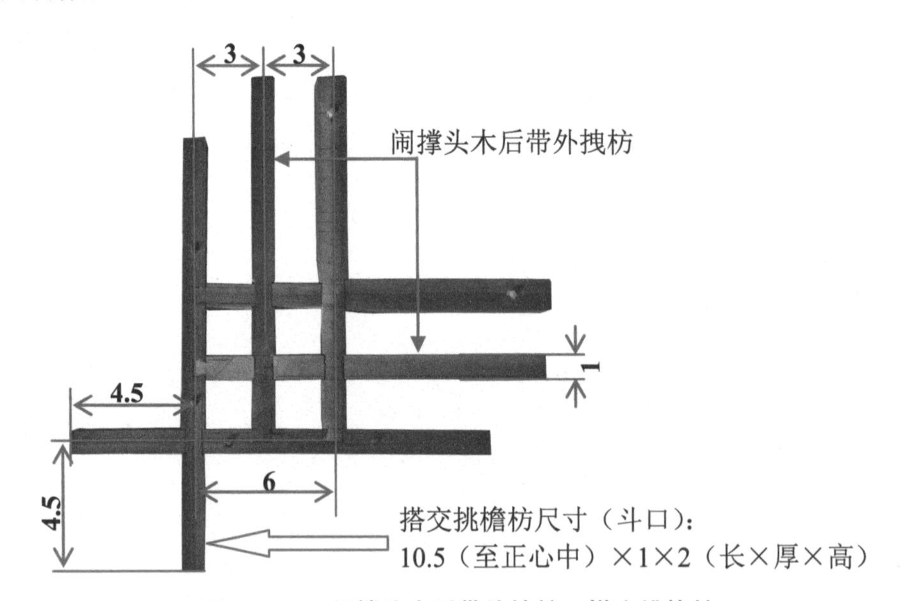

图 3-233　闹撑头木后带外拽枋、搭交挑檐枋

⑧ 斜头翘。尺寸（斗口）：7× 角度系数 ×1.5×2（长 × 厚 × 高），其尺寸及划线方法如图 3-234 ~ 图 3-237 所示。

注：构件中的栱头、栱眼、袖榫等均按平身科相同构件作法制作，三卡腰刻口按本章第八节作法制作。

凡斜向构件其长向细部尺寸均乘所处夹角的加斜系数，高度尺寸同平身科。

图 3–234　斜头翘轴测图

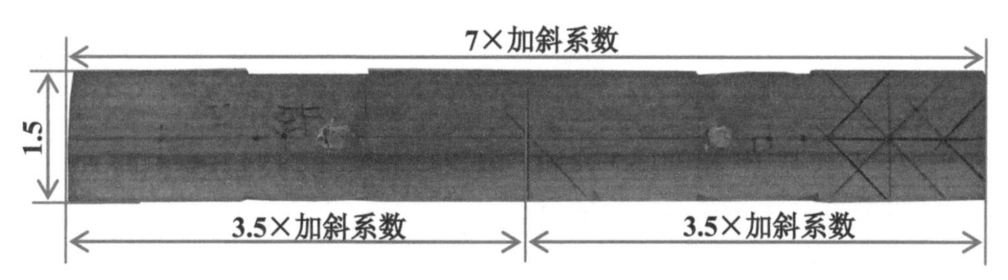

图 3–235　斜头翘俯视平面图

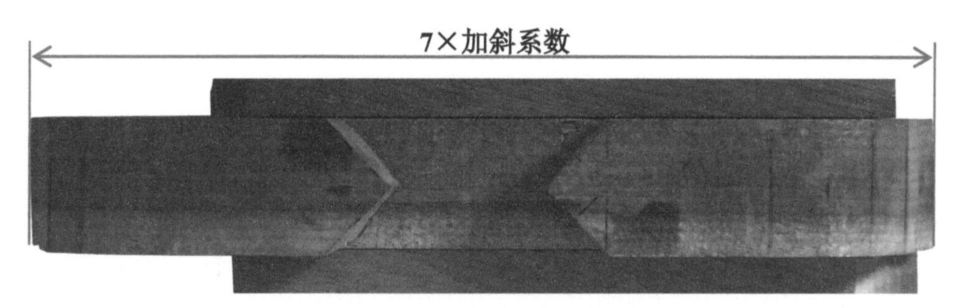

图 3–236　斜头翘仰视平面图

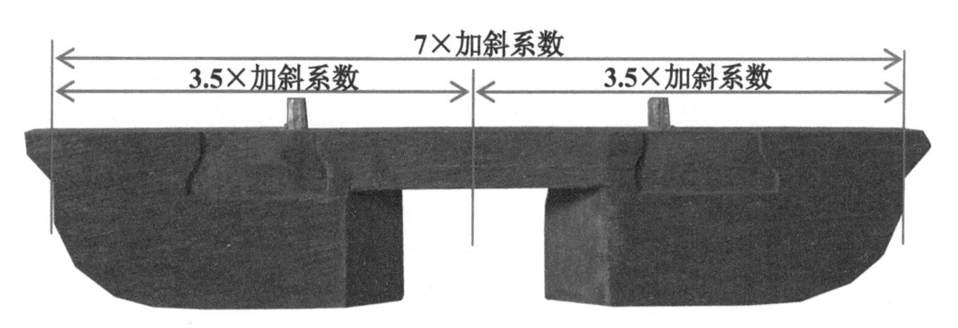

图 3–237　斜头翘正立面图

⑨ 斜头昂后带斜菊花头。尺寸（斗口）：15.3 × 角度系数 ×2×2（长 × 厚 × 高），其尺寸及划线方法如图 3–238 ~ 图 3–242 所示。

注：构件中的昂头、菊花头、袖榫等均按平身科相同构件作法制作，三卡腰刻口按本章第八节作法制作。

凡斜向构件其长向细部尺寸均乘所处夹角的加斜系数，高度尺寸同平身科。

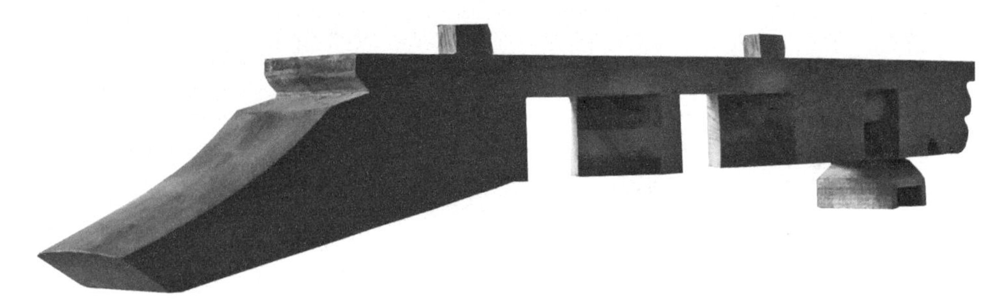

图 3-238　斜头昂后带菊花头轴测图（一）

图 3-239　斜头昂后带菊花头轴测图（二）

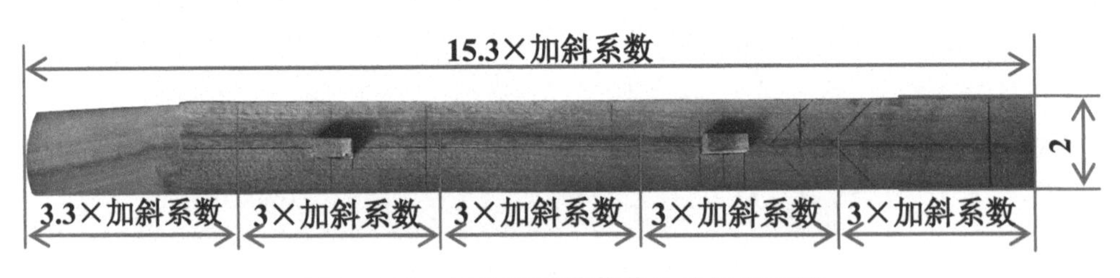

图 3-240　斜头昂后带菊花头俯视平面图

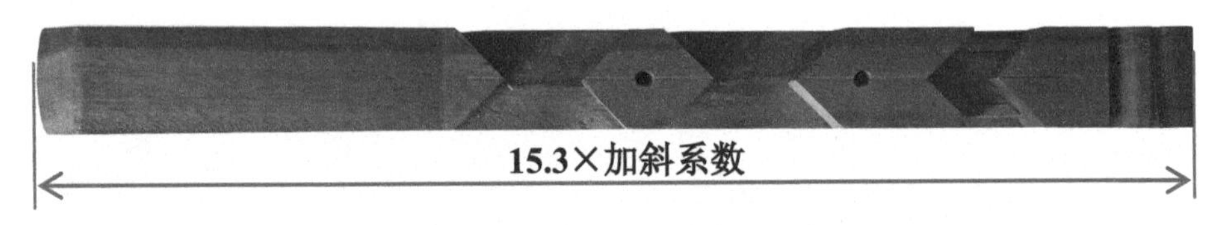

图 3-241　斜头昂后带菊花头仰视平面图

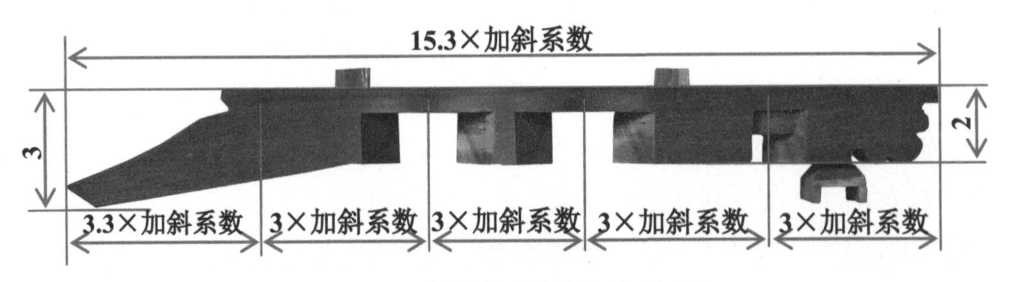

图 3-242　斜头昂后带菊花头立面图

⑩ 由昂后带斜六分头。尺寸（斗口）：19.4 × 角度系数 ×2.5×3（长 × 厚 × 高）。

⑪ 斜撑头木后带斜麻叶头。尺寸（斗口）：15.6（以挑檐枋中计）× 角度系数 ×2.5×2（长 × 厚 × 高）。

由昂后带斜六分头、斜撑头木后带斜麻叶头及寸及划线方法如图 3-243 ~ 图 3-246 所示。

注：以上两构件通常连做，总尺寸 21.6×2.5×5（长 × 厚 × 高）。

构件中的昂头、麻叶头、六分头、袖榫等均按平身科相同构件作法制作，三卡腰刻口按本章第八节作法制作。

凡斜向构件其长向细部尺寸均乘所处夹角的加斜系数，高度尺寸同平身科。

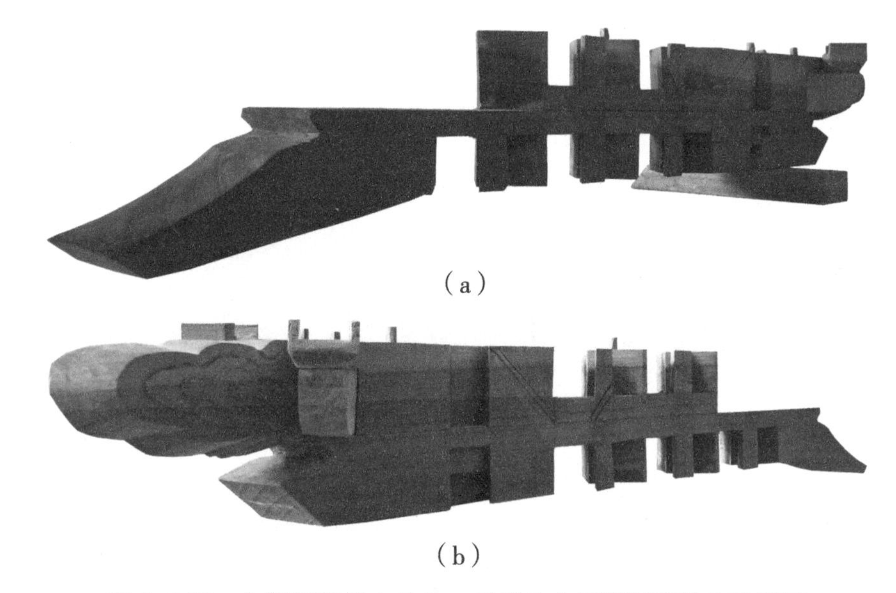

（a）

（b）

图 3-243　由昂后带斜六分头、斜撑头木后带斜麻叶头轴测图

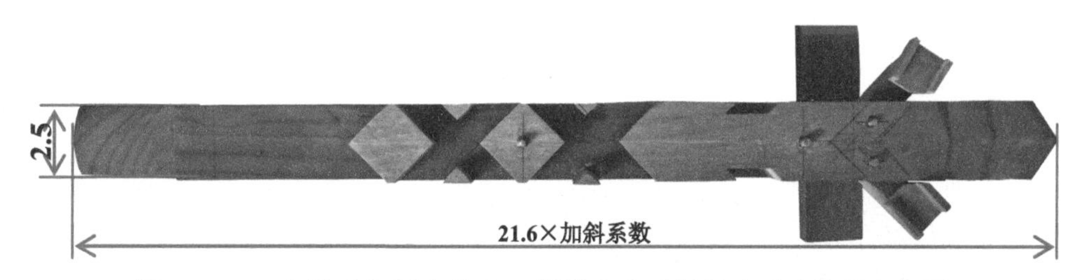

图 3-244　由昂后带斜六分头、斜撑头木后带斜麻叶头俯视平面图

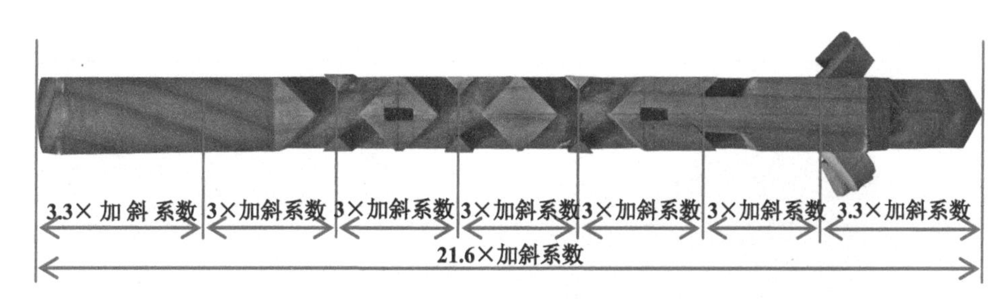

图 3-245　由昂后带斜六分头、斜撑头木后带斜麻叶头仰视平面图

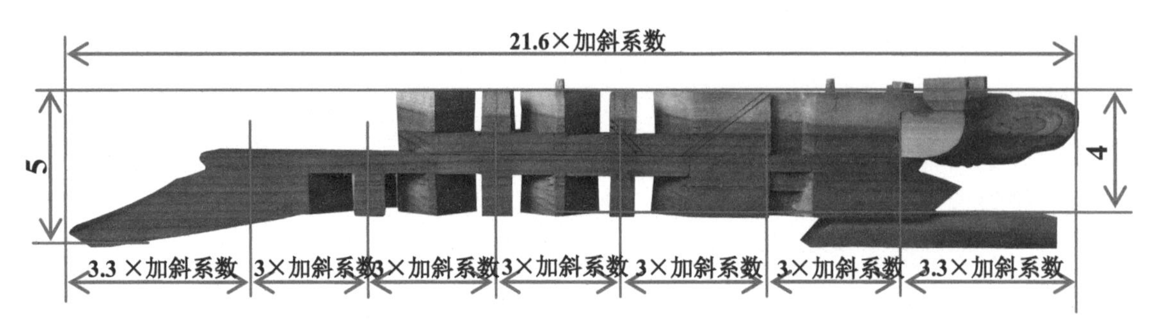

图 3-246　由昂后带斜六分头、斜撑头木后带斜麻叶头立面图

⑫ 斜桁椀。尺寸（斗口）：12（挑檐桁中至井口枋中）× 角度系数 ×2.5×3.75（长 × 厚 × 高），其尺寸及划线方法如图 3-247 ~ 图 3-250 所示。

注：斜桁椀与正心枋可做刻半相交，枋头延出与正心桁端头齐。

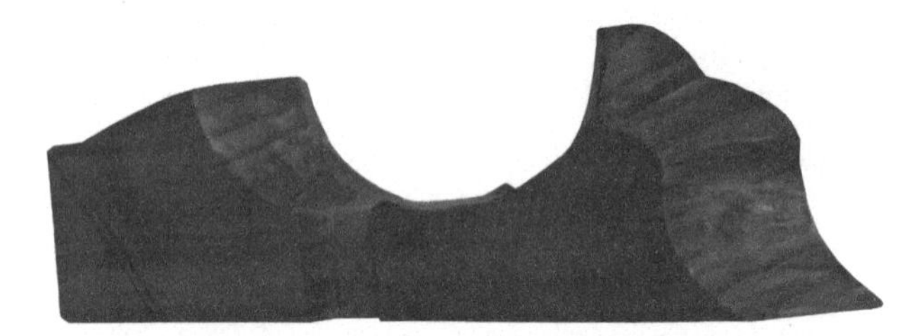

图 3-247　斜桁椀轴测图（一）

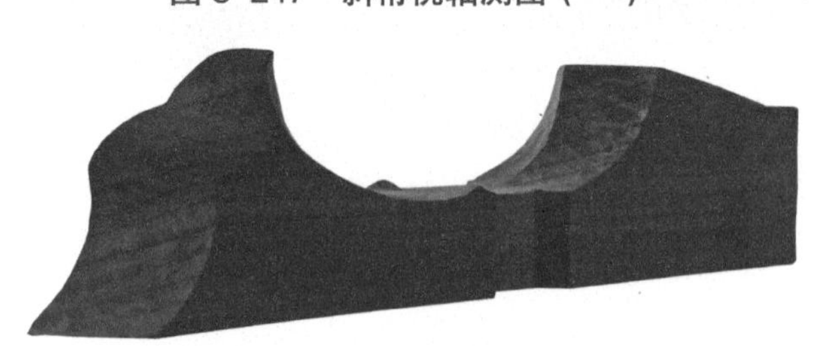

图 3-248　斜桁椀轴测图（二）

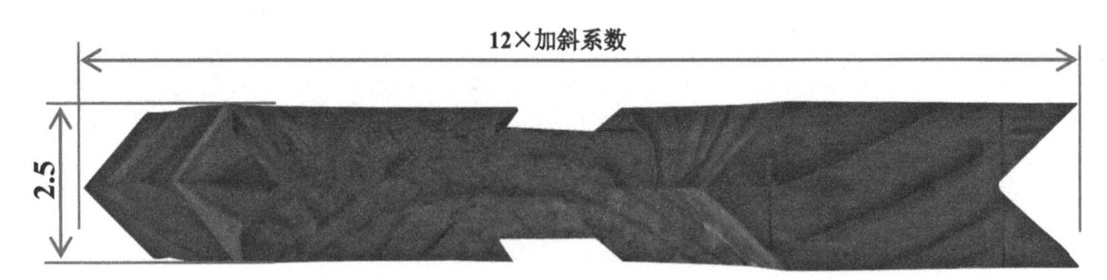

图 3-249　斜桁椀俯视平面图

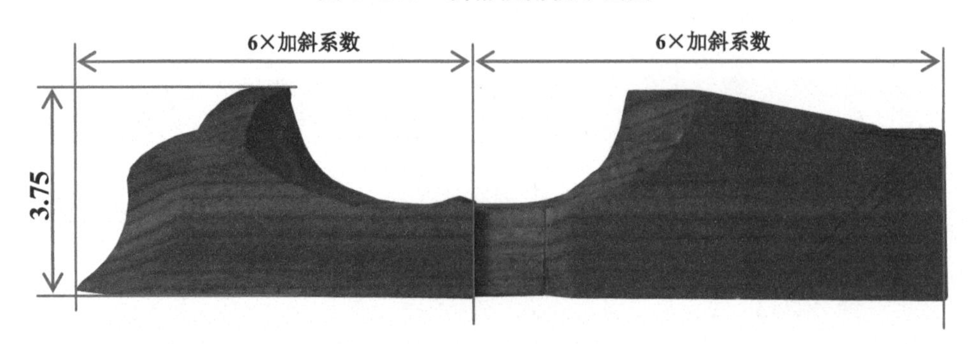

图 3-250　斜桁椀侧立面图

3. 构造组合

角科斗栱的组合与平身科不太一致，它以斜向转角的平分线为界，整体的正身分件在转角平分线的一侧为纵向布置，而在转角平分线的另一侧则为横向布置，所以，角科斗栱中各分件的前、后头饰及名称与平身科有所不同，尺寸、作法也有所不同；它的斜向分件与平身科也有所不同，一个是体现在分件的厚度上，再一个不同是分件中第四、五层通常为连做，这就需要根据实际情况做出分件细部的变化。

角科斗栱的构造与平身和柱头科的构造大致相同，各层分件都是采用“刻口卡腰”的方法连接在一起的，所不同的是角科斗栱每层分件不是仅有横、纵两个方向且加上了斜方向总共有三个方向的分件交集在一起，这样，除了在分件的加工上要更为精细，还要在各方向分件的搭接上分出顺序来，详见图 3-251 ～图 3-255。

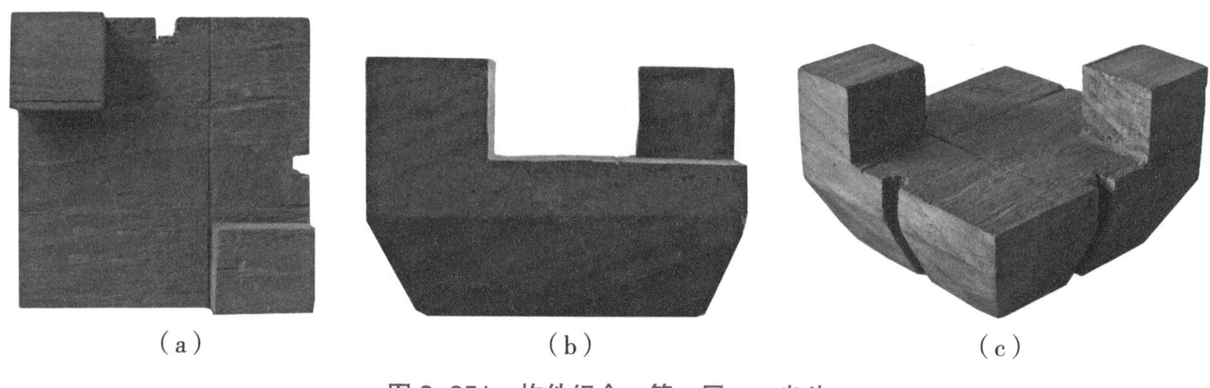

(a)　(b)　(c)

图 3-251　构件组合：第一层——坐斗

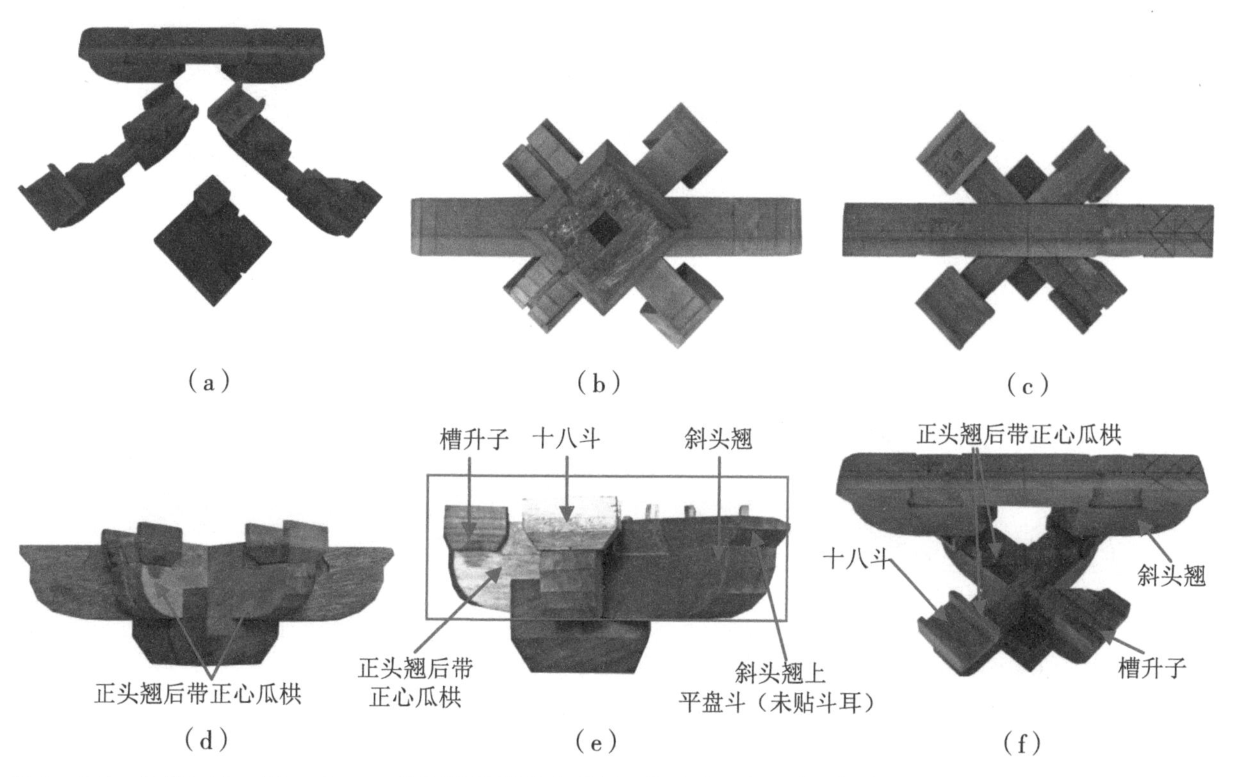

(a)　(b)　(c)

(d)　(e)　(f)

图 3-252　构件组合：第二层——正头翘后带正心瓜栱、斜头翘、十八斗、槽升子、斜头翘上平盘斗（斜斗盘）

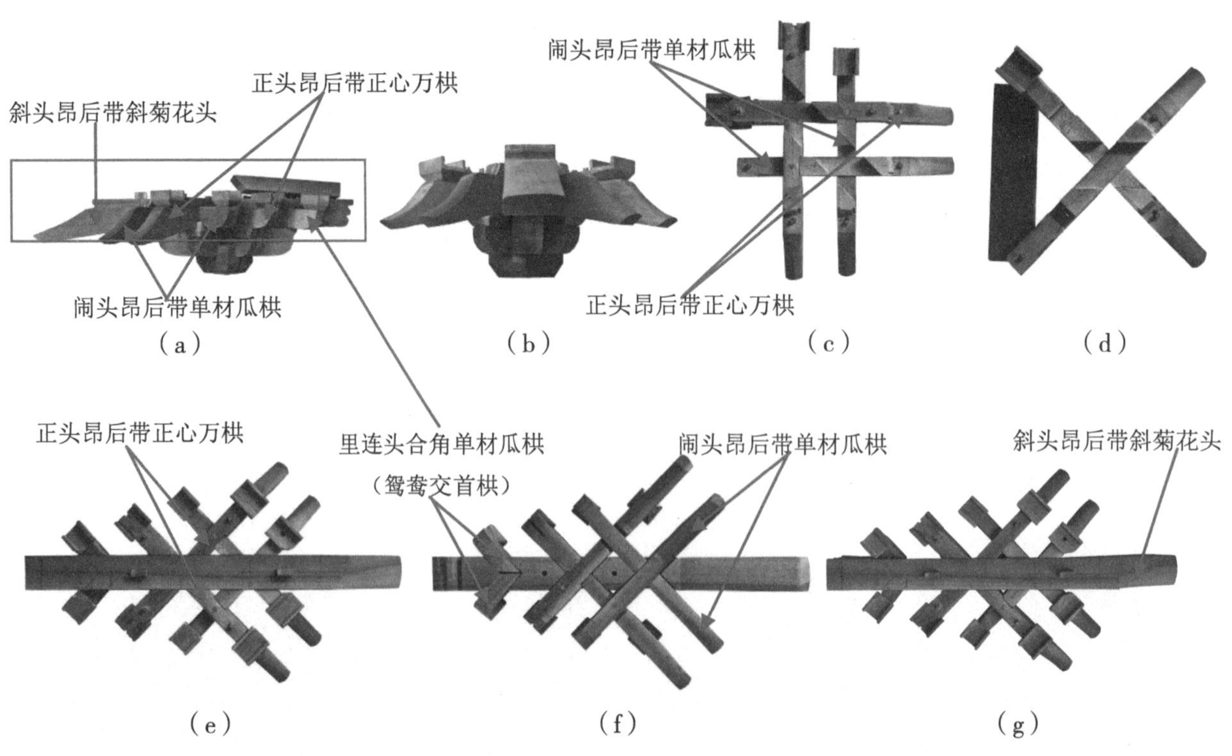

图3-253 构件组合：第三层——正头昂后带正心万栱、闹头昂后带单材瓜栱、斜头昂后带斜菊花头、十八斗、三才升、槽升子、斜头昂上平盘斗（斜斗盘）、里连头合角单材瓜栱（鸳鸯交首栱）

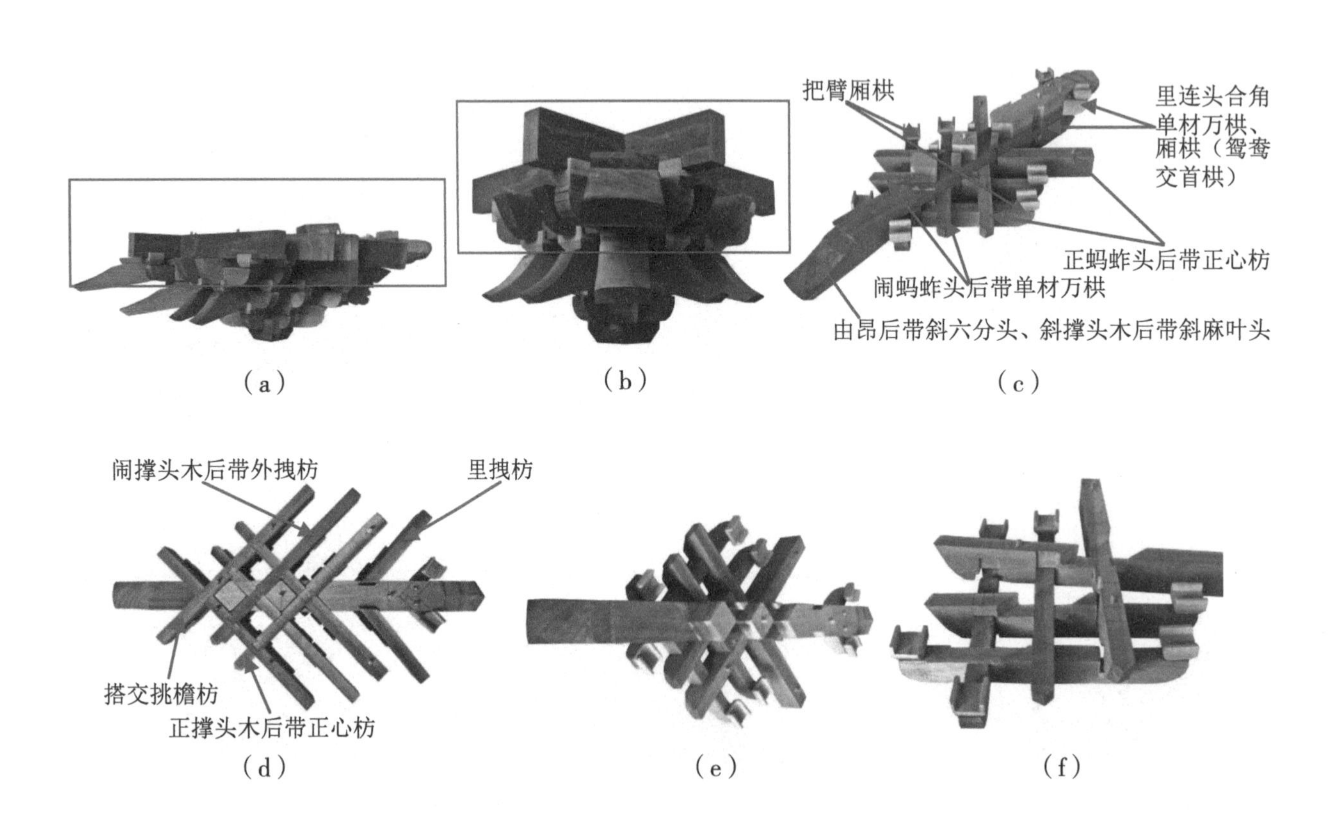

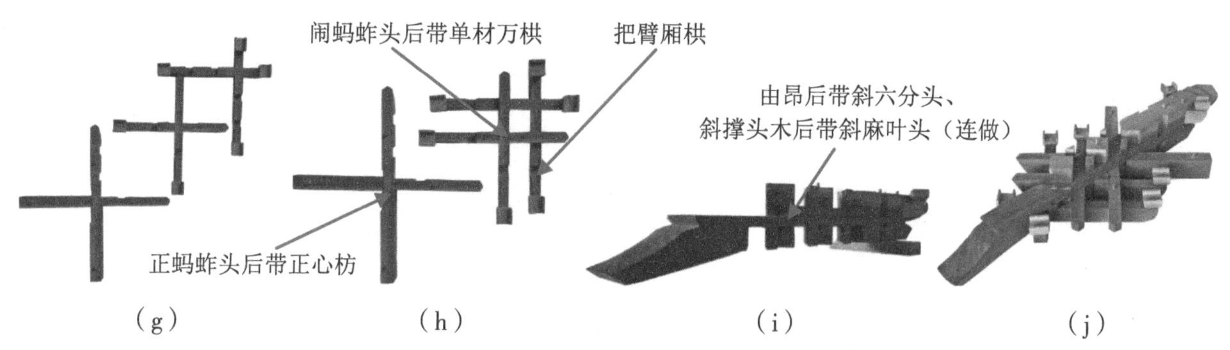

图 3-254　构件组合：第四、五层——正蚂蚱头后带正心枋、闹蚂蚱头后带单材万栱、正撑头木后带正心枋、闹撑头木后带外拽枋、里拽枋、由昂后带斜六分头、斜撑头木后带斜麻叶头、三才升、由昂上平盘斗(斜斗盘)、里连头合角单材万栱、厢栱 (鸳鸯交首栱) 、把臂厢栱、搭交挑檐枋

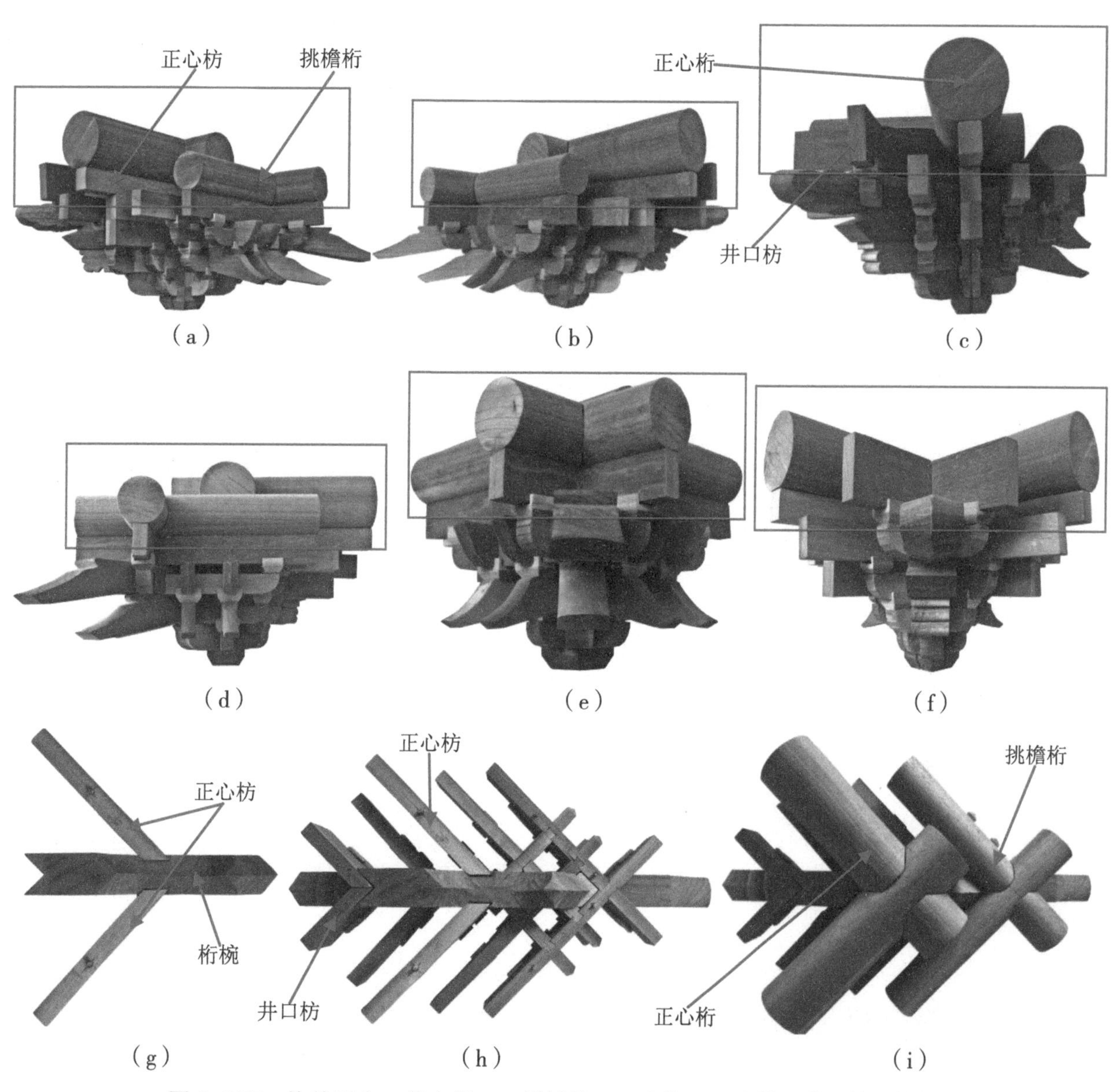

图 3-255　构件组合：第六层——挑檐桁、正心桁、正心枋、井口枋、桁椀

4. 与平身科、柱头科斗栱的区别

① 由于其所处的位置是建筑物的转角，建筑的面宽、进深及出角（转角平分线）三个方向的斗栱构件在此重合交汇，所以，实际上角科斗栱是把面宽、进深及出角三个方向的斗栱组合成一体的组合斗栱。

② 由于它所处位置的特殊，它构件的尺寸随着所处位置的不同而厚薄不一。

a. 出角方向构件与柱头科纵向构件厚薄近似，柱头科第一层“头翘”或“头昂”厚 2 斗口，最上层“桃尖梁”厚 4 斗口；而角科第一层“头翘”或“头昂”厚 1.5 斗口，最上层“老角梁”厚 3 斗口；中间几层的厚度与柱头科相同是按斗栱不同踩数的不同层数由下而上做级差递增。

b. 面宽（进深相同）方向的构件随位置薄厚不一，且同一构件也有出现前后两端薄厚不一的现象：正心位置——厚 1.25 斗口；出踩（跳）位置——厚 1 斗口。

③ 平身科斗栱中的“耍头”在角科中变成了“由昂”；角科斗栱上方的“老角梁”则与柱头科的“桃尖梁”近似，起着与金步构架相互拉结的作用。

④ 角科斗栱中榫卯由平身科的“等、盖口”两方向相交变为“等、盖、总盖口”三方向相交。

5. 角科斗栱的特点

在古建木作技术中，角科斗栱的技术含量是相当高的。由于是面宽、进深及出角三个方向斗栱的组合，所以构件繁多，结构复杂，特别是许多构件的两端造型不对称，两端尺寸不相同，更受卡腰榫卯、方向位置的限制，极易出错组合规律——以角柱面宽或进深方向的中为界，以里部分的构件按相邻平身科斗栱横向栱、枋配置，柱中以外部分的构件按相邻平身科斗栱纵向翘、昂配置。

名称（按位置区分）：角柱正向柱中以里部分的横向栱、枋名称与平身科对应的构件同；正向柱中以外，位置处于柱子正中的构件称“正 ×× ”；依次向外称“闹 1、闹 2 ……×× ”，组合到一起就称为“正 ×× 后带 ×× ”；“闹 1 …… ×× 后带 ×× ”；斜向构件都统称为“斜 ×× 后带 ×× ”。

要想更好地掌握角科斗栱的结构规律，首先要做到对平身斗栱构件的配置及头饰组合了然于心；其次要做到对构件的叠压顺序及榫卯结构了然于心；再就是对各构件的空间位置了然于心。只要掌握了以上这些，掌握角科斗栱的结构就不难了。

6. 角科斗栱在结构上的不足

① 与柱头科斗栱相比，位置要重要于柱头科，荷载要大于柱头科，而本身斜向构件的用料尺寸却小于柱头科。

② 角科各构件与角梁的连接要弱于柱头科构件与桃尖梁之间的连接。

③ 由于角科构件是三方向相交刻口，其损伤程度要大于柱头科。

以上几点都会影响到斗栱的整体强度。

7. 角科斗栱中的一些特殊作法

（1）连瓣作法

斗栱攒当尺寸派分调整的一种优化方法，它通过加大角科坐斗和增加横纵构件的数量来减小和分散整个翼角部分重量对每根构件的荷载，对重要的建筑而言，是一种强化整体结构的好方法。

（2）不采取三卡腰作法

斗栱的斜向构件独立负担起承托翼角部分的全部荷载，横、纵两向的构件交于它；基本不参与受力；它自身不做卡腰榫，仅做插榫卯口、袖肩刻口；横、纵两向的构件分成前后两段制作，插榫与斜向构件连接——这样做的好处就是尽量少的伤及斜向受力构件，让它更好地起到承托荷载的作用，这种作法北京地区较为少见。

（3）第三种作法

坐斗甚至所有斜向构件均采用强度、硬度高于平身、柱头斗栱材质的木材。

这样做的好处就是通过材质的提高来加强整攒角科斗栱承受远超出其他种类斗栱荷载的能力。

四、凹角斗栱

凹角斗栱里拽角（窝角）斗栱，位于组合建筑（凸字形或十字形等）的内转角部位的斗栱。

特点：除头、尾饰外，凹角斗栱外檐出踩（外拽）部分的构造及与各构件连接的方法与出角斗栱的内檐出踩（内拽）部分相同；而凹角斗栱内檐出踩（内拽）部分的构造及与各构件连接的方法则与出角斗栱的外檐出踩（外拽）部分相同——反向采用。

五、斗栱的变通作法

1. 计心造

斗栱中各部位构件齐全完整的作法，见图 3-256（a）、图 3-257（a）、图 3-258（a）。

2. 偷心造

斗栱中部分部位构件省略简作的作法，见图 3-256（b）、图 3-257（b）、图 3-258（b）。

3. 减踩造

减踩造是斗栱中一种省略简做的作法，见图 3-259。这种作法里拽架数量少于外拽架数量，使斗栱内檐部分的高度、出挑尺寸经济适用，但这个作法也有它不足的地方——前后配重不对等，后尾的压重不够，容易造成斗栱前倾。

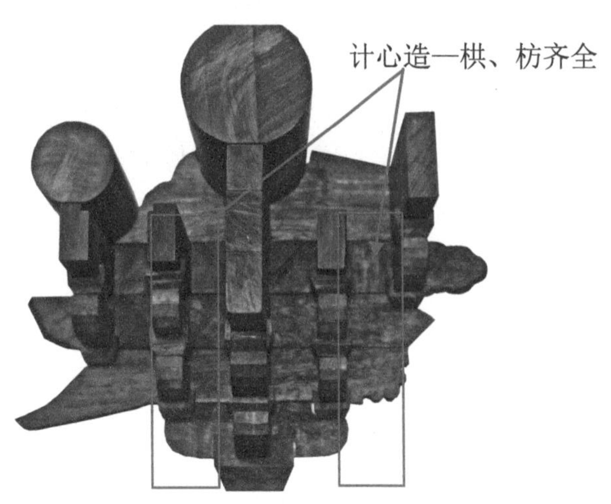

(a) 计心造：栱、枋齐全

(b) 偷心造：栱、枋省略简作

图 3-256　斗栱的变通作法（一）

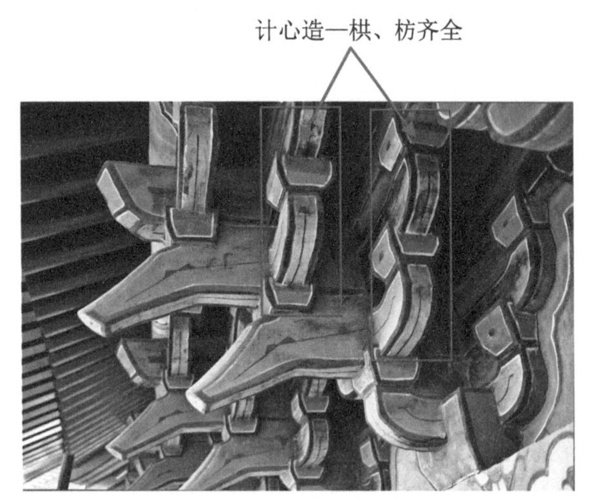

(a) 计心造：栱、枋齐全

(b) 偷心造：栱、枋省略简作

图 3-257　斗栱的变通作法（二）

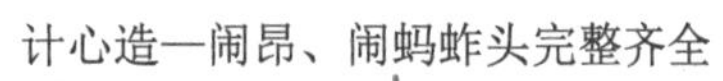

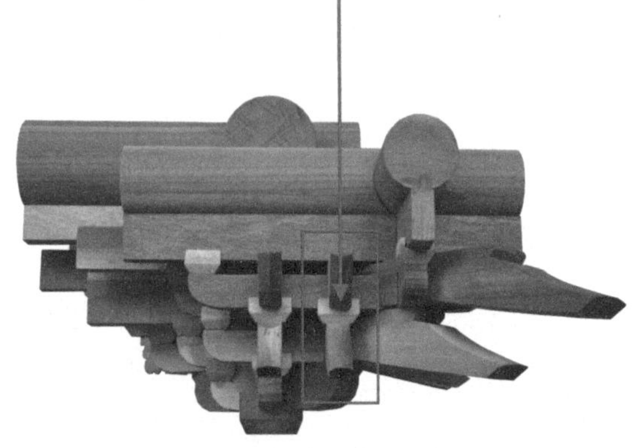

(a) 计心造：昂类构件完整齐全

(b) 偷心造：昂类构件省略简作

图 3-258　斗栱的变通作法（三）

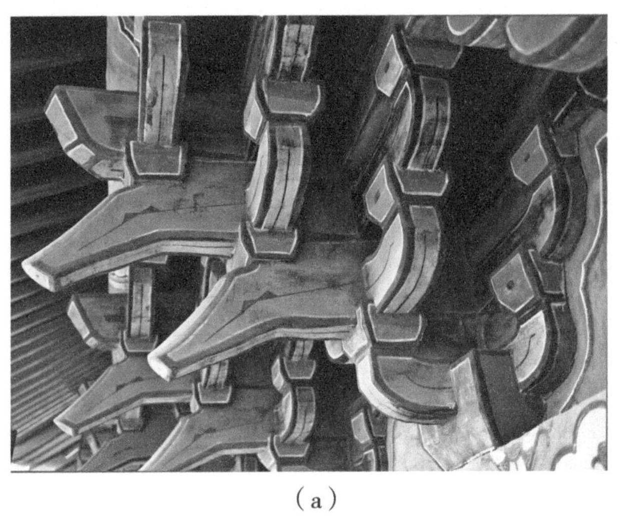
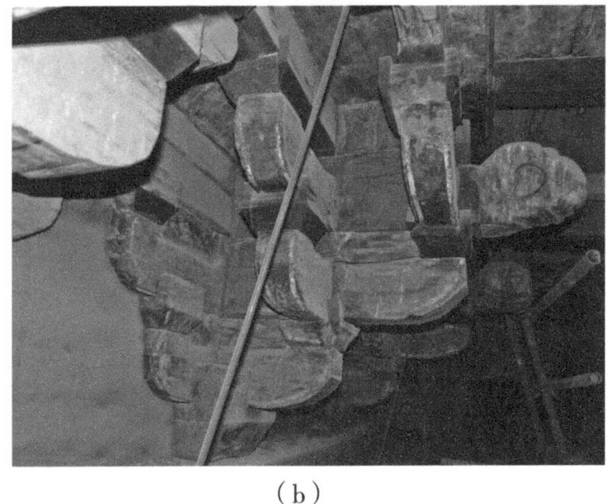

（a）　　　　（b）

图 3-259　斗栱的变通作法——减踩造：外七踩内五踩

4. 增踩造

增踩造是斗栱中一种调整室内使用空间高度的作法，见图 3-260。这种作法斗栱的里拽架数量多于外拽架数量，不但使室内净高度增高，而且能在室内形成类似藻井穹顶隆起的空间效果，尤其适合于碑亭类建筑。

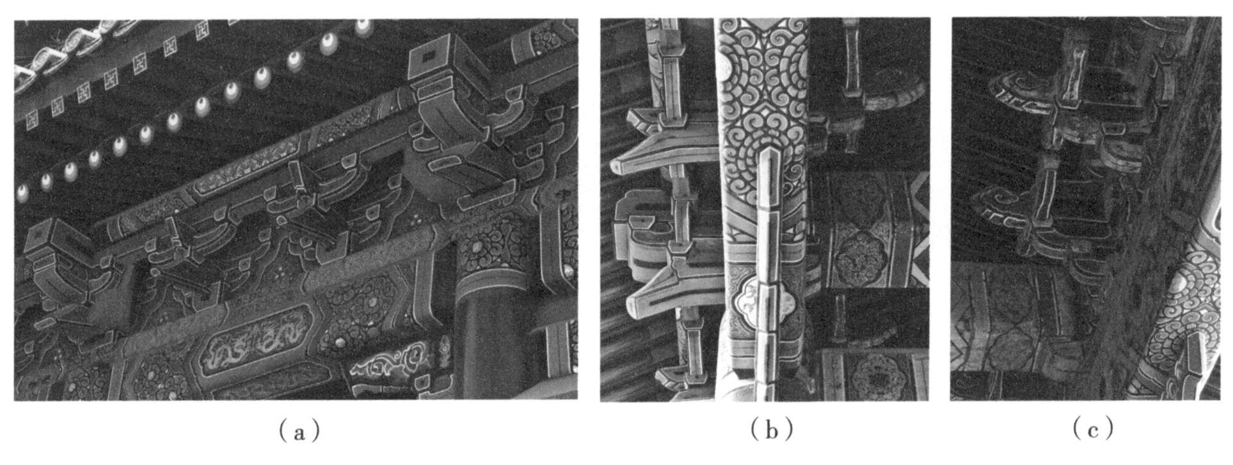

（a）　　　　（b）　　　　（c）

图 3-260　斗栱的变通作法——增踩造：外三内五（偷心作法）

5. 连瓣造

连瓣造是斗栱攒当尺寸派分调整的一种优化方法，见图 3-261。它除了可以调整斗栱攒当尺寸的功能（详见本章第三节三、攒当尺寸的变通）外，它还通过加大角科坐斗和增加纵向构件的数量来减小和分散整个翼角部分重量对每根构件的荷载，对重要的建筑而言，是一种强化整体结构的好方法，与“角科坐斗用材材质的强度宜高于平身科坐斗”的这种说法异曲同工。

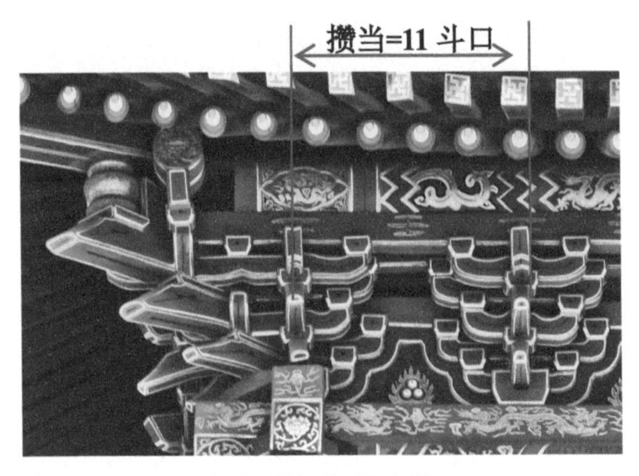

（a）昂翘角科斗栱

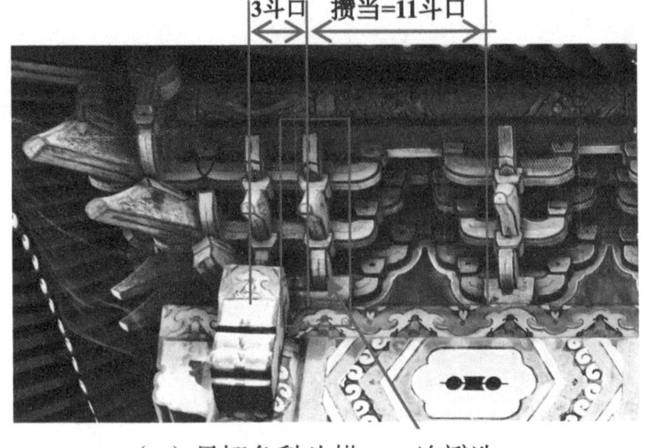

（b）昂翘角科斗栱——连瓣造

图 3–261　斗栱的变通作法——连瓣造

第七节　构件的加工制作及安装

一、加工工序

构件的加工工序如下：放大样——→制作样板——→加工规格料——→依照样板放线——→分件制作。

1. 放大样

根据设计图纸及传统清官式作法尺寸在墙面、地面或木板上按 1 ∶ 1 足尺画出昂翘斗栱各构件的侧立面及各类栱子的正立面图；画出刻口、袖卯的平面详图并详细标注细部尺寸，角科斗栱需画出每层平面，以详细标明角科各构件的位置、尺寸、叠合关系及头、尾两端的组合。

2. 制作样板

用三、五合板依照大样把斗栱各分件的外形套画下来，制作成形并依划线要求刻出口子。

3. 加工规格料

根据构件的尺寸、数量加工规格木料，各类规格料的加工其数量及长短应留出适当余量。

4. 依照样板放线

① 将样板贴附于规格料大面，用画签沿样板外轮廓在规格料准确划线，随后用方尺将线过到规格料的另一面，同样随样板准确画出外轮廓线。

② 划线宜使用墨线；用方尺过线必须将方尺尺墩贴附于规格料相邻两个平直方正的“好面”，以保证线头交圈；榫卯相交的线，应交错出头，以备查验。

5. 分件制作

按顺序首先剔凿各构件的销子卯眼；各种头饰、栱眼的加工、雕饰成形；构件的刻口卡腰、剔槽做袖，最后净活待装。

二、加工的技术要点

① 凡斗栱构件相叠，必须栽木销。

a. 纵向及斜向构件相叠，每层用于固定的销子不少于 2 个。

b. 升、斗销子每件 1 个。

c. 挑檐枋及正心枋栽销间距不大于 1.5m。

② 昂翘斗栱中各方向构件相交均需做“刻口卡腰”扣搭，“刻口卡腰”应遵循以下原则：进深构件在上，面宽构件在下，即“进深压面宽”；遇有斜向构件，则斜向构件在最上层。

a. 平身科。横向（面宽方向）构件为“等口”，刻口向上；纵向（进深方向）构件为“盖口”，刻口向下，各留 1/2；遇有“连做”构件，则可根据安装顺序灵活掌握。详见图 3-262 ~ 图 3-268。

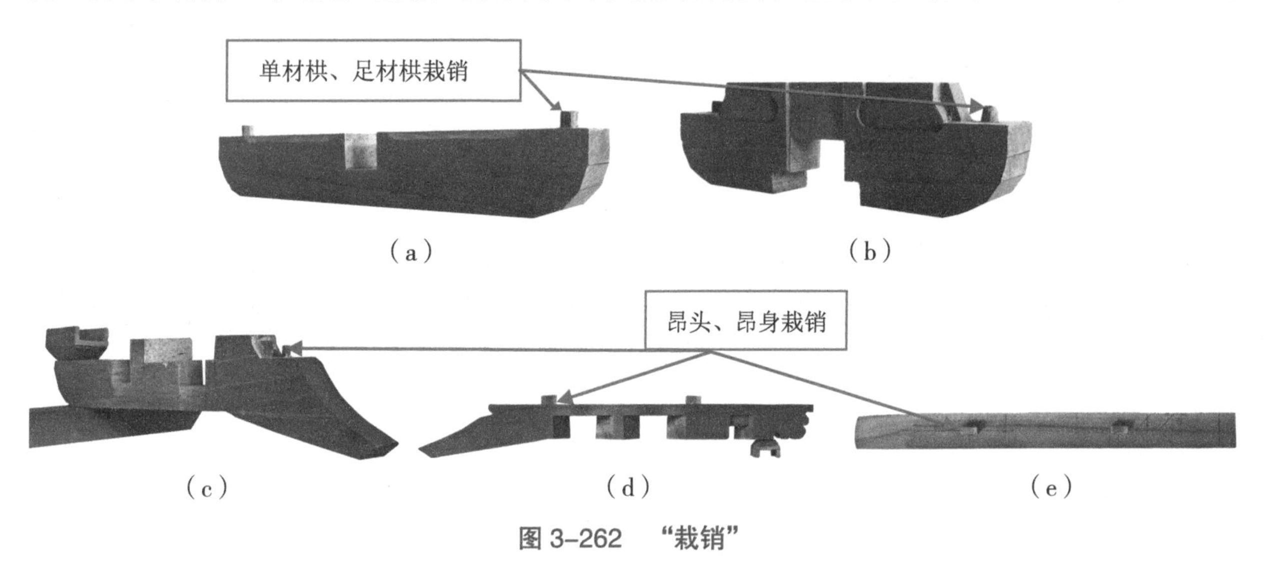

图 3-262　“栽销”

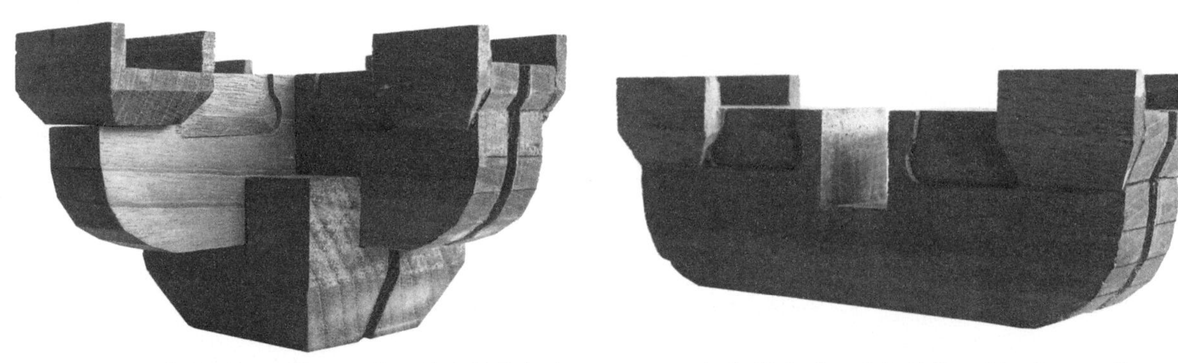

（a）平身科昂翘斗栱——横、纵向构件相交　　（b）横向（面宽）构件“刻口”——等口

图 3-263　构件加工——平身科“刻口卡腰”与“剔袖”

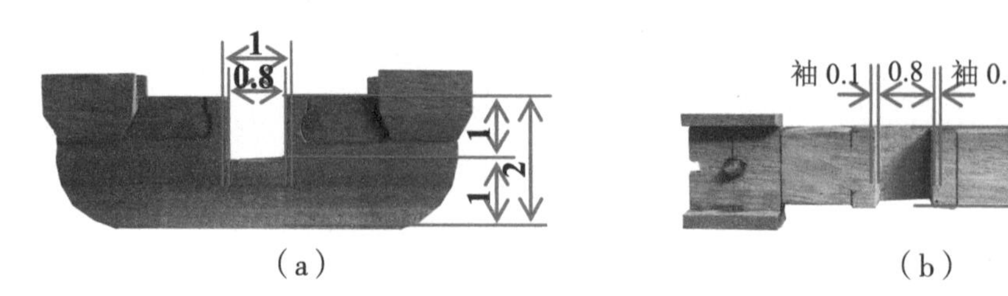

图 3-264　平身科“刻口卡腰”与“剔袖”（一）

注：横向（面宽）栱类构件——等口“刻口”尺寸。

（a）横向“栱类构件”——等口　（b）纵向“昂类构件”——盖口

图 3-265　平身科“刻口卡腰”与“剔袖”（二）

注：平身科斗栱“刻口卡腰”原则：纵向构件压横向构件。

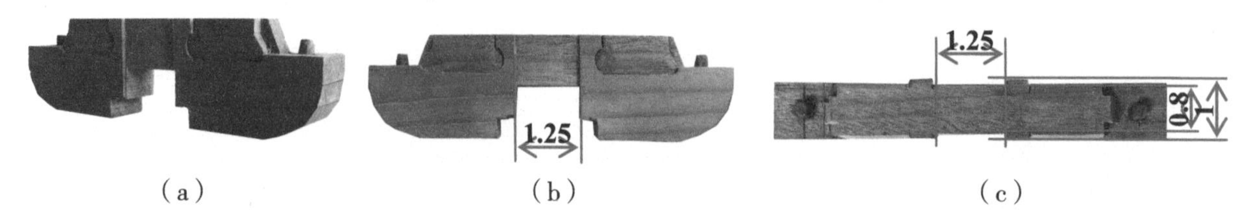

图 3-266　平身科“刻口卡腰”与“剔袖”（三）

注：纵向（面宽）昂类构件——盖口“刻口、剔袖”尺寸。

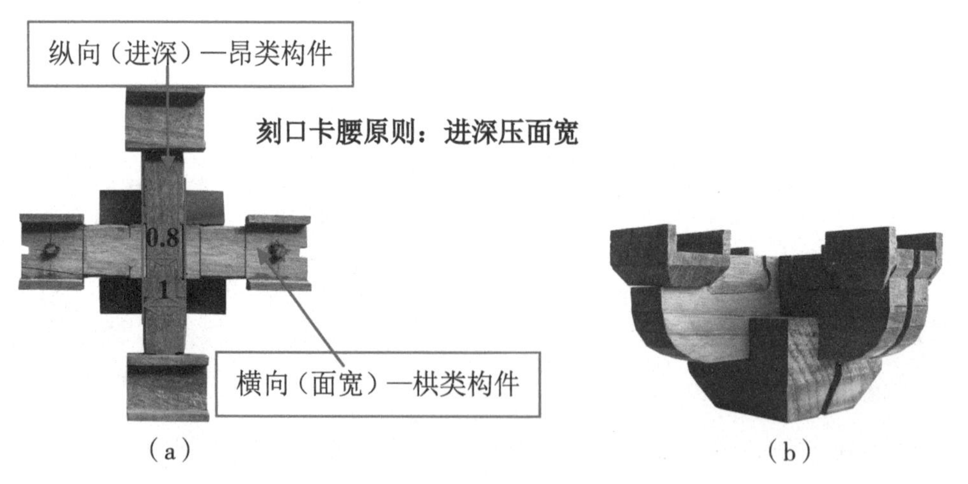

图 3-267　平身科“刻口卡腰”与“剔袖”（四）

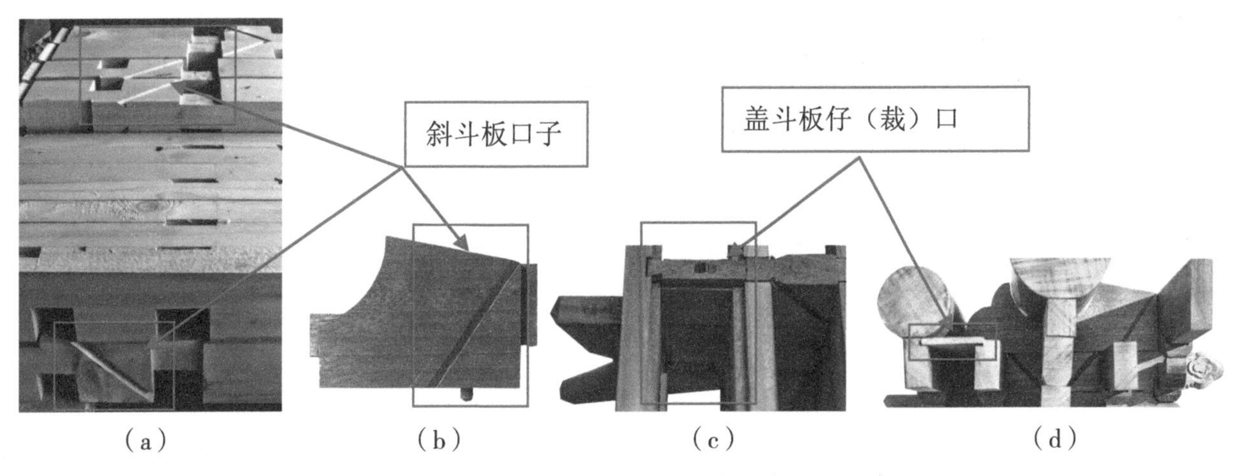

（a） （b） （c） （d）

图 3-268 平身科盖斗板、斜斗板口子

b. 柱头科。位置处于桃尖梁下皮本层及以下层的构件，横向（面宽）、纵向（进深）相交，均需“刻口卡腰”扣搭。位置处于桃尖梁下皮本层以上层的正心、拽架枋不做“刻口卡腰”，仅在桃尖梁相应部位按枋子尺寸剔“袖”（卯口），枋子与其直交；与桃尖梁相交的“里拽厢拱头”与桃尖梁榫卯（双榫）相交。横向（面宽方向）构件为“等口”，刻口向上；纵向（进深方向）构件为“盖口”，刻口向下（即进深压面宽），刻口高为横向构件高的1/2。详见图 3-269 和图 3-270。

（a）平身科——“翘” （b）柱头科——“翘”

图 3-269 柱头科“刻口卡腰”与“剔袖”（一）

注：柱头科“刻口卡腰”与“剔袖”除构件“桃尖梁”与平身科有所区别外，其余构件与平身科相同，图略。

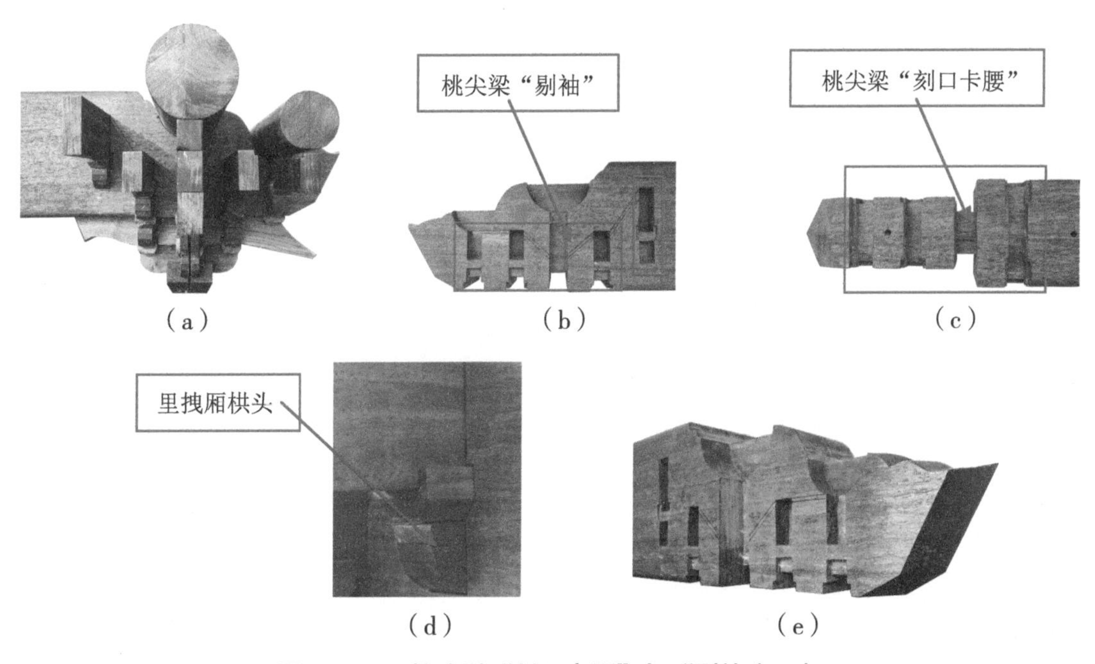

（a） （b） （c）

（d） （e）

图 3-270 柱头科“刻口卡腰”与“剔袖（二）

c. 角科。横纵两方向构件相交的构件，“刻口卡腰”与平身科作法相同；与斜向构件三方向重合相交的斜向构件刻口为“总盖口”，刻口向下，上部留 1/3；纵向（进深方向）构件为“盖口（或称腰枋）”，上下刻口，中部留 1/3；横向（面宽方向）构件为“等口”刻口向上，下部留 1/3。

③ 凡“刻口卡腰”构件，应按以下原则留“袖”：正向相交构件“刻口卡腰”部位均需双面做“剔袖”，袖深各 0.1 斗口；角科斜向构件及与之三（多）重相交的正交构件其“刻口卡腰”部位不做“剔袖”。详见图 3-271。

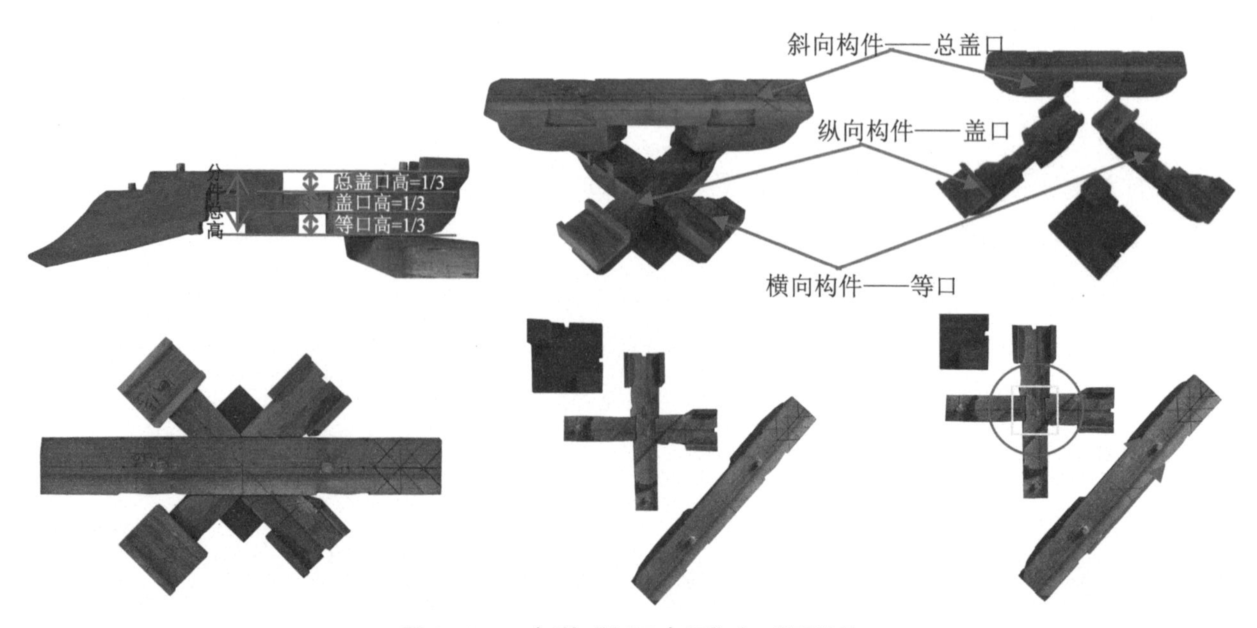

图 3-271　角科“刻口卡腰”与“剔袖”

角科斗栱“刻口卡腰”原则是：正向山面构件压檐面构件；斜向构件压正向构件。

角科斗栱“剔袖”原则是：正向相交构件“刻口卡腰”部位均需双面做“剔袖”；斜向构件及与之三（多）重相交的正交构件其“刻口卡腰”部位不做“剔袖”。

角科斗栱中，正交构件相交：做“刻口卡腰”并“剔袖”。

角科斗栱中，正交与斜向构件相交：做“刻口卡腰”，但不做“剔袖”。

参考文献

[1] 李诫著 . 营造法式 . 北京：中国书店出版社，2006.

[2] 陈明达著 . 营造法式大木作研究 . 北京：文物出版社，1981.

[3] 梁思成著 . 清式营造则例 . 北京：中国建筑工业出版社，1981.

[4] 中国科学院自然科学史研究所主编 . 中国古代建筑技术史 . 第 2 版 . 北京：科学出版社，1990.

[5] 刘敦桢主编 . 中国古代建筑史 . 第 2 版 . 北京：中国建筑工业出版社，1984.

[6] 刘致平著 . 中国建筑类型及结构 . 北京：中国建筑工业出版社，1987.

[7] 刘致平著，王其明增补 . 中国居住建筑简史 . 北京：中国建筑工业出版社，1990.

[8] 马炳坚著 . 中国古建筑木作营造技术 . 第 2 版 . 北京：科学出版社，2003.

编写后记

本书是为配合北京地区对从事文物建筑工程的相关人员进行专业培训而撰写的。主要是以马炳坚老师所著《中国古建筑木作营造技术》一书为参考，引用了若干部古建筑名著作者的观点、内容和插图，以自己的理解，用自己的语言，结合自己 40 余年来工作实践总结而得；同时，为了能让更多不同层次的读者更直观、更容易掌握这门技术，本书中附有大量的实景照片，并在照片中绘制了详尽的图解——这些补充的内容，源于数本诠释中国传统建筑经典之作，也源于本人 40 余年来的实践经历和积累。对于所引用著作，特向作者表示感谢！

需要向读者说明的：本书内容以北京现存古建筑中实物存留最多、最典型、最有代表性的清代北方官式作法为主，书名虽以“中国传统建筑”冠名，主要考虑到历史的传承和作法的演变：中国地域广大，民族众多，同为木构建筑却作法各异，构造繁多……本书岂能以偏概全？所以，本书仅针对北京地区的古建筑进行浅显的论述供读者参考和借鉴。

还有一点特别要忠告众多的业界同仁：在本书中只是讲了中国传统建筑木作部分的一些皮毛，要想做到相对精通还要塌下心来，除去下大力气在理论上充实自己，还要在工作中去向从事实际操作的工人师傅特别是掌线带班的师傅认真请教，去向书中请教；有条件的话，自己参与施工操作，特别是划线工序，如果能做到亲历亲为，那就是一条成功的捷径。如果没有这个条件，在模型上、在图纸上去“盖”建筑，也是一条路，但要曲折一些，绕一下远，现在的信息渠道这么发达，还可以利用照相、上网等手段获取信息，获取素材……

现在的社会现实是：工匠这一行因是体力劳动和社会地位的缘故，通常有文化的人没人愿意去学，造成了实际操作的人文化水平都偏低，限制了自身往更高的境界去发展；而文化水平高的人又因不懂操作在精通上又略逊一筹，真正文武兼备既懂理论又会操作的人太少了！如果真能达到这个境界，那就真是堪比鲁班了——希望在将来出现更多的鲁班！

注：本讲稿中除实景照片大多为本人所照外，其余或为同事提供，或摘自参考文献中的著作，特此说明并向提供者和作者表示感谢！

汤崇平

二零一六年三月十五日